实用岩土工程施工新技术
(八)

雷 斌 冯栋栋 李 超 朱 峰 方志东 朱玉清 杜子纯 著

中国建筑工业出版社

图书在版编目（CIP）数据

实用岩土工程施工新技术．八 / 雷斌等著．-- 北京 ：
中国建筑工业出版社，2024．7．-- ISBN 978-7-112
-30093-8

Ⅰ．TU4

中国国家版本馆 CIP 数据核字第 2024X8K020 号

本书主要介绍岩土工程实践中应用的创新技术，对每一项新技术从背景现状、工艺特点、工艺原理、适用范围、工艺流程、操作要点、设备配套、质量控制、安全措施等方面予以全面综合阐述。全书共分为 8 章，包括旋挖灌注桩施工新技术；旋挖数字钻进与物联感知灌注成桩新技术；灌注桩全液压反循环钻进新技术；地下连续墙施工新技术；低净空灌注桩施工新技术；潜孔锤灌注桩施工新技术；逆作法钢管柱定位施工新技术；绿色施工新技术。

本书适合从事岩土工程设计、施工、科研、管理人员学习参考。

责任编辑：杨　允　李静伟
责任校对：赵　力

实用岩土工程施工新技术（八）

雷　斌　冯栋栋　李　超　朱　峰　方志东　朱玉清　杜子纯　著

*

中国建筑工业出版社出版、发行（北京海淀三里河路 9 号）
各地新华书店、建筑书店经销
霸州市顺浩图文科技发展有限公司制版
北京同文印刷有限责任公司印刷

*

开本：787 毫米×1092 毫米　1/16　印张：17¾　字数：438 千字
2024 年 8 月第一版　　2024 年 8 月第一次印刷
定价：**76.00** 元

ISBN 978-7-112-30093-8
（43017）

前　言

本著作是《实用岩土工程施工新技术》系列的第 8 本，也是雷斌创新工作室迄今出版的第 11 本专著。所有出版的著作内容，大部分来源于工勘控股各项目的科研立项总结，有的为产学研合作的研究技术成果，也有的来自于项目施工班组的奇思妙想，还有的为同行间的技术创新和经验总结。雷斌创新工作室身边聚集了一批行业专家、院校教授、科技企业家、能工巧匠，工作室长期保持与各方的密切沟通和交流，从工程施工实际出发，边做项目、边搞科研，边创新探索、边应用实践，施工中遇到的疑难杂症总能从中找到合适的解决方法，并带领创新团队通过技术完善、工艺优化和成果总结，形成具有创新性、可靠性、实用性、经济性的先进施工工艺，共同促进岩土技术的进步。

本书共包括 8 章，每章的每一节均涉及一项岩土施工技术，每节从背景现状、工艺特点、适用范围、工艺原理、工艺流程、工序操作要点、机械设备配置、质量控制、安全措施等方面予以综合阐述。第 1 章介绍旋挖灌注桩施工新技术，包括大直径旋挖桩硬岩大钻环切与环内阵列取芯钻进、易塌孔灌注桩旋挖全套管与拔管机组合钻进成桩施工、大直径灌注桩孔口平台钢筋笼吊装及灌注成桩施工、孔口高位护壁套管互嵌式作业平台灌注成桩施工等技术；第 2 章介绍旋挖数字钻进与物联感知灌注成桩新技术，包括旋挖灌注桩智能数字钻进（IDD）、灌注桩混凝土灌注高度光纤全程智能感知灌注（FSP）、基于光纤监测的灌注桩混凝土灌注过程可视化（FSP）等技术；第 3 章介绍灌注桩全液压反循环钻进新技术，包括复杂条件大直径桩填石层分级扩孔及硬岩中心孔取芯与全液压反循环滚刀钻进、填海区深长大直径斜岩面桩全套管、RCD 及搓管机成套钻进成桩等技术；第 4 章介绍地下连续墙施工新技术，包括复杂边坡环境条件下格形地下连续墙支护综合施工、地下连续墙工字钢接头旋挖刮刷式多功能刷壁、地下连续墙旋挖筒钻附着式刷壁器工字钢接头刷壁等技术；第 5 章介绍低净空灌注桩施工新技术，包括复杂地层深基坑栈桥板区支撑梁底低净空灌注桩综合成桩、高压线下低净空灌注桩电力封网安全防护施工等技术；第 6 章介绍潜孔锤灌注桩施工新技术，包括深厚填石层灌注桩双动力潜孔锤跟管钻进成桩综合施工、潜孔锤气液钻进高压水泵降尘施工等技术；第 7 章介绍逆作法钢管柱定位施工新技术，包括逆作法钢管柱先插法工具柱定位、泄压、拆卸施工、逆作万能平台先插法钢管结构柱与孔壁空隙双管料斗回填、逆作法全套管全回转定位钢管柱与孔壁间隙双料斗回填等技术；第

8 章介绍绿色施工新技术，包括灌注桩硬岩旋挖全断面滚刀钻头免噪钻进施工、旋挖筒钻出渣柱绿色减噪排渣施工、基坑洗车池废水净化与污泥压滤一站式绿色循环利用等技术。

本著作由雷斌统一筹划、组稿和审定，深圳市工勘岩土集团有限公司冯栋栋完成 5.2 万字、李超完成 5.1 万字、朱玉清完成 5.1 万字，深圳市工勘建设集团有限公司朱峰完成 5.1 万字，江西省地质工程集团有限公司方志东完成 5.2 万字，深圳市地质环境研究院有限公司杜子纯完成 3.2 万字。对参加本著作编制的单位和人员表示感谢。

我们期望系列著作能成为您在岩土施工领域的得力助手，为您的工作和学习提供有益帮助。同时，我们也期待您在使用过程中，不断提出宝贵的意见和建议。限于作者的水平和能力，书中难免存在疏漏和不妥之处，将以感激的心情诚恳接受批评和指正。

雷　斌

2024 年 4 月于深圳工勘大厦

目　　录

第1章　旋挖灌注桩施工新技术

1.1　大直径旋挖桩硬岩大钻环切与环内阵列取芯钻进技术

1.1.1　引言

深圳市联泰超总湾国际中心基坑支护与土石方工程位于白石路和深湾五路交叉口西南侧，占地面积约9.23万m^2，项目基础采用旋挖灌注桩，最大桩径3500mm，以入岩微风化花岗岩不小于1.5m深度为桩端持力层，岩石抗压强度78MPa；由于中风化岩厚，旋挖桩总入岩深度达7m。针对旋挖桩桩径大、入岩深的施工难题，现场采用分级扩孔钻进工艺，以桩中心为基点，首先采用1500mm直径截齿筒钻开孔取芯至设计标高，随后更换稍大直径钻头逐级扩孔，钻进需更换直径1500mm、2000mm、2500mm、3000mm、3500mm五次钻头，每一级钻进均以桩中心为基点由小至大扩孔，每级钻头钻进时始终作用在完整硬岩，随着分级钻头直径的加大，硬岩钻进所需扭矩也将增大，导致钻进效率低；同时，钻进过程需频繁更换钻头，影响施工工效。此外，由于硬岩地层存在发育裂隙、破碎带，采用分级扩孔钻进入岩，小直径钻头在孔内无侧向支撑，容易发生偏斜，难以保证钻孔质量。

为解决以上硬岩分级扩孔钻进工效低、钻进偏孔、成孔质量难保证等问题，项目组对大直径旋挖桩硬岩大钻环切与环内阵列取芯钻进施工技术进行了研究，经过现场试验、优化，总结出一种高效的硬岩钻进施工方法，即通过采用与设计桩径相同的大直径牙轮筒钻对硬岩进行环状钻切，形成沿桩径范围的环切槽，使孔中硬岩在向下钻进方向与整体岩层分割，然后再更换小直径筒钻贴靠孔壁和环切槽岩壁作为导向，有序对环内硬岩进行阵列逐孔钻进取芯，最后再采用设计桩径钻头进行整体切割削平。此方法采用大钻环切硬岩后更换小钻阵列取芯，钻具先大后小钻进，改变了之前分级扩孔直径由小至大钻进存在的弊端，在提高大直径旋挖灌注桩硬岩钻进效率的同时，有效保持成孔不偏斜，确保钻孔质量，达到便捷、高效、经济的效果，为大直径旋挖灌注桩硬岩钻进施工提供一种新的工艺方法，并形成施工新技术。

1.1.2　工艺特点

1. 硬岩钻进高效

本工艺采用与桩径大小一致的牙轮筒钻环切硬岩形成环切槽及自由岩面，随后对环内硬岩采用统一小直径筒钻进行全断面阵列取芯，节省分级扩孔工艺频繁更换钻头消耗的时间；同时，各阵列孔间相互咬合且均作用于自由岩面，使入岩钻进快捷高效，大幅提升成孔效率。

2. 成桩质量可靠

本工艺对整体硬岩进行环切并形成环切槽，环切时采用与桩径大小相同的牙轮筒钻钻进，其钻进垂直度易于控制，并依靠孔壁进行限位，其环切形成的环切槽在环内硬岩阵列孔分序钻进时作为小直径筒钻的侧向支撑，有效控制了阵列孔的偏斜范围，确保钻孔的整体垂直度满足要求。

3. 综合成本经济

本工艺大直径旋挖灌注桩硬岩钻进采用阵列钻进取芯工艺，与分级扩孔钻进工艺相比，无需频繁更换大小钻头即可实现硬岩的高效钻进；同时，钻进过程中由于环切槽岩壁侧向支撑的导向作用，钻孔垂直度得到有效控制，避免反复纠偏造成的耗时耗材，施工整体快速便捷，综合成本经济。

1.1.3　适用范围

适用于中、微风化岩的旋挖灌注桩硬岩钻进，适用于桩径大于 2200mm 的旋挖灌注桩施工。

1.1.4　工艺原理

本工艺通过采用与桩径大小相同的大直径牙轮筒钻环切硬岩形成环切槽，使桩孔内环切槽部分硬岩脱离岩层整体，再更换较小直径筒钻沿桩孔圆周阵列依次分序钻进及取芯，以提高硬岩钻进效率。

以直径 3.5m 旋挖灌注桩硬岩钻进为例进一步对原理进行说明。

1. 大直径环切岩面钻进原理

大直径硬岩分级扩孔工艺以桩中心为基点进行逐级扩孔，每一级钻进均作用于完整岩面，且无侧向支撑，容易偏孔。本工艺首先采用与桩径大小相同的牙轮筒钻对完整硬岩进行环切，钻进时钻筒筒壁受到上部土层孔壁支撑导向作用，大钻桩孔垂直度得到有效控制，在此支撑下牙轮旋转和下压将环切段岩石表面破碎并形成环切槽，环切槽作为后续小钻环内硬岩阵列取芯的侧向支撑，有效限制钻孔偏斜。此外，环切槽成为硬岩后续钻进的自由面，有利于阵列孔高效钻进。环切槽形成过程见图 1.1-1。

2. 环内阵列咬合取芯钻进原理

分级扩孔工艺需频繁更换不同直径大小的钻头进行扩孔和取芯，本工艺采用统一直径的截齿筒钻和取芯筒钻对环内硬岩进行阵列咬合取芯，布孔时根据设计桩径、硬岩强度等因素进行全断面咬合布孔，使用一种规格的旋挖筒钻即可完成硬岩钻进。以本项目为例，其设计桩径 3500mm，硬岩强度 78MPa，布置 4 个相互咬合的直径 1500mm 阵列孔进行钻进取芯。环切槽内硬岩阵列取芯布孔示意见图 1.1-2。在阵列孔钻进时，筒钻以环切槽岩壁作为侧向支撑对环内硬岩钻进，由于各阵列孔间相互咬合，每完成一个阵列孔的钻进取芯，随之形成更多的自由面，有利于阵列孔钻进工效的进一步提升，大幅加快成孔进度。阵列孔钻进取芯示意见图 1.1-3。

3. 阵列孔分序钻进原理

在阵列孔依次完成钻进取芯后，自由岩面的形成伴随着相应临空面的产生，阵列孔周围缺乏围岩和孔壁约束限位，后续钻孔易受钻具旋挖离心力影响发生偏孔。为此，项目组

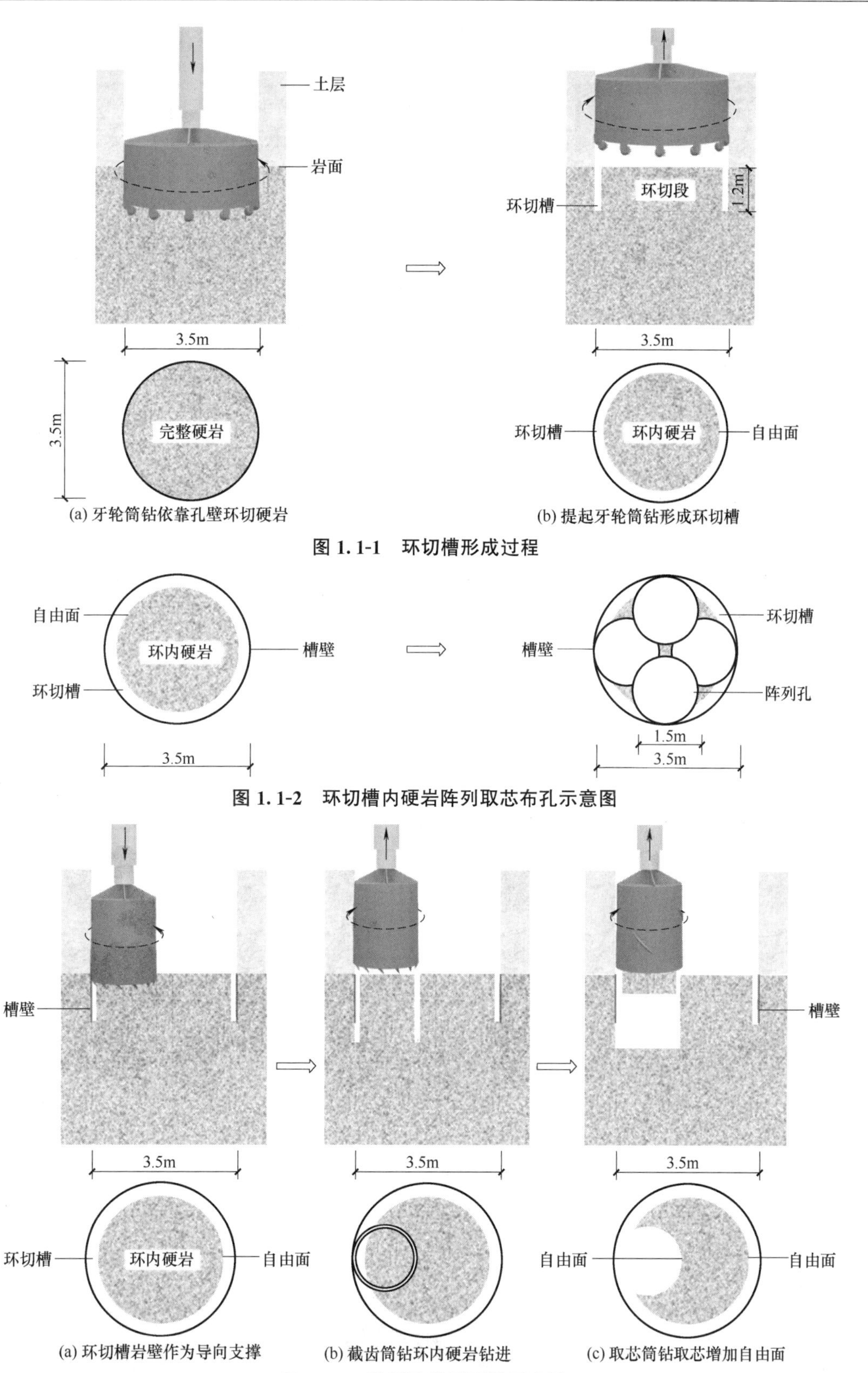

图 1.1-1 环切槽形成过程

图 1.1-2 环切槽内硬岩阵列取芯布孔示意图

图 1.1-3 阵列孔钻进取芯示意图

通过不断研究，对阵列孔钻孔时周边岩石的可靠程度进行分析，依此对各阵列孔钻进顺序进行排序。

在阵列孔钻进时，优先对阵列孔钻进后临空面最多、受力面积最小、最易偏孔的孔位施工。结合本实例分析，最靠近桩机的阵列孔钻进时钻头相对稳定，施工相对容易，确定其为最后钻进孔位；余下三个阵列孔中距离桩机最远的孔位与其他两个孔位相比，其受力面积较小，容易偏孔，施工难度大，因此将其作为首个钻进；余下两个阵列孔根据钻进方向和周边可支撑的围岩进行排序，位于钻机方向左侧的阵列孔先钻进，最终确定的阵列孔钻进顺序见图 1.1-4。

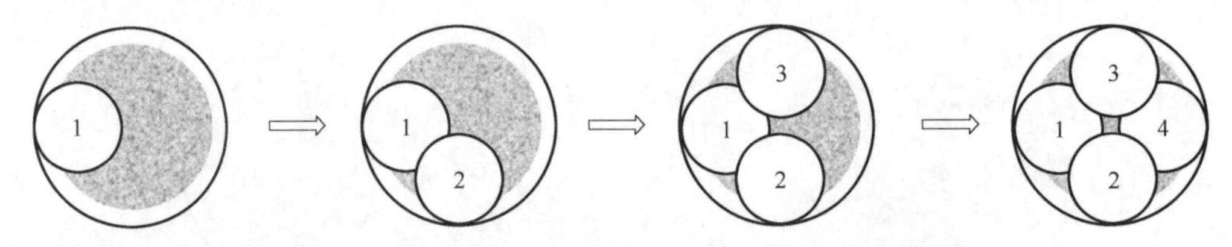

图 1.1-4 环内阵列孔钻进顺序（钻机位于桩孔右侧）

1.1.5 施工工艺流程

大直径旋挖桩硬岩大钻环切与环内阵列取芯钻进施工工艺流程见图 1.1-5，钻进工序操作流程见图 1.1-6。

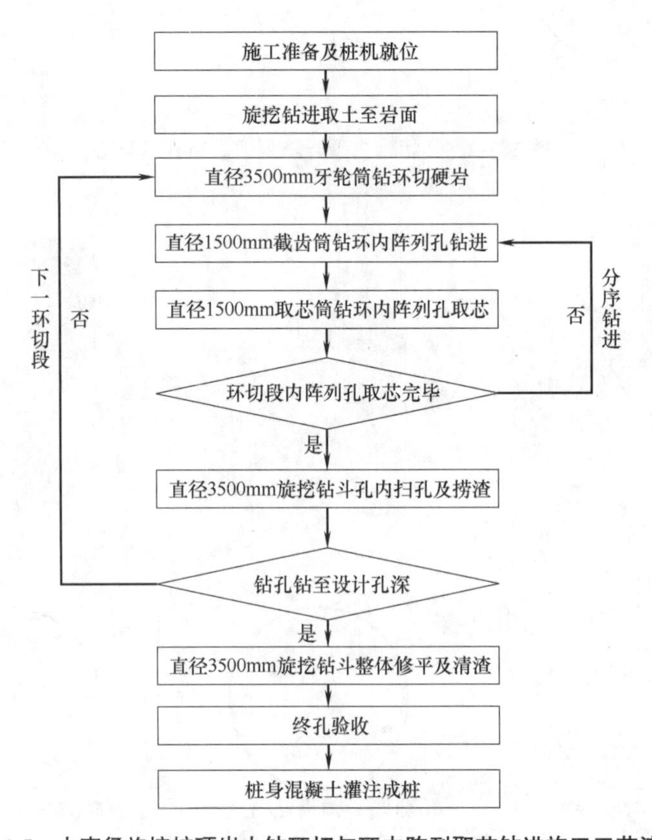

图 1.1-5 大直径旋挖桩硬岩大钻环切与环内阵列取芯钻进施工工艺流程图

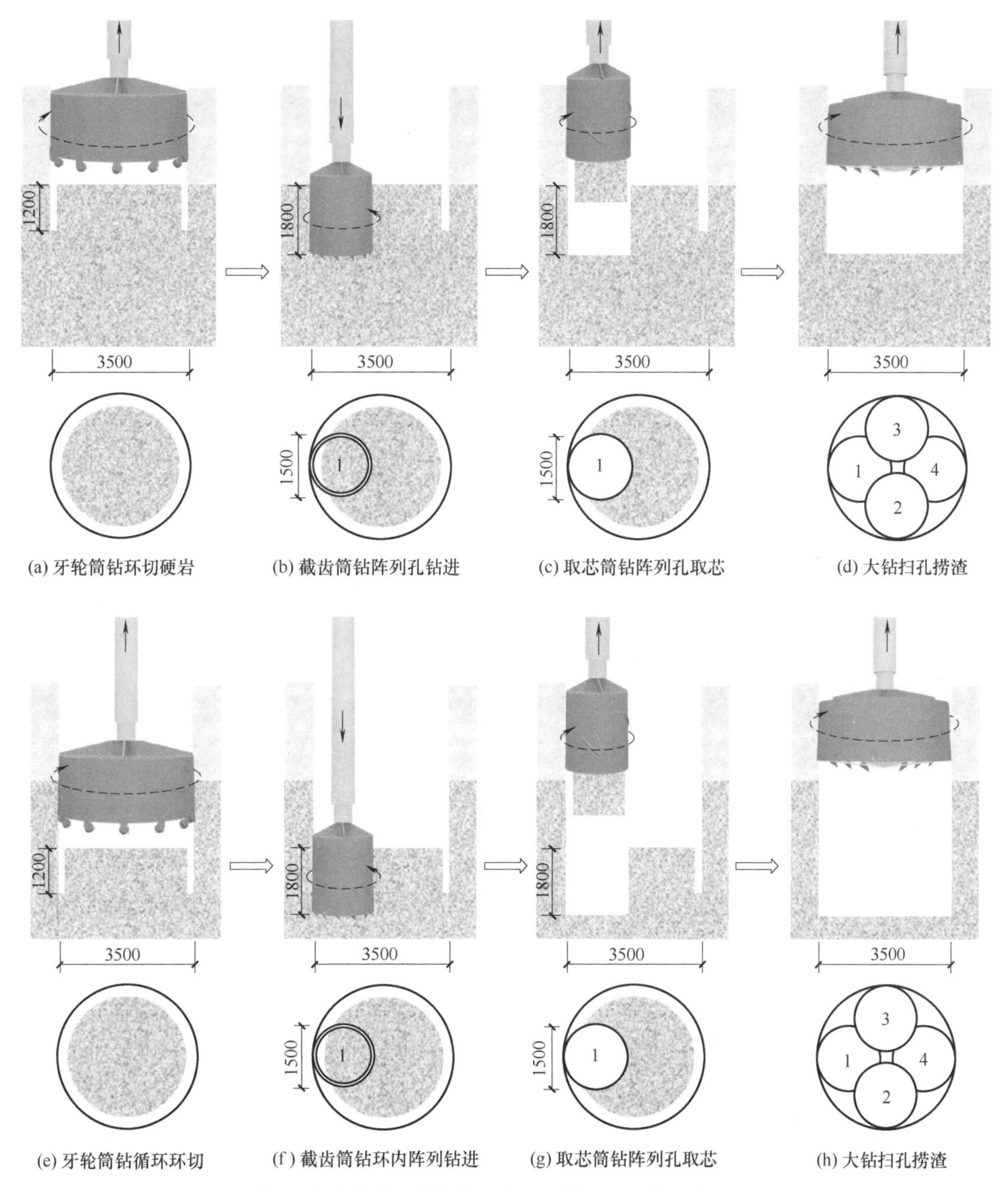

图 1.1-6 环切硬岩及阵列取芯钻进工序图（钻机位于桩孔右侧）（单位：mm）

1.1.6 工序操作要点

以直径 3500mm 旋挖灌注桩硬岩钻进施工为例进行说明。

1. 施工准备及桩机就位

（1）使用挖掘机对场地进行平整并压实，清除现场地上、地下障碍物。

（2）利用全站仪根据桩位平面设计图坐标、高程控制点标高进行桩位测量放线，确定桩位中心点，并埋设护筒。

2. 旋挖钻进取土至岩面

(1) 旋挖钻机使用 SANY-SR630R 机型，其额定输出扭矩 630kN·m，钻孔直径最大可超 4000mm，最大钻深达 120m，满足大直径旋挖灌注桩深入硬岩的施工条件，旋挖钻机现场钻进见图 1.1-7。

(2) 桩机就位后，首先使用直径 3500mm 旋挖钻斗对准桩中心钻进，直至强风化岩面。

(3) 钻进至持力层岩面后，及时采用捞渣钻斗反复捞渣清孔。

3. 直径 3500mm 牙轮筒钻环切硬岩

(1) 旋挖钻斗钻进取土至岩面后，起提钻斗，更换直径 3500mm 牙轮筒钻，牙轮筒钻安装见图 1.1-8。

图 1.1-7　SANY-SR630R 旋挖钻机

图 1.1-8　更换直径 3500mm 牙轮筒钻

(2) 将牙轮筒钻对准桩位中心，下放至岩面，对硬岩进行环形切边钻进。钻进时，牙轮将岩石破碎，形成宽度约 15cm 的环切槽，牙轮筒钻环切钻进见图 1.1-9。

图 1.1-9　牙轮筒钻入孔环切钻进

(3) 钻进过程中，操作人员保持对钻杆垂直度的监测，发现偏斜立即停钻，校正后继续钻进。

（4）牙轮筒钻钻至 1.2m 环切深度后，保持原位环切，使该环切段充分形成深度为 1.2m 的环切槽。

4. 直径 1500mm 截齿筒钻环内阵列孔钻进

（1）本项目布置 4 个直径 1500mm 阵列孔，各相邻阵列孔之间相互咬合。

（2）硬岩经牙轮筒钻环切形成环切槽后，提起钻杆，根据阵列孔布置形式更换直径 1500mm 截齿筒钻对阵列孔进行钻进，小直径截齿筒钻作用自由面，实现快速入岩，截齿筒钻安装见图 1.1-10。

图 1.1-10　更换直径 1500mm 截齿筒钻

（3）将截齿筒钻下放至桩孔，通过卷尺辅助钻杆定位使截齿筒钻对准桩中心，以此作为后续各个阵列孔定位的基点。截齿筒钻与桩中心对中后，根据阵列孔布置形式及优化的钻进顺序，将钻杆朝相应方向平移使截齿筒钻贴靠孔壁，对阵列孔进行定位，阵列孔定位见图 1.1-11。

图 1.1-11　阵列孔定位

（4）截齿筒钻沿孔壁下放至岩面后开始钻进，钻进深度约 1.8m，钻进时孔壁作为钻具侧向支撑和导向。

5. 直径 1500mm 取芯筒钻环内阵列孔取芯

（1）待钻进深度至该层环切槽深度时，提起截齿筒钻更换直径 1500mm 取芯筒钻，取芯筒钻见图 1.1-12。

（2）取芯筒钻与截齿筒钻于相同阵列孔位置入孔，取芯长度约 1.8m，将该阵列孔岩芯扭断取出，筒钻取芯见图 1.1-13。

图 1.1-12 更换直径 1500mm 取芯筒钻

图 1.1-13 直径 1500mm 取芯钻筒完成取芯

6. 环切段内阵列孔取芯完毕

（1）环切槽内阵列孔按照最优分序对余下阵列孔进行钻进、取芯，阵列钻进、取芯分别见图 1.1-14、图 1.1-15。

图 1.1-14 余下阵列孔钻进

图 1.1-15 余下阵列孔取芯

（2）重复阵列孔钻进、取芯等步骤，直至将该环切段内阵列孔岩芯全部取出。

7. 直径 3500mm 旋挖钻斗孔内扫孔及捞渣

（1）当该环切段内阵列孔均已取芯，更换直径 3500mm 旋挖钻斗对孔内残余岩体进行扫孔，钻斗入孔扫孔见图 1.1-16。

（2）旋挖钻斗扫孔后，对孔内岩石碎渣进行捞渣，为后续开启下一环切段提供更好的作业条件。

8. 钻孔钻至设计孔深

（1）环内硬岩取芯完毕后，检查孔深，若未钻至设计孔深，重复进行上述牙轮筒钻环切、小钻环内阵列钻进取芯等工序，直至设计终孔孔深。

（2）若上一环切段作业后，距离设计孔深不足 0.5m，余下深度的硬岩无法通过阵列取芯筒钻顺利取芯，则通过截齿筒钻将其错位咬合钻进，使较短硬岩破裂呈碎裂状，后续再更换旋挖钻斗修平及捞渣。

9. 直径 3500mm 旋挖钻斗整体修平及清渣

图 1.1-16　更换直径 3500mm 旋挖钻斗扫孔及捞渣

（1）钻至设计孔深后，改换直径 3500mm 旋挖钻斗对桩孔入岩段进行整体修平。

（2）桩孔整体修平后，继续使用旋挖钻斗对成孔进行反复捞渣，尽可能将孔内岩块钻渣捞取干净。

10. 终孔验收

（1）钻孔至设计深度及清渣后，对桩孔深度、垂直度、孔径、沉渣厚度等进行检查，检查合格后会同监理单位进行验收。

（2）终孔采用钢筋安全防护网覆盖孔口，以防掉落事故发生。

11. 桩身混凝土灌注成桩

（1）终孔验收完毕，安放钢筋笼、灌注导管，并进行二次清孔。

（2）二次清孔满足要求后，及时进行桩身混凝土灌注。

1.1.7　机械设备配置

本工艺施工现场所涉及的主要机械设备见表 1.1-1。

主要机械设备配置表　　　　**表 1.1-1**

名称	型号	备注
旋挖钻机	SANY-SR630R	旋挖钻进
旋挖钻斗	设计孔径	土层钻进、整体修平及捞渣
牙轮筒钻	设计孔径	硬岩环切成槽
截齿筒钻	阵列孔直径	硬岩钻进
取芯筒钻	阵列孔直径	硬岩取芯
挖掘机	CAT-360-2	场地平整、辅助配合
铲车	SEM-655D	钻渣倒运
电焊机	BX1-250	旋挖钻头维修

1.1.8　质量控制

1. 大钻环切硬岩

（1）旋挖钻机履带间宽度大于桩孔直径，便于旋挖钻机固定机位作业；旋挖钻机就位时，履带下部铺设厚度不小于20mm的钢板，以确保钻机工作平稳。

（2）钻进前，检查旋挖钻头插销是否紧固，防止掉钻。

（3）牙轮筒钻下钻时反复校核，确保与桩位中心对中后下钻。

（4）钻进时保持钻孔垂直度，发现偏斜立即停机进行纠偏。

（5）牙轮筒钻大钻环切到位后，保持原位旋转进行硬岩环切，以充分形成完整环切槽。

（6）牙轮筒钻提钻后，使用清水冲洗底部牙轮，检查牙轮磨损情况，发现受损严重的及时更换。

2. 环内小钻阵列咬合取芯钻进

（1）阵列孔按照优化的钻孔顺序钻进。

（2）阵列孔定位完成后，在地面及护筒口边缘做对应标记，以此作为下一孔位的参照。

（3）截齿筒钻、取芯筒钻下钻时，贴靠护筒内壁缓慢下放至岩面，便于钻进时依靠环切槽岩壁作为支撑导向，防止孔位偏斜。

（4）对孔底碎岩进行捞渣时，反复操作2～3次，确保大部分岩渣被清除。

1.1.9　安全措施

1. 大钻环切硬岩

（1）旋挖钻机钻进前进行试运转，检查传动部分工作装置、防护装置等是否正常。

（2）施工场地进行平整处理，桩机履带下铺设钢板，确保旋挖钻机施工时不发生沉降位移。

（3）桩孔周边设置安全围挡，无关人员远离孔口，防止发生掉落事故。

（4）采用起重机吊运更换钻头时，切忌直接使用铲车抬运。

2. 环内小钻阵列咬合取芯钻进

（1）成孔时如遇卡钻，立即停止下钻，未查明原因前不得强行启动。

（2）孔口岩芯及岩屑及时派人清理，集中堆放或外运，不得堆放至孔口2m范围内。

（3）钻机移位时，施工作业面保持平整，行走线路确保硬实，防止钻机陷入未回填密实的桩孔或回填的泥浆池内而发生倾倒。

（4）成孔后孔口铺设钢筋防护安全网，防止掉落。

1.2　易塌孔灌注桩旋挖全套管与拔管机组合钻进成桩施工技术

1.2.1　引言

在复杂、易塌孔地层上进行旋挖灌注桩施工，为确保孔壁稳定和成桩质量，通常需要沉入深长护筒，将护筒底穿越易塌地层进行护壁。深圳南山某城市更新项目位于深圳市南山区粤海街道，项目建设9栋超高层建筑，建筑基础设计采用钻孔灌注桩。场地地层由上至下分布为：杂填土、填砂、淤泥质砂、砾砂、砾质黏性土、全风化花岗岩、强风化花岗岩、中风化花岗岩、微风化花岗岩。场地不良工程地质问题主要是填砂、淤泥质砂、砾砂分布厚度大，平均厚度达18m，灌注桩成孔时易塌孔、缩径。塔楼灌注桩拟采用旋挖成孔，其中设计桩径1.0～1.4m灌注桩共416根，平均设计桩长23.2m，桩端持力层为中风化花岗岩。为确保灌注桩顺利成孔，在使用旋挖成孔工艺时，现场需沉入约20m长护筒进行护壁。

此前，针对在易塌孔地层上施工旋挖灌注桩进行了研究，并研发出“易塌孔灌注桩旋挖全套管钻进、下沉、起拔一体施工技术”，此技术从沉入长护筒、旋挖取土到起拔长护筒全过程，均只采用单台旋挖钻机完成，相比以往使用全套管全回转钻机或振动锤下沉、起拔长护筒，再使用其他机械进行取土，具有更高效、更便捷的特点。但此技术中，旋挖钻机在套管沉入到位后，开始灌注桩身混凝土至灌注完成期间，需要等待、配合起拔套管，难以充分发挥旋挖钻机在钻进方面的优势，降低了旋挖钻机的功效；同时，在起拔套管时还需要套管专用夹持工具辅助，在一定程度上造成配套机具多、利用率低的弊端，也增加了施工成本。

针对本项目旋挖灌注桩在易塌孔地层超长护筒施工存在的上述问题，项目组对灌注桩超长护筒的施工技术进行了优化，研发出“易塌孔灌注桩旋挖全套管与拔管机组合钻进成桩施工技术”，利用旋挖钻机沉入长护筒、旋挖取土，入岩钻进至桩端设计持力层深度后，旋挖钻机移位继续钻进下一根桩，灌注桩身混凝土时使用专用的拔管机取代旋挖钻机完成护筒起拔，达到了施工工效高、成桩质量好、综合成本低的效果。

1.2.2 工艺特点

1. 施工效率高

本工艺通过在旋挖钻机动力头上安装连接器和驱动器进行驱动钢套管旋转压入，钢套管接长由旋挖钻机完成；解除与钢套管的连接后，旋挖钻机可在套管内钻进取土；终孔后旋挖钻机移位下一根桩钻进，灌注桩身混凝土和起拔钢套管采用拔管机完成，实现成孔、灌注流水作业，大大提升了施工效率。

2. 成桩质量好

本工艺采用全套管跟管钻进技术，利用钢套管护壁，避免了钻进过程中孔壁坍塌、缩径；采用钢套管护壁钻进，成孔孔形规则；同时，采用深长钢套管护壁，桩孔垂直度易于控制，确保了成桩质量。

3. 综合成本低

本工艺使用旋挖钻机下沉钢套管、套管内钻进，使用专用拔管机起拔钢护筒，成孔、成桩采用不同两套独立设备实施流水作业，整体施工效率高；采用钢套管护壁，避免塌孔造成的桩身灌注混凝土超量浪费，总体综合成本低。

1.2.3 适用范围

适用于扭矩不小于380kN·m的旋挖钻机，适用于含地下水丰富层、流砂层、淤泥层、溶洞等易塌地层，适用于桩径不大于1500mm、跟管套管长度不大于25m的灌注桩成孔。

1.2.4 工艺原理

本工艺采用大扭矩旋挖钻机施工，将驱动器通过连接器与旋挖钻机的动力头连接，旋挖钻机动力头输出扭矩和施加下压力带动驱动器，使与驱动器相连的首节钢套管带筒靴切入土中。当钢套管沉入困难时，解除钢套管与驱动器的连接，旋挖钻机在钢套管内下放旋挖钻头取土作业，以减少钢套管的摩阻力。完成取土后，通过旋挖钻机接长钢套管，旋转并下压钢套管继续沉入。如此循环沉入钢套管、接长钢套管、旋挖取土等步骤，直至将钢套管下沉穿越易塌地层或满足设计桩底标高。

钻至设计桩底标高后，旋挖钻机移至下一桩位继续进行钻进，再将拔管机吊入终孔桩位，并套入套管内，然后进行下钢筋笼、导管、灌注桩身混凝土等工序作业，当混凝土顶面超过两节套管高度时逐节起拔钢套管，直至混凝土灌注完成，钢套管随后全部拔出。

1. 旋挖钻机与套管接驳连接原理

1）套管接驳连接

本工艺采用旋挖钻机接驳套管钻进，套管接驳主要构件包括连接器、驱动器、钢套管、带刀齿筒靴等，由工厂加工制作。

（1）连接器用于驱动器与旋挖钻机动力头之间的连接，上、下方均设有连接销，上方与旋挖钻机动力头连接，下方通过销轴与驱动器连接。

（2）驱动器长约 2m，上部设有连接销孔并通过螺栓与连接器连接，下部设计定位槽和连接销，用于连接钢套筒；驱动器实现整体结构过渡，起到传递旋挖钻机扭矩与施加压力的作用。

（3）钢套管设 2m、3m、4m 等长度规格，每节钢套管的上部、下部 25cm 处开设排状连接销孔；钢套管上部对称设计 4 个定位销，下部与上部反向设计 4 个定位槽，相对应用于钢套管间或与筒靴榫接。

（4）底部首节套管为带刀齿筒靴，带刀齿筒靴前端镶嵌若干合金钻齿，通过旋转及轴压环状切削各种土层和岩层，减缓套管下沉阻力，提升套管钻入能力；筒靴上部与钢套管上部结构相同，上方连接钢套管。

连接器、驱动器、钢套管、带刀齿筒靴分别见图 1.2-1～图 1.2-4。

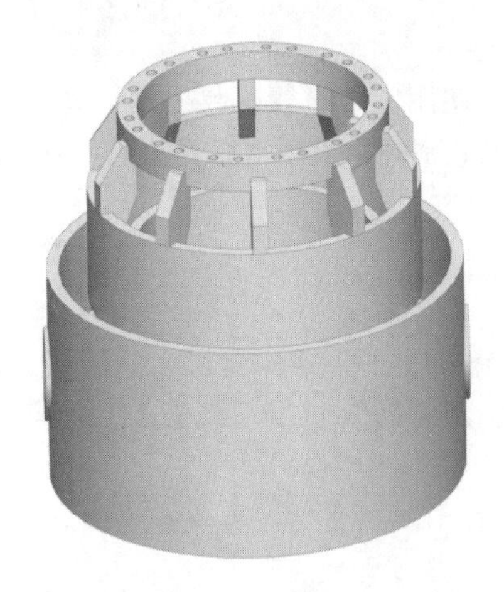

图 1.2-1　连接器

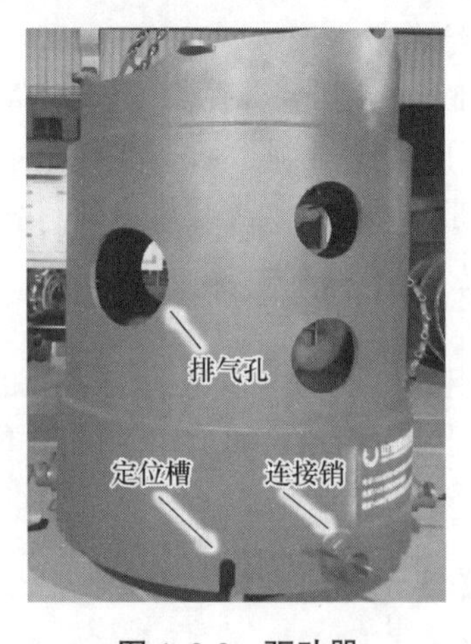

图 1.2-2　驱动器

图 1.2-3　钢套管

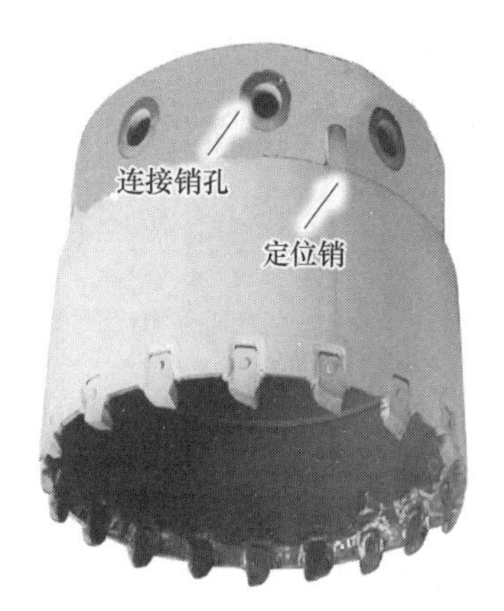

图 1.2-4　带刀齿筒靴

2）旋挖钻机与套管接驳连接

（1）先将旋挖钻机动力头下压盘卸除，将连接器安装到旋挖钻机动力头下方，再将驱动器连接至连接器。旋挖钻机加装连接器、驱动器前后见图 1.2-5、图 1.2-6。

图 1.2-5　连接器、驱动器加装前

图 1.2-6　连接器、驱动器加装后

（2）将驱动器下部定位槽与钢套管的定位销对齐下放，驱动器与钢套管对接后，拨动连接销完成紧固。驱动器与钢套管连接见图 1.2-7。

（3）钢套管间或钢套管与筒靴的连接与驱动器相同，将钢套管下方的定位槽与另一节钢套管（筒靴）上部的定位销对齐完成对接，然后在连接销孔插入柱状螺栓并完成紧固。钢套管间连接见图 1.2-8。

2. 钢套管沉入及套管内取土钻进原理

（1）钢套管沉入

旋挖钻机动力头输出扭矩和施加压力于钢套管、筒靴，将首节钢套管旋转切入土中。当首节钢套管顶离地面约 1m 时，停止沉入，开始接长钢套管。旋挖钻机解除与首节钢套

图 1.2-7　驱动器与钢套管连接

图 1.2-8　钢套管间连接

管连接，重新接驳另一节钢套管，两节钢套管完成对接后，旋挖钻机再次旋转、施压将钢套管沉入。循环沉入钢套管、接长钢套管步骤，直至钢套管穿越易塌地层。钢套管连接及下沉见图 1.2-9。

图 1.2-9　钢套管连接及下沉

（2）旋挖钻机套管内取土钻进

随着钢套管的不断沉入，钢套管承受的摩阻力也越来越大，当下沉困难时，进行旋挖钻斗在套管内钻进取土，以及提升钻斗套管外卸土。旋挖钻机套管内钻进见图 1.2-10，旋挖钻斗套管内取土见图 1.2-11。

3. 拔管机起拔套管原理

本工艺钢套管起拔采用四柱液压拔管机，拔管机主要由液压站、油缸、底座和卡座四

图 1.2-10　旋挖钻机套管内钻进

图 1.2-11　旋挖钻斗套管内取土

大部分组成。其中，卡座分为上卡座和下卡座，四柱拔管机见图 1.2-12。起拔套管作业时，先将拔管机吊至套管口，并套入套管；收紧下卡座抱紧套管后，提升下卡座起拔套管，同时提升上卡座；当下卡座提升至油缸上升行程顶后，上卡座下拉收紧卡住套管，随即下卡座松开套管，并通过油缸回收至底部，再抱紧套管；上卡座松开套管后，下卡座再次起拔套管至上升行程顶，上卡座再卡住套管；如此上卡座、下卡座循环作业，直至将套管全部拔出，拔管机起拔套管见图 1.2-13。

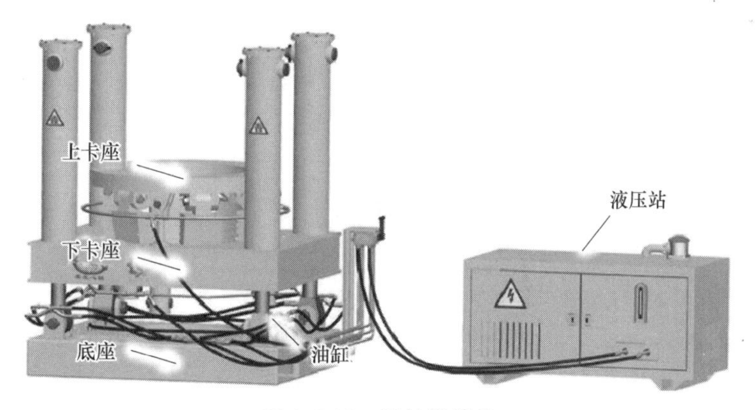

图 1.2-12　四柱拔管机

4. 流水作业原理

旋挖钻机首先在 1 号桩循环进行钻进、沉入套管、套管内取土等成孔工序操作，直到钻至设计桩底标高后，将旋挖钻机移至 2 号桩位，开始 2 号桩的成孔作业。旋挖钻机移出 1 号桩后，将拔管机吊至 1 号桩位，并套入套管内；接着进行下钢筋笼、灌注导管、灌注桩身混凝土、逐节起拔钢套管，直至混凝土灌注完成，钢套管随后全部拔出。旋挖钻机成孔作业和拔管机起拔套管均可形成流水作业，加快施工进度，有效避免机械闲置。

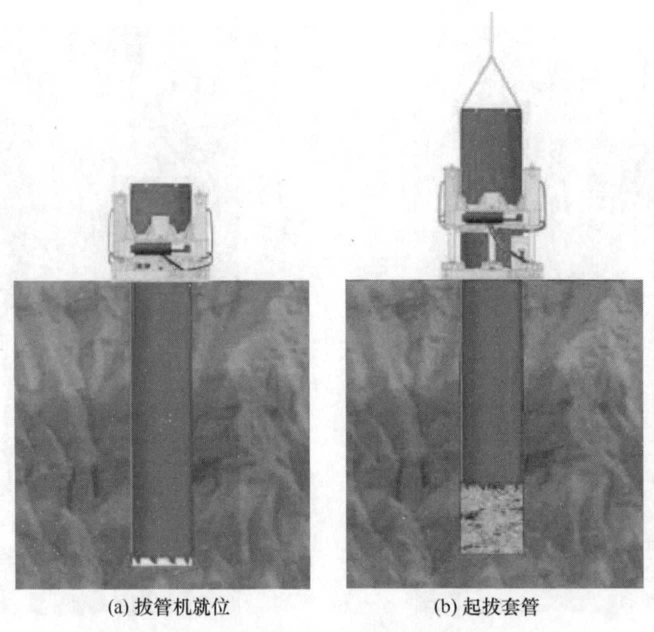

(a) 拔管机就位　　(b) 起拔套管

图 1.2-13　拔管机起拔套管

1.2.5　施工工艺流程

1. 施工工序流程图

易塌孔灌注桩旋挖全套管与拔管机组合钻进成桩施工工艺流程见图 1.2-14。

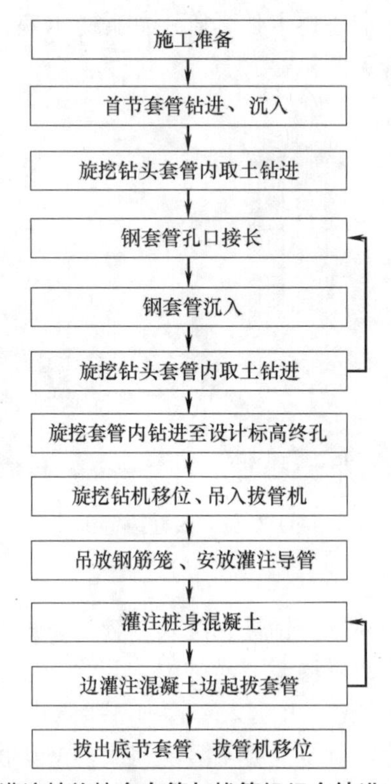

图 1.2-14　易塌孔灌注桩旋挖全套管与拔管机组合钻进成桩施工工艺流程图

2. 施工操作流程图

易塌孔灌注桩旋挖全套管与拔管机组合钻进成桩操作流程示意见图 1.2-15。

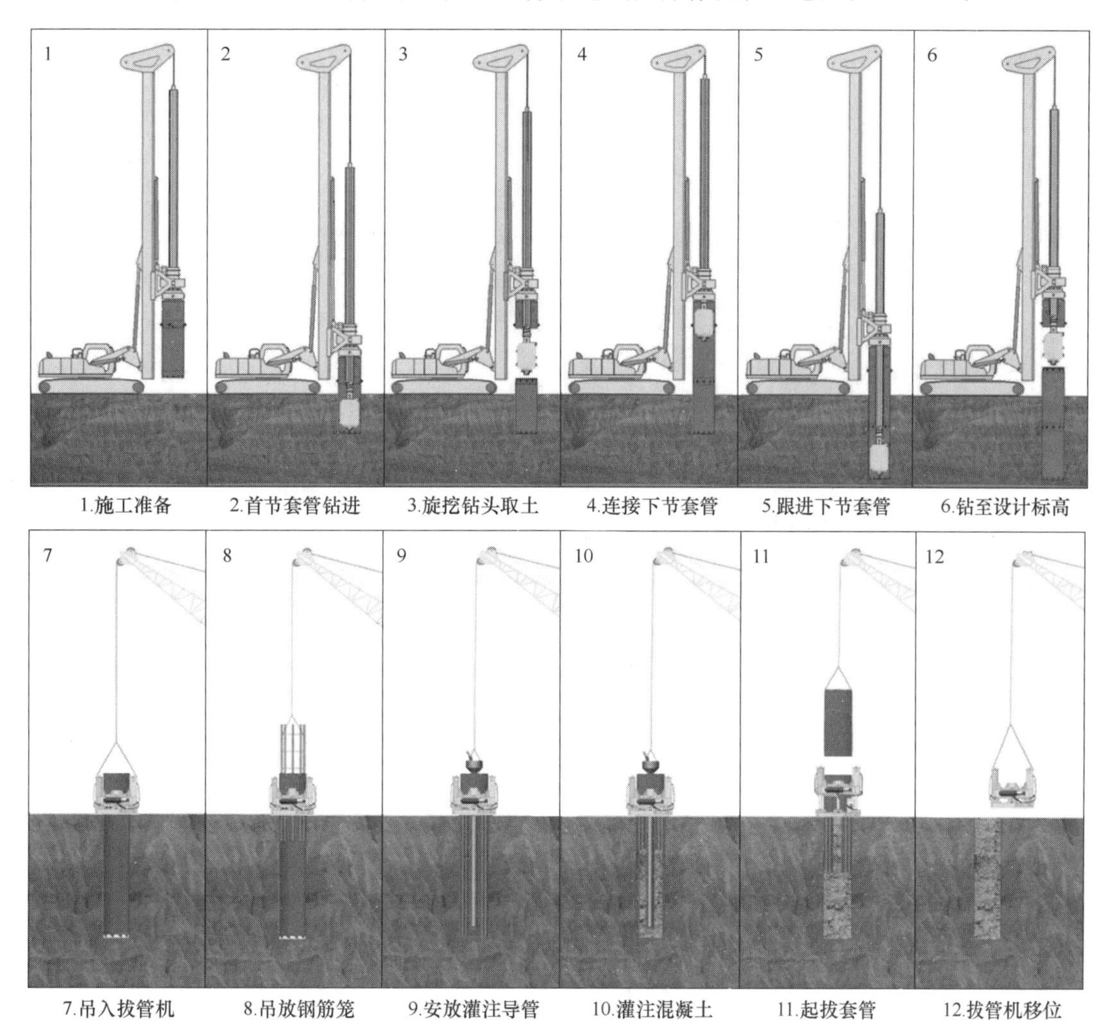

图 1.2-15 易塌孔灌注桩旋挖全套管与拔管机组合钻进成桩操作流程示意图

1.2.6 工序操作要点

1. 施工准备

(1) 施工前，收集场地勘察资料，查阅设计图纸，确定实桩桩顶和桩底标高，计算空桩及实桩桩长，制定施工方案，安排人员、材料、设备进场。

(2) 清除场地施工范围内的所有障碍物，平整场地并压实。

(3) 依据设计图纸，使用全站仪对桩位进行测量定位，并标志出桩位中心点，用十字交叉法引出四个护桩。

(4) 选择大扭矩旋挖钻机 BG46，根据施工需要准备足够数量的钢套管和 2 套以上筒靴，以便全套管跟进施工流水作业。

(5) 拆卸旋挖钻机驱动下压盘，安装连接器、驱动器。

（6）将首节钢套管与驱动器连接，安装钢套管前，先将驱动器的连接销顺时针全部打开，再安装钢套管；钢套管完全插入驱动器后，逆时针拨动连接销将钢套管固定。

图 1.2-16 旋挖套管开孔

2. 首节套管钻进、沉入

（1）采用钢套管开孔时，将钢套管中心对准桩位中心点，下放套管至地面，旋转、下压套管开始钻进，旋挖套管开孔见图 1.2-16。

（2）通过旋挖钻机动力头调整钢套管的垂直度，并确认钢套管垂直度符合要求。

（3）垂直度符合要求后，通过旋挖钻机动力头旋转驱动器并加压，钢套管利用底部加装的合金块切削下沉。

3. 旋挖钻头套管内取土钻进

（1）随着钢套管不断沉入，钢套管受到的摩阻力加大，当钢套管难以继续沉入时，使用旋挖钻斗在钢套管内进行取土。

（2）旋挖钻斗取土完成后，逆时针拨动驱动器全部连接销（图 1.2-17），使驱动器与钢套管之间的连接分离，提起驱动器；当驱动器与钢套管连接处位于高处，施工人员伸手无法拨动时，可用自制长钩拨动连接销。

（3）伸缩旋挖钻机钻杆，用旋挖钻斗于钢套管内取土（图 1.2-18），并卸至渣土箱内临时堆放（图 1.2-19）；取土深度始终控制低于钢套管底，确保孔底不发生塌孔。

图 1.2-17 解除驱动器连接销

图 1.2-18 旋挖取土

图 1.2-19 旋挖渣土箱卸渣

（4）重复钢套管压入与旋挖套管内取土、卸渣等作业步骤。

4. 钢套管孔口接长

（1）为方便钢套管接长，当上节钢套管沉入至外露地面约 1m 时，停止沉入，开始接长钢套管。

（2）顺时针拨动驱动器连接销使驱动器与钢套管解锁，提起驱动器。

（3）将驱动器与另一节钢套管连接，旋挖钻机移位至上节钢套管上方，调整动力头使钢套管下方定位槽插入上节钢套管上方定位销，缓慢下放。钢套管接长见图 1.2-20。

（4）两节钢套管对接完成，安装螺栓前，将连接销孔及柱状螺栓的浮泥用高压水枪冲洗干净（图 1.2-21）；安装好螺栓后，先人工用扳手初紧，再用电动扳手紧固。

图 1.2-20　钢套管接长

图 1.2-21　冲洗及紧固螺栓

5. 钢套管沉入

（1）每节套管连接完成后，用水平靠尺检测套管垂直度（图 1.2-22），用直尺复核桩位（图 1.2-23），不符合要求则及时调整。

图 1.2-22　垂直度检测

图 1.2-23　桩位复核

（2）通过旋挖钻机动力头转动并下压沉入钢套管，当沉入钢套管顶距离地面约 1m 时，停止沉入，继续重复接长钢套管步骤。钢套管压入过程见图 1.2-24。

（3）旋挖钻头套管内取土钻进，操作与前述相同。

图 1.2-24　钢套管压入过程

6. 旋挖套管内钻进至设计标高终孔

（1）旋挖钻机完成套管沉入后，解除驱动器与钢套管的连接，旋挖钻机继续完成取土和入岩钻进，直至满足设计桩底标高。旋挖钻机套管内钻进见图 1.2-25。

（2）钻进达到设计要求后，使用清孔捞渣钻头对孔底进行扫孔，将孔底沉渣清除。

7. 旋挖钻机移位、吊入拔管机

（1）旋挖钻进终孔后，将旋挖钻机移位至下一根桩桩位继续钻进。

（2）旋挖钻机移位后，使用挖掘机对孔口周边场地进行平整，并在履带下铺设钢板。

（3）使用履带起重机将四柱拔管机吊至桩位，从钢套管上方缓慢下放，将拔管机套入钢套管中，拔管机就位见图 1.2-26；若有局部不平处，使用钢垫块调整拔管机整体水平，保证机械平稳。

图 1.2-25　旋挖钻机套管内钻进

图 1.2-26　四柱拔管机

8. 吊放钢筋笼、安放灌注导管

（1）起重机吊笼入孔时，派专人指挥，起重机平稳旋转。

（2）钢筋笼吊装就位后，安放灌注导管，导管直径 250mm，接头连接牢固并设密封圈。

9. 灌注桩身混凝土

（1）灌注混凝土前，测量孔底沉渣；如孔底沉渣厚度超标，则采用气举反循环进行二次清孔；二次清孔满足要求后，即进行桩身混凝土灌注，灌注时使用 12h 缓凝混凝土，避免未拔出全部钢套管前混凝土发生凝固，造成钢套管无法拔出。

（2）首批灌注混凝土的数量满足导管埋置深度 1.0m 以上，保持连续灌注；灌注采用混凝土天泵输送混凝土，在灌注过程中派专人定期测量套管内混凝土面和导管内混凝土的上升高度，及时拆除导管，埋管深度控制在 2～4m。灌注桩身混凝土见图 1.2-27。

10. 边灌注混凝土边起拔套管

（1）当混凝土顶面高度超过两节钢套管高度时，使用拔管机开始起拔钢套管。

（2）拔管前，利用履带起重机副吊钢丝绳将灌注导管固定后，卸除灌注斗。

（3）拔管时，先收紧下卡座抱紧套管，提升下卡座起拔套管，同时提升上卡座；提升至油缸上升行程顶后，上卡座下拉收紧卡住套管，随即下卡座松开套管，回收至底部，再抱紧套管；上卡座松开套管后，下卡座再次起拔套管至上升行程顶，上卡座卡住套管；如此上卡座、下卡座循环作业，直至将全部套管逐节拔出，拔管机起拔套管见图 1.2-28。

图 1.2-27　灌注桩身混凝土

图 1.2-28　拔管机起拔套管

（4）上节套管全部拔出地面，距地面 1.5m 左右，使用履带起重机主吊的钢丝绳及 U 形卸扣稳定上节套管，同时拔管机下卡座抱紧下节套管后，再松开两节套管间柱状连接螺栓，具体见图 1.2-29。起吊上节套管约 1m 距离时，露出内部的灌注导管，及时在钢套管上架设两组槽钢，并在套管上安放导管架将导管固定在槽钢上；之后，松开固定导管的钢丝绳，再将上节套管吊离桩孔，并放置指定位置固定安放，拆除套管见图 1.2-30。

图 1.2-29　松开套管间连接

图 1.2-30　拆除套管

11. 拔出底节套管、拔管机移位

（1）拔管机和履带起重机配合将全部套管逐节起拔，使用高压水枪冲洗干净后，安放至指定位置。

（2）钢套管全部拔出后，将拔管机吊离原桩位。

1.2.7　机械设备配置

本工艺施工现场所涉及的主要机械设备见表 1.2-1。

主要机械设备配置表　　表 1.2-1

名称	型号	备注
旋挖钻机	BG46	成孔、沉入套管
钢套管	壁厚 40mm	钻孔全套管护壁
高压水枪	200W	冲洗连接销孔、钢套管
导管	250mm	灌注混凝土
空压机	7.5kW	气举反循环清孔
灌注斗	$2m^3$	灌注混凝土
拔管机	四柱	起拔套管
挖掘机	PC200	平整场地
履带起重机	SCC550E	吊装钢筋笼、起吊钢套管
全站仪	ES-600G	桩位放样、垂直度观测

1.2.8　质量控制

1. 旋挖全套管钻进

（1）测量放线后，会同质检人员、监理人员验线、复核；仔细检查每一节钢套管外观质量、尺寸，如有裂缝、变形，则及时处理或更换。

（2）根据桩径、桩长选择大扭矩旋挖钻机，本工艺选择 BG46 型旋挖钻机；根据地质情况和钻进深度，选择合适的钻压、钻速。

（3）注意套管下压与套管内地层面间的位置关系，当套管下沉困难时，则及时采取套管内取土钻进，减小套管下压侧摩阻力。

（4）每加长一节钢套管后，通过从两个方向吊垂线检查套管垂直度；若不符合要求，通过旋挖钻机动力头调整钢管垂直度，直至符合要求后再下沉。

（5）钻孔深度达到设计标高后，对孔位孔径、孔形、孔深、桩孔垂直度、成孔等进行检查，符合设计要求后进行下道工序作业。

2. 拔管机起拔套管

（1）根据钢套管的直径、总长度，选择适宜的拔管机，本工艺选择四柱拔管机，确保起拔效果。

（2）拔管机就位前，使用挖掘机平整孔口周边地面；孔口四周铺设钢板，局部不平处使用钢垫块调平，保证拔管机水平、稳定。

（3）根据桩身混凝土灌注时间，设定合适的混凝土缓凝时间；准确计算、测量桩身混凝土面上升高度，超过两节套管高度时，及时拔出钢套管，避免因混凝土凝固导致钢套管无法拔出。

（4）起拔钢套管时，保持竖直起拔；起拔过程中，缓慢、匀速起拔。

（5）钢套管和灌注导管全部拔出前，确认混凝土超灌量，避免因套管和导管起拔后，混凝土面下降造成桩顶标高不满足设计要求。

1.2.9 安全措施

1. 旋挖全套管钻进

（1）旋挖钻机施工时，钻机旋转半径范围内不得站人，无关人员撤离施工区域。

（2）钻孔时，当桩机出现偏斜或发生有节奏的响动时，立即停钻，问题处理后继续下钻。

（3）旋挖钻机连接钢套管时，设专人进行指挥；钢套管竖立未稳时，其他人员不得进入施工区域。

（4）旋挖全套管下沉困难时，及时采用旋挖钻头在套管内取土减阻，防止过大扭矩造成钻机过载。

2. 拔管机起拔套管

（1）使用拔管机前，先检查拔管机油路是否正常，特别是接头部位是否连接牢靠，检查全部正常后方可作业。

（2）吊放拔管机时，缓慢起吊、下放，避免碰撞钢套管；拔管机放至地面后，调整机械水平，并停放牢靠、平稳。

（3）使用履带起重机起吊上节套管前，拔管机将下节钢套管夹持牢固，防止钢套管下沉；使用履带起重机的钢丝绳和 U 形卸扣将上节套管绑牢后，再解除两节钢套管间连接。

（4）起拔出来的钢套管转至合适位置，并将其平放，堆放整齐，避免发生翻滚。

1.3　大直径灌注桩孔口平台钢筋笼吊装及灌注成桩施工技术

1.3.1　引言

在灌注桩施工过程中，孔口护筒起着钻孔定位、保护孔口和稳定孔壁的作用。在实际施工过程中，钢筋笼吊放对接、就位后固定，通常均在孔口护筒上完成；灌注混凝土时，孔口灌注架直接安放在护筒顶完成混凝土灌注。但对于直径超过 3m、桩深 60m 以上的灌注柱，其桩身钢筋笼重达数十吨，且灌注混凝土时灌注斗及混凝土重达 45t 以上；在灌注成桩过程中，安放和固定在护筒顶的钢筋笼和灌注混凝土会持续对护筒叠加荷载，容易导致孔口护筒不同程度的沉降、变形，严重的会引起孔口垮塌，造成灌注混凝土质量事故，这些问题给大直径灌注桩施工带来质量和安全隐患。

为了避免大直径灌注桩成桩过程中，钢筋笼固定、混凝土灌注工序操作对孔口护筒的影响，保证顺利灌注成桩，项目组对“大直径灌注桩孔口平台钢筋笼吊装及灌注成桩施工技术”进行研究，利用一种孔口独立作业平台，通过吊环分节吊装钢筋笼入孔并固定在定位平台上，后续灌注导管安放、混凝土灌注等工序操作均在孔口平台上完成，不与孔口护筒发生任何接触，完全避免了成桩操作工序对孔口护筒和钻孔的影响。经多个项目的实际应用，取得了施工高效、质量可靠、操作安全、成本经济的成效。

1.3.2　工艺特点

1. 施工高效

本作业平台成套制作，采用起重机将平台中心点与桩中心点对准就位，安装操作便捷；在安放钢筋笼时，通过工人操作活动插销，可精准控制钢筋笼对中与固定；灌注桩身混凝土时，将孔口灌注架对准平台中心就位，即可完成导管安放和灌注斗就位，整体工序操作高效便捷。

2. 质量可靠

本作业平台就位时，其中心点与钻孔中心点的十字交叉点重合，可确保后续钢筋笼准确就位；通过吊筋连接吊环与钢筋笼，可保证钢筋笼的垂直安放；钢筋笼通过吊筋在平台上固定，在混凝土灌注过程中可准确控制灌注导管中心位置，并有效防止钢筋笼上浮，确保灌注成桩质量。

3. 操作安全

本作业平台属于孔口护筒外设置的独立作业平台，平台采用框架式设计、高强度钢材制作，自身稳定性好、承重能力强，大直径钢筋笼、灌注桩身混凝土等成桩工序施工均通过平台完成操作，施工过程不与护筒发生接触，避免孔口护筒变形，成桩全过程操作安全可控。

4. 成本经济

本技术将钢筋笼安放和桩身混凝土灌注两个工序施工集成在孔口作业平台上操作，减去了工序转换时的吊装作业；平台所用的钢材如钢板、钢筋等从现场直接取用，现场制作成本低，且平台可以循环利用，具有较好的经济性。

1.3.3 适用范围

适用于直径3000～4000mm灌注桩，适用于总重量不大于100t的灌注桩钢筋笼的吊装、安放和固定等施工作业。

1.3.4 工艺原理

本工艺主要是通过在孔口设置一个直径大于护筒的作业平台，使作业平台与护筒分离，并将钢筋笼安放、桩身混凝土灌注等工序集成在作业平台上完成，作业所产生的荷载不作用于护筒上，保证了成桩过程中孔口护筒的稳定和安全。

1. 孔口平台构成

本工艺所述孔口平台主要由吊环、定位平台两部分组成，吊环呈圆形，由钢环、内侧吊板、外侧吊板、套筒组成，用于吊装、安放、固定钢筋笼。定位平台呈矩形，由钢框架、门式固定架、吊耳组成，用于钢筋笼定位、支撑吊环和灌注架、混凝土料斗就位等。孔口平台三维示意见图1.3-1，现场实物见图1.3-2。

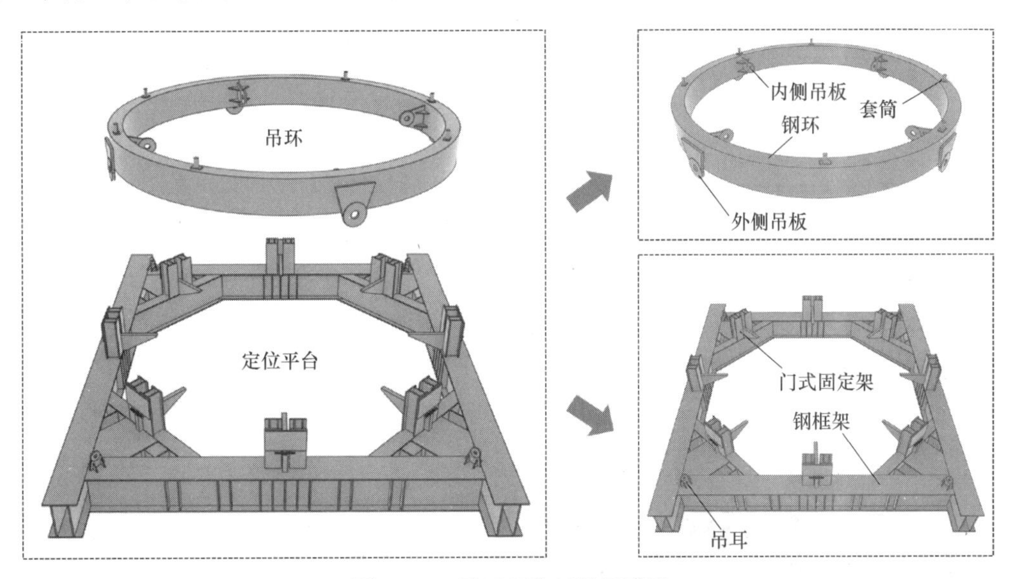

图1.3-1 孔口平台三维示意图

2. 吊环施工工艺原理

(1) 辅助吊运、安放钢筋笼

本工艺所述吊环的主体为钢环结构，在钢环内侧环向均匀布置并焊接4块单孔吊板，每块吊板均采用4块加强肋板进行固定，用于连接起重机的主吊钩和吊环；在钢环外侧对应于内侧吊板的位置布置并焊接4块外侧单孔吊板，用于连接吊环和钢筋笼加强筋吊板，起重机主吊钩与内侧吊板连接示意见图1.3-3，吊环与钢筋笼加

图1.3-2 施工现场孔口平台

强筋吊板连接示意见图1.3-4。

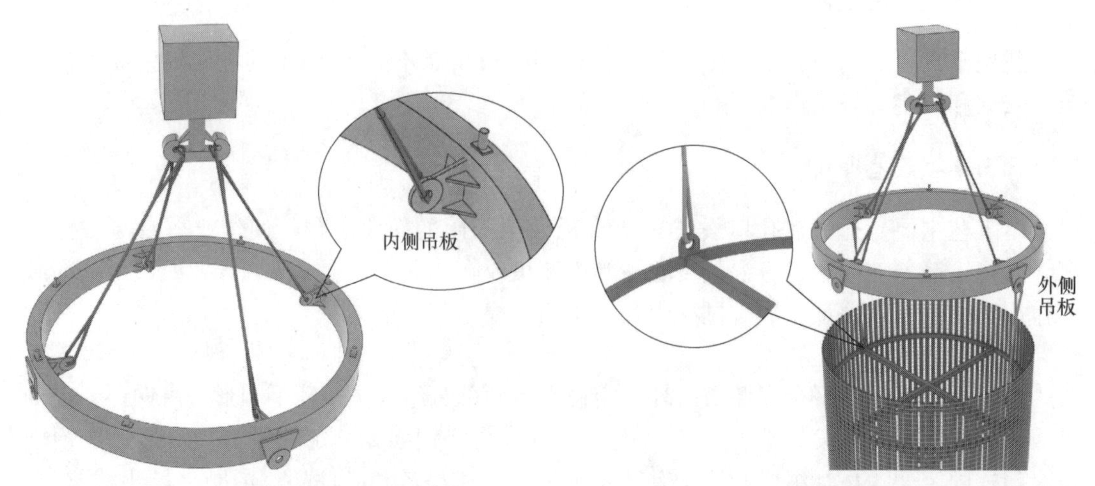

图1.3-3　主吊钩与内侧吊板连接示意图　　图1.3-4　吊环与钢筋笼加强筋吊板连接示意图

（2）固定钢筋笼

钢环环身上设置6个贯通孔以及对应的6个套筒和垫片，用于钢筋笼孔口吊筋穿过孔洞并通过套筒固定于钢环上，以此将整个钢筋笼固定在定位平台上，保证了钢筋笼的垂直度，并在混凝土灌注过程中可防止钢筋笼上浮，吊筋与吊环连接见图1.3-5。

3. 定位平台施工工艺原理

（1）定位平台

本工艺所述的定位平台比护筒直径大300mm，其架设在孔口护筒外侧，不与护筒发生直接接触；同时，终孔后钢筋笼安放、导管安放和桩身混凝土灌注等工序全部集成在平台上完成，施工荷载直接由平台均匀传至地面，确保护筒和孔壁稳定，定位平台定位示意见图1.3-6。

图1.3-5　钢筋笼吊筋与吊环连接

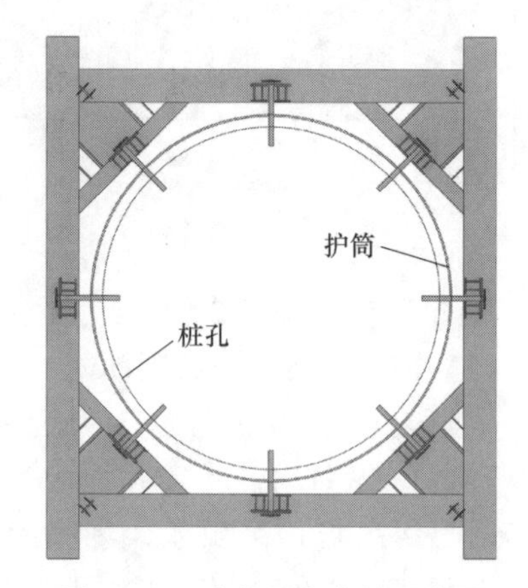

图1.3-6　定位平台定位示意图

（2）定位平台桩位中心点定位原理

定位平台为矩形钢框架，采用起重机将其吊至孔口。吊放时，保持平台钢框架的中心点与桩孔四个护桩交叉中心点重合，确保后续的工序操作精确定位；适当采用垫衬方木、钢板等措施对平台找平，保证平台水平稳定，定位平台中心点定位示意见图 1.3-7、图 1.3-8。

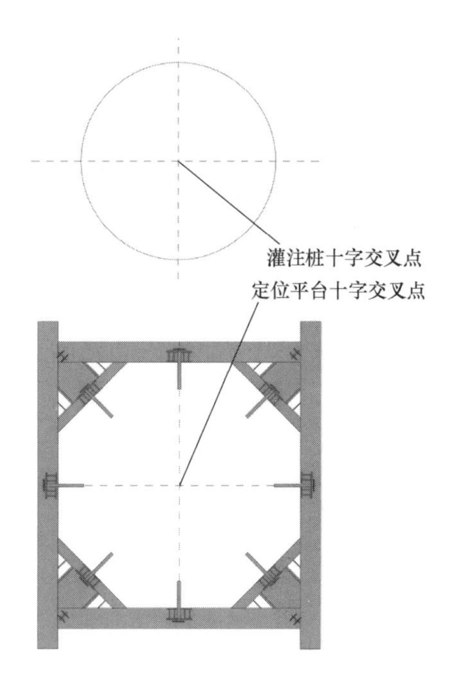

图 1.3-7　灌注桩与定位平台简图

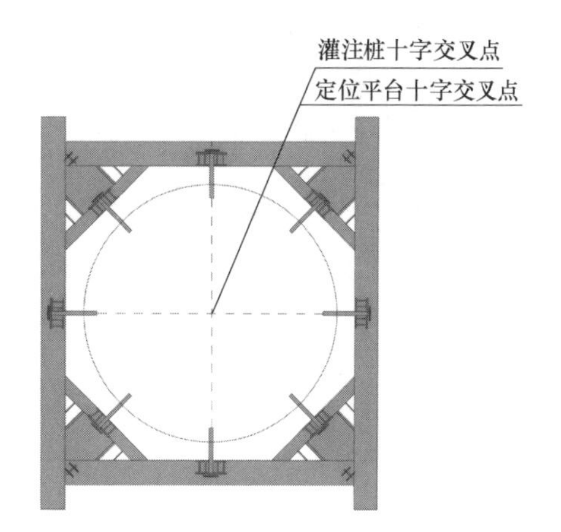

图 1.3-8　定位平台安放效果简图

（3）定位平台钢筋笼定位原理

本工艺定位平台设有门式固定架，门式固定架由门式架和活动插销组成，沿定位平台钢框架环向均匀布置并焊接 8 组门式固定架。插销是可以活动的钢板，其利用门式架固定下入的钢筋笼，完成孔口钢筋笼接长；尾部焊接有一截把手钢筋，主要用于防止插销固定钢筋笼时移位滑落；同时，在钢筋上系上绳子，便于工人拔出插销，门式架、活动插销结构示意见图 1.3-9。

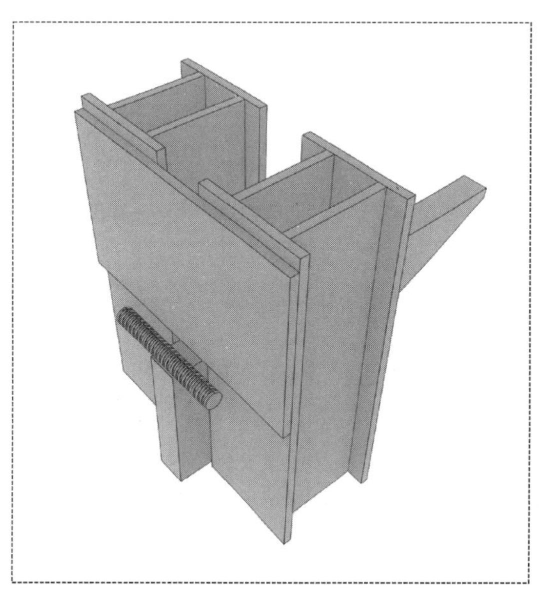

图 1.3-9　门式架、活动插销结构示意图

（4）定位平台灌注混凝土原理

根据孔口平台吊环直径采用自制灌注装置辅助灌注桩身混凝土，灌注装置分为灌注架和钢筋防护网两部分，具体见图 1.3-10。

当钢筋笼完成孔口固定后，将组装好的灌注装置平稳架设在孔口平台的吊环上，使灌注架活动盖板口居中摆放。打开活动盖板，利用起重机将灌注导管吊放入孔内，通过活动盖板的限位依次对接灌注导管直至下至设计深度。完成二次清孔后，在灌注导管顶部安装灌注料斗，并在灌注料斗内导管口安放球胆塞和灌注盖板，灌注料斗的竖向支撑直接架设在钢筋防护网上，具体见图 1.3-11。

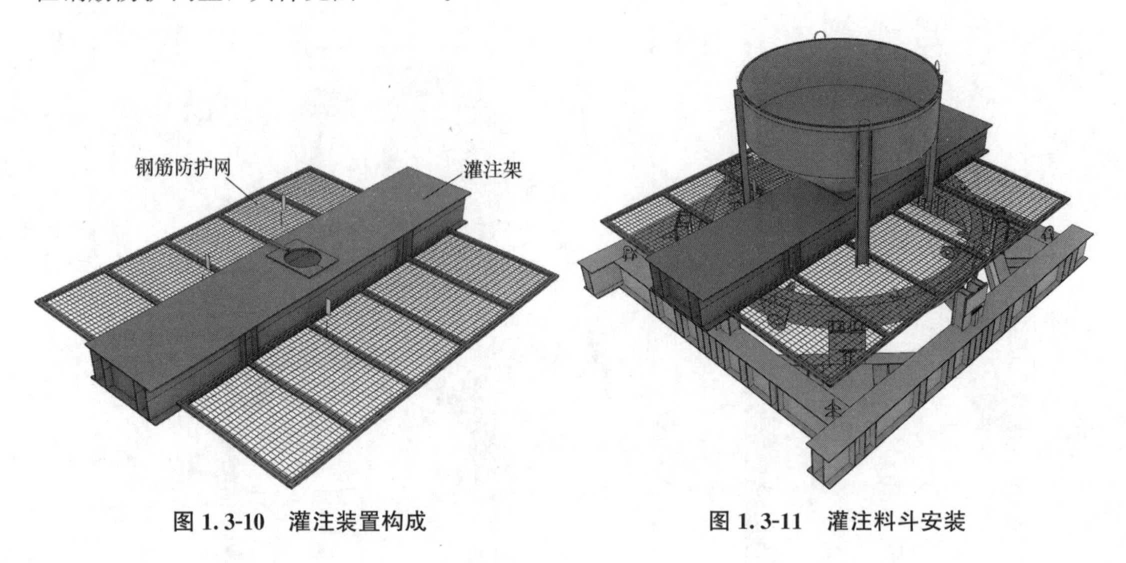

图 1.3-10　灌注装置构成　　　　图 1.3-11　灌注料斗安装

1.3.5　施工工艺流程

大直径灌注桩孔口平台钢筋笼吊装与灌注成桩施工工艺流程见图 1.3-12。

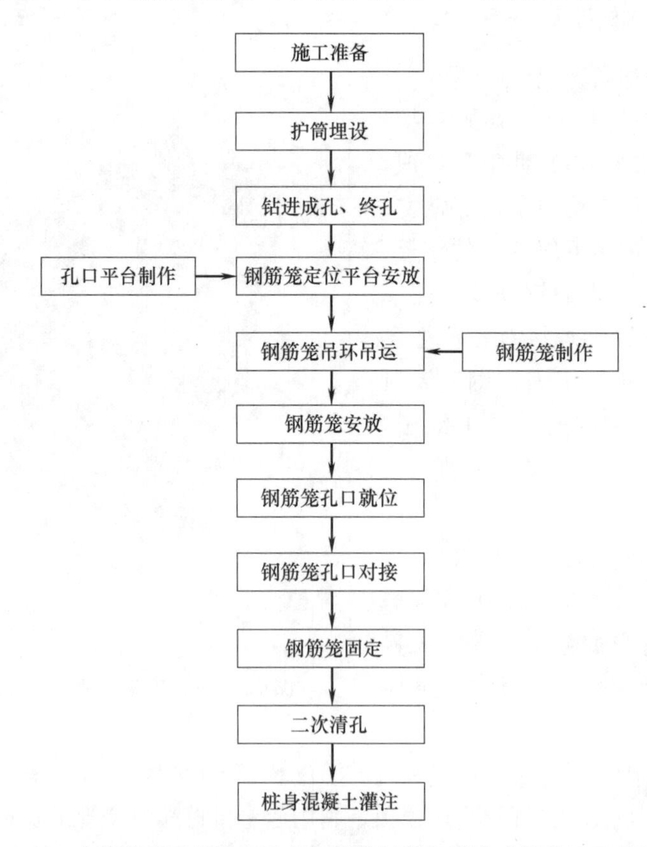

图 1.3-12　大直径灌注桩孔口平台钢筋笼吊装与灌注成桩施工工艺流程图

1.3.6 工序操作要点

拟建洪奇沥大桥新建深圳至江门铁路站前工程位于广东省广州市南沙区，以该工程SJSG-8标段项目49号墩台26号孔位的钻孔施工为例说明施工工艺流程。该孔位根据钻探揭露场地内钻孔涉及的地层自上而下主要为：素填土层厚1.05m，淤泥层厚27.62m，粉质黏土层厚5.38m，粗砂层厚2.60m，淤泥质粉质黏土层厚8.79m，砂砾岩层厚4.88m；工程桩桩径为4.0m，桩长50m，桩端持力层为砂砾岩。

1. 施工准备

（1）本工艺采用的施工设备整机尺寸和重量均较大，施工前对规划场地进行平整，并对局部软弱部位换填、压实，确保施工设备作业时的稳定。

（2）依据设计资料复核桩位轴线控制网和高程基准点，采用全站仪对施工桩位中心点进行现场放样，并做好标记；根据放样桩位张拉十字交叉线，在线端处设置4个控制桩作为定位点。

（3）根据桩位中心点和定位点预留边长为4300mm的方形施工区域并做好标记；施工场地其余区域浇筑厚度30cm素混凝土进行硬化处理，以便机械设备移动和施工。

2. 护筒埋设

（1）护筒直径4300mm，长度以隔离淤泥质土确定，深度平均为33m；通过起重机将特制的护筒安放平台吊至桩位，调整使其中心点、边线与预留的方形施工槽位对齐后进行固定。

（2）利用起重机将护筒吊放至特制安放平台内进行临时固定，并调整使护筒中心点与桩位中心点重合；同时，解开护筒吊耳上的钢丝绳，起重机吊放护筒见图1.3-13。

图1.3-13 起重机吊放护筒

（3）通过起重机将APE600四夹持液压振动锤吊至护筒顶部安装固定，启动振动锤将护筒缓慢沉入地层；当护筒顶部沉入至邻近特制平台顶部时，吊离平台并将平台吊至下一桩位。液压振动锤振沉护筒现场施工见图1.3-14。

（4）启动振动锤继续振沉护筒直至护筒顶部距离地面约300mm后拆卸振动锤，并利用4个控制桩复核护筒中心点，护筒埋设完成见图1.3-15。

3. 钻进成孔、终孔

（1）在桩位复核正确、护筒埋设符合要求后，采用徐工XR700E旋挖钻机在就位准确后开始钻进，直至钻孔至设计标高，现场XR700E旋挖钻机和直径4m旋挖钻斗见图1.3-16。

（2）钻进过程中，旋挖钻机在特制钢结构平台上钻进施工，平台高约300mm，主要用于增大钻机与地面的接触面积，提高作业时的稳定性；同时，均匀传递施工荷载，避免孔口护筒变形，旋挖钻机钢平台作业见图1.3-17。

图1.3-14 液压振动锤振沉护筒现场施工

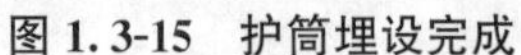

图1.3-15 护筒埋设完成

图1.3-16 XR700E旋挖钻机和直径4m旋挖钻斗

(3) 在上部土层钻进时，采用直径4m的旋挖钻斗一径到底钻进成孔；提钻时，在孔口位置稍待停留后向孔内补浆，维持孔内液面高度，再将钻斗提出护筒排渣。

(4) 在岩层钻进时分六级钻进，选用直径为1500mm、2000mm、2500mm、3000mm、3500mm、4000mm旋挖钻筒依次扩孔钻进至设计深度，入岩旋挖分级钻进成孔现场见图1.3-18。

(5) 钻进过程中采用膨润土调配泥浆，保持优质泥浆护壁。现场泥浆系统采用三级沉淀循环处理，沉淀池整体尺寸为50m×20m×4m；钻进过程中，定期检测泥浆性能，保持孔内护壁效果。

(6) 钻至设计深度后，对成孔的孔径、孔深、垂直度等进行检查，并使用旋挖捞渣钻头进行第一次清孔。

4. 孔口平台制作

1) 吊环

吊环用于辅助吊运、安放和固定钢筋笼，主要由钢环、内侧吊板、外侧吊板、套筒等组成。

图 1.3-17 钻机在特制钢结构平台上施工

图 1.3-18 入岩旋挖分级钻进成孔现场

(1) 钢环

钢环作为吊环的主体，其高度为 400mm，内径为 2038mm，外径尺寸为 2218mm，环身上设置 6 个贯通孔，由工厂统一加工制作，钢环尺寸示意见图 1.3-19。

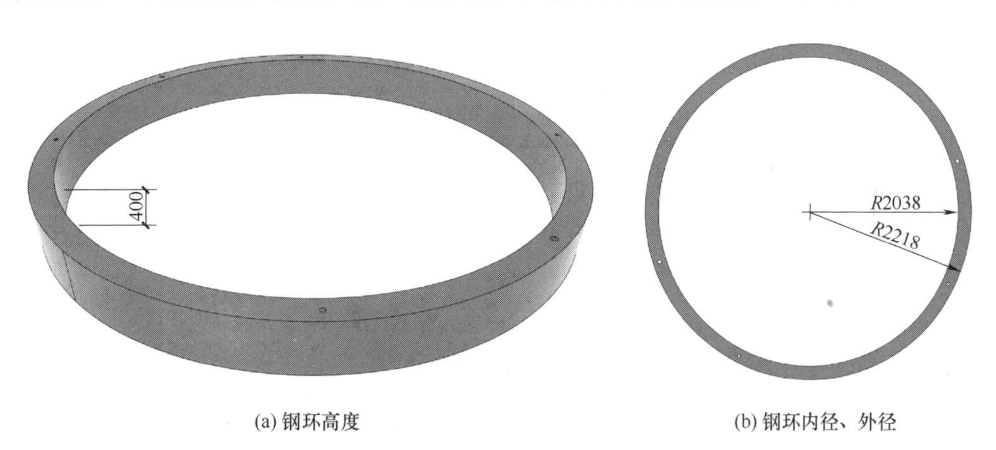

(a) 钢环高度　　(b) 钢环内径、外径

图 1.3-19 钢环尺寸示意图

(2) 内侧吊板、外侧吊板和套筒

在钢环内侧环向均匀布置并焊接 4 块单孔吊板，每块吊板均采用 4 块加强肋板进行固定，在钢环外侧对应于内侧吊板的位置布置并焊接 4 块单孔吊板，对应于贯通孔共布置 6 个套筒及垫片，具体尺寸示意见图 1.3-20。

2) 定位平台

定位平台主要用于钢筋笼定位和支撑钢筋笼，主要由钢框架、门式固定架、吊耳组成。

(1) 钢框架

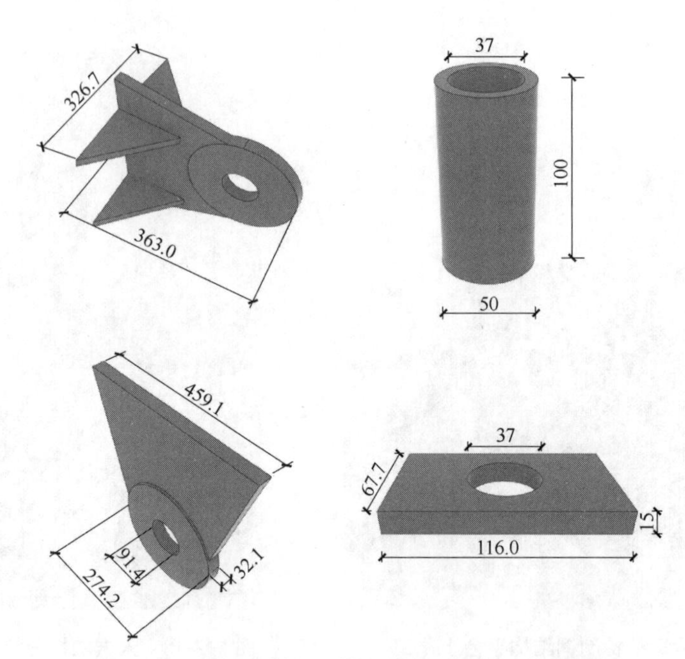

图 1.3-20 内侧吊板、外侧吊板和套筒尺寸示意图

钢框架作为定位平台的结构主体，主要由外框架、斜撑和加劲板组成，用于支承吊环和钢筋笼的重量，架设门式固定架、吊耳等，外框架由4根钢梁组成，每根钢梁由2根型号为HN500×400×10×16的H型钢焊接而成箱形钢梁结构，钢梁内外侧分别布置加劲板用于加强外框架的整体性和稳定性，外框架及加劲板尺寸三维示意见图1.3-21。

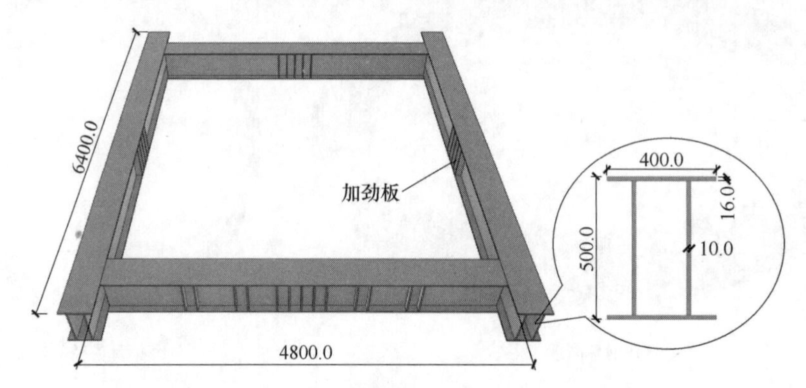

图 1.3-21 外框架及加劲板尺寸三维示意图

钢框架4个角分别布设由型号为HN500×200×10×16的H型钢和钢板焊接而成的斜撑结构，斜撑两端端部均加工为45°角斜口，与外框架采用满焊连接，斜撑结构三维示意见图1.3-22。

(2) 门式固定架

门式固定架由门式架和活动插销组成，沿钢框架环向均匀布置并焊接8组门式固定架。插销是可以活动的钢板，其利用门式架固定下入的钢筋笼；尾部焊接有一截把手钢筋，主要用于防止插销固定钢筋笼时移位滑落。门式架、活动插销形状和尺寸示意见图1.3-23。

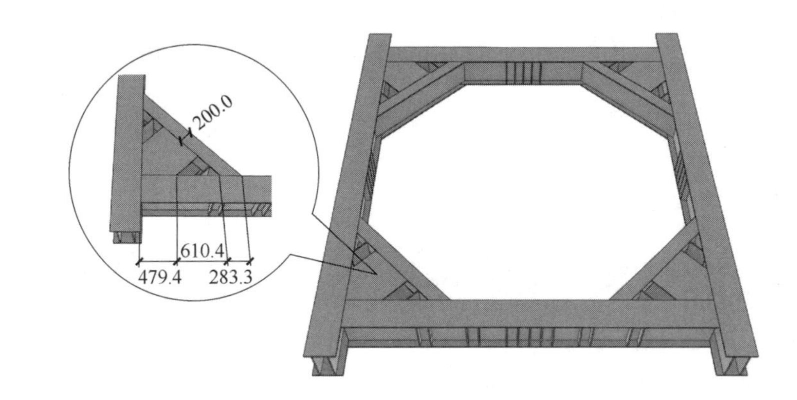

图 1.3-22 斜撑结构三维示意图

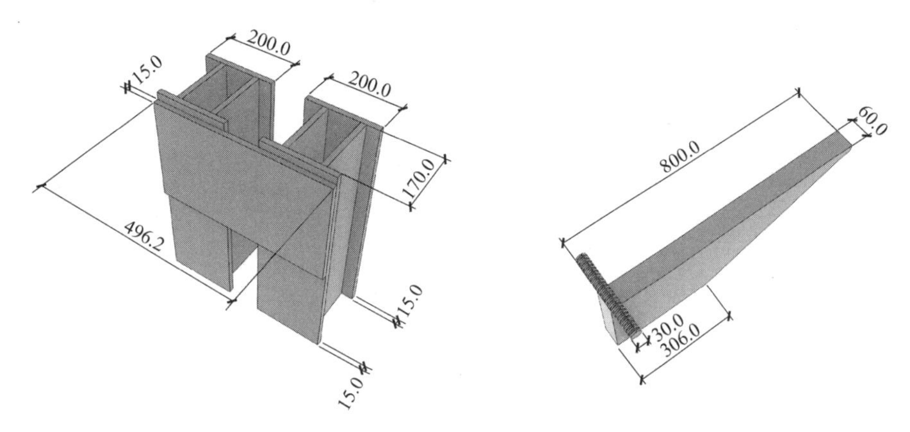

图 1.3-23 门式架、活动插销形状和尺寸示意图

(3) 吊耳

定位平台 4 个边角位置分别设有吊耳，用于吊运定位平台，吊耳均采用加强板焊接固定，用于加强吊耳的稳固性，吊耳结构示意见图 1.3-24。

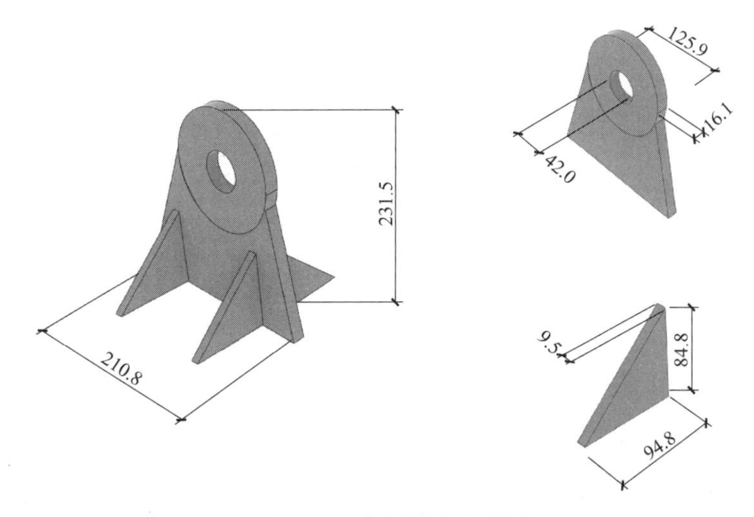

图 1.3-24 吊耳结构示意图

5. 钢筋笼定位平台安放

（1）安放定位平台前，将护筒口附近场地清理干净，再采用起重机将定位平台吊至孔口。

图1.3-25　钢筋笼现场加工制作

（2）定位平台吊放时，保持平台钢框架的中心点与桩孔四个交叉中心点重合，确保后续的工序操作精确定位；适当采用垫衬方木、钢板等措施调节平台水平，保证平台的平稳。

6. 钢筋笼制作

（1）钢筋笼按设计图纸制作，钢筋笼采用分节制作、每节12m；制作时采用自动弯箍工艺，加快制作进度，主筋和箍筋采用点焊加强连接。

（2）主筋采用套筒连接，钢筋笼现场加工制作见图1.3-25。

7. 钢筋笼吊环吊运

（1）钢筋笼起吊设置三个吊点，起重机主钩通过吊环与第一个吊点连接，确保钢筋笼翻转竖直吊装及钢筋笼顶部不变形；副钩与第二、三个吊点连接，用于辅助钢筋笼翻身起吊。

（2）起吊前，指挥起重机转移到起吊位置，将钢丝绳一端穿过吊环的内侧吊板并固定，另一端套于起重机的主钩上，通过调节4根钢丝绳长度使吊环处于水平状态，吊环现场起吊见图1.3-26。

图1.3-26　吊环现场起吊

（3）在钢筋笼上安装钢丝绳和卡环，挂上主吊钩及副吊钩，检查起重机钢丝绳的安装情况及受力重心后，开始同时平吊，在钢筋笼两侧设置缆风绳，并安排两名工人牵拉缆风绳，保证钢筋笼在吊装过程中的平稳。

（4）钢筋笼吊至离地面0.3～0.5m后，待钢筋笼平稳后，主吊慢慢起钩，根据钢筋笼尾部距地面距离，随时指挥副吊配合起钩，钢筋笼起吊示意见图1.3-27。

（5）钢筋笼吊起后，主钩慢慢起钩提升，副起重机主钩与副钩配合，保持钢筋笼距地面距离，最终使钢筋笼垂直于地面；指挥工人卸除钢筋笼上起重机副钩、钢丝绳、卡环，然后远离起吊作业范围。

8. 钢筋笼安放

（1）在钢筋笼孔内安放时，以定位平台中心点为参照，通过现场量测控制钢筋笼中心点与定位平台中心点重合，确保钢筋笼准确定位和保护层厚度满足设计要求，钢筋笼吊放入孔示意见图1.3-28。

（2）在钢筋笼吊放时，提前将门式固定架的活动插销往外拔出，让出孔口位置，便于钢筋笼下入孔内，活动插销操作见图1.3-29、图1.3-30，现场施工见图1.3-31。

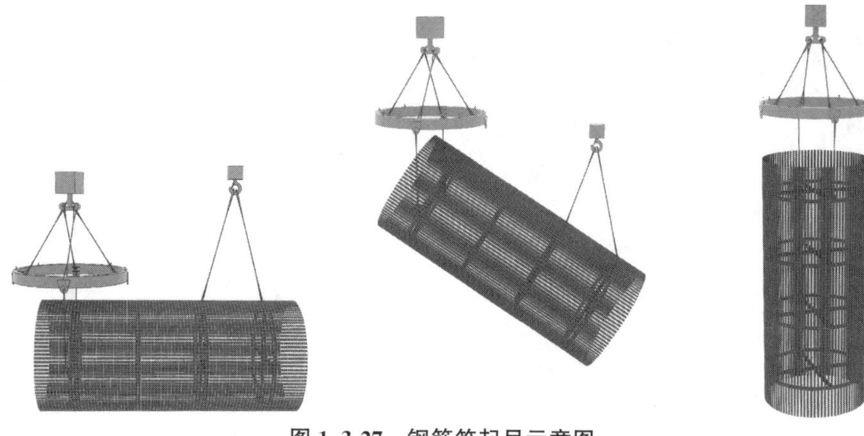

图 1.3-27 钢筋笼起吊示意图

(a) 钢筋笼安放三维示意图　　(b) 钢筋笼吊放现场施工

图 1.3-28 钢筋笼吊放入孔

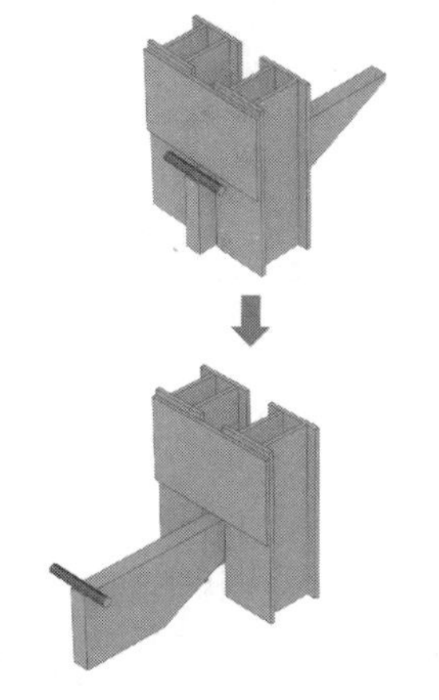

图 1.3-29 定位平台活动插销拔出

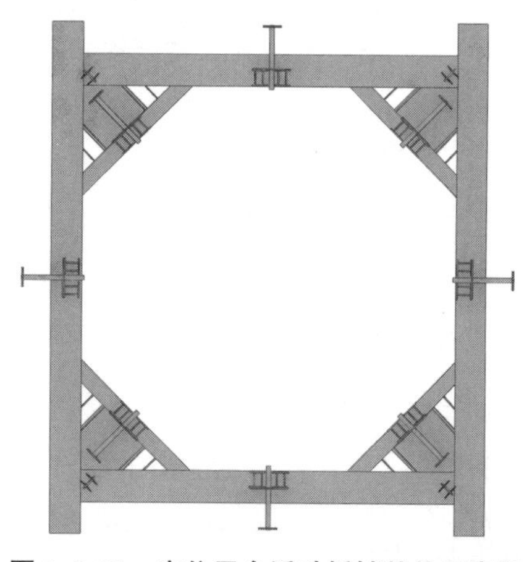

图 1.3-30 定位平台活动插销就位示意图

图 1.3-31　拔出活动插销让出孔口位置

9. 钢筋笼孔口就位

(1) 当钢筋笼在孔口满足搭接位置时，由工人推动活动插销，插入钢筋笼加强筋位置下方，钢筋笼孔口插销固定就位见图 1.3-32。

(2) 起重机将钢筋笼缓慢放下，松开加强筋吊板上的钢丝绳，首节钢筋笼在孔口固定就位。

10. 钢筋笼孔口对接

(1) 在孔口确认钢筋笼垂直入孔后，通过起重机吊放第二节钢筋笼至孔口，并与首节钢筋笼对接；对接采用套筒连接，将套筒旋入首节钢筋笼主筋钢筋丝头拧紧，再将锁母旋至套筒端面，拧紧锁母。

(2) 对接完成后，工人将预先套在笼体上部的箍筋牵拉向上覆盖钢筋笼对接区段，与上方笼体箍筋搭接后采用双面焊连接固定，主筋和箍筋之间采用点焊连接，具体见图 1.3-33。

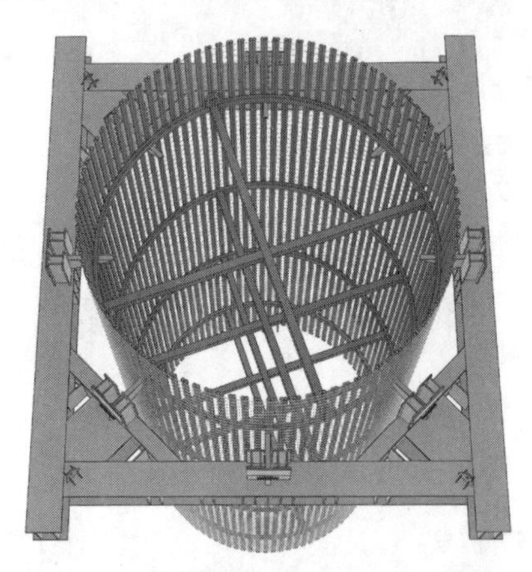

图 1.3-32　钢筋笼孔口插销固定就位

图 1.3-33　钢筋笼对接区段布设箍筋

11. 钢筋笼固定

(1) 最后一节钢筋笼采用吊筋就位，利用 6 ⌀ 36 吊筋连接吊环和钢筋笼；根据笼顶标高和焊接长度计算吊筋长度，起吊前将吊筋插入吊环预留孔洞内，并采用套筒固定，吊筋与吊环连接示意见图 1.3-34。

（2）采用起重机将最后一节钢筋笼吊放至孔位，与下方笼体完成套筒连接和箍筋布设后，将整个钢筋笼下放至合适位置，对吊筋和相应位置的主筋进行连接，解除吊环外侧吊板的钢丝绳。

（3）将活动插销推入，通过定位平台十字交叉点调整钢筋笼对中，下放钢筋笼直至吊环支撑在活动插销上，确认钢筋笼垂直入孔后，解除吊环内侧吊板的钢丝绳，钢筋笼吊装见图1.3-35，钢筋笼固定见图1.3-36。

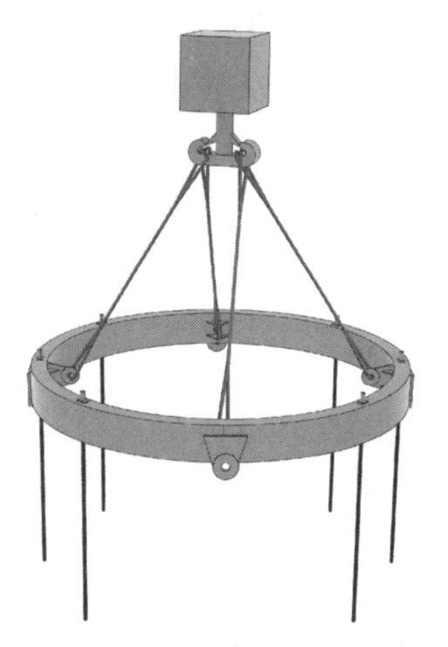

图1.3-34　吊筋与吊环连接示意图

12. 二次清孔

（1）由于深孔作业时间长，孔底沉渣多，在灌注混凝土前进行二次清孔。

（2）二次清孔采用气举反循环工艺，并配备泥浆净化器浆渣分离。

(a) 钢筋笼吊放至孔位

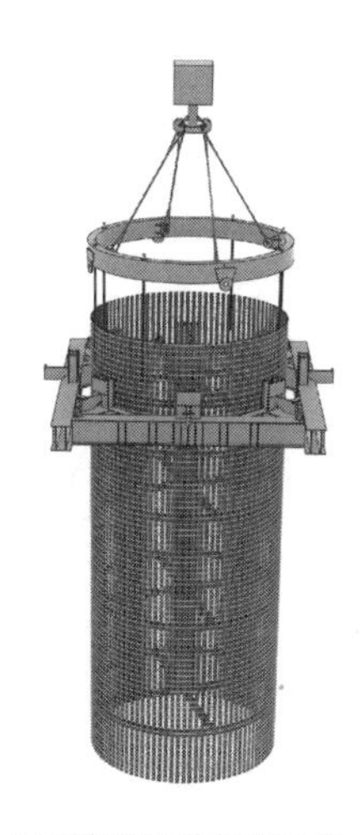

(b) 吊筋与主筋满焊连接

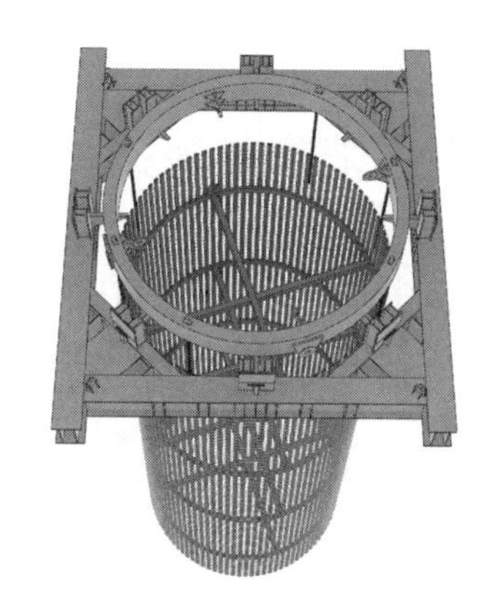

(c) 钢筋笼对中、固定完成

图1.3-35　钢筋笼现场吊装示意图

图1.3-36　钢筋笼固定

13. 桩身混凝土灌注

（1）二次清孔完成后，将钢筋防护网、灌注架平稳架设在孔口平台的吊环上，使灌注架活动盖板口居中摆放；打开活动盖板，利用起重机将外径450mm、壁厚15mm的灌注导管分段下入孔内。

（2）在灌注导管上安装灌注料斗，同时在料斗内导管口处安放球胆塞和灌注盖板，并用水进行湿润；桩身混凝土选用C45水下混凝土，坍落度18～22cm，采用3台臂架泵车同时灌注。由于桩径大，在孔口边上搭设混凝土输料架配合灌注料斗进行初灌，混凝土现场灌注见图1.3-37。

（3）灌注过程中，保持混凝土灌注连续进行，定期测量导管埋管深度、孔内混凝土面上升高度，及时拔管、卸管，保持导管埋管2～4m。

（4）当桩身混凝土初凝后，解除吊筋和吊环的连接（图1.3-38），采用起重机将定位平台和吊环吊运至下一桩位施工，并及时在护筒周围布置安全防护栏杆。

图1.3-37 桩身混凝土现场灌注

图1.3-38 解除吊筋和吊环的连接

1.3.7 机械设备配置

本工艺现场施工所涉及的主要机械设备见表1.3-1。

主要机械设备配置表 表1.3-1

名称	参数	数量	备注
吊环	自制	1台	吊运、固定钢筋笼
定位平台	自制	1台	定位、作业
徐工XR700E旋挖钻机	最大输出扭矩700kN·m	1台	钻进成孔
APE600液压振动锤	最大激振力434.5t 最大上拔力318.7t	1台	振沉钢护筒
履带起重机	180t	1台	吊运、起吊液压振动锤
灌注架	自制	1套	孔口固定导管
灌注导管	外径450mm	100m	灌注桩身混凝土
灌注斗	$10m^3$	1个	初灌斗
全站仪	测距精度1.5mm+2ppm	1台	桩位测放、垂直度观测
电焊机	NBC-250	6台	焊接、加工

1.3.8 质量控制

1. 平台焊接成型

（1）平台按照孔口平台设计尺寸进行制作，焊接材料的品种、规格、性能等符合现行行业产品标准和设计要求。

（2）钢板、工字钢焊接连接时满焊焊接，各搭接间焊接密实牢固，保证制作精度；电焊条型号与母材相匹配，并严格控制作业电流的大小。

2. 钢筋笼吊装固定

（1）钢筋笼顶部加强筋对称设置合适的吊点与孔口平台吊环连接，避免因起吊受力不均导致笼体倾斜变形。

（2）钢筋笼吊放入孔时，通过孔口平台定位轴线校准下放，保证笼体中心与孔口平台中心对齐，防止因底部碰到护筒而被破坏。

（3）钢筋笼在孔口固定时，将活动插销对称推至门式架卡口，保证钢筋笼整体受力均匀；当固定最后一节钢筋笼时，使吊环保持水平平稳后，再对吊筋和钢筋笼主筋进行满焊连接，防止笼体产生倾斜。

3. 平台灌注作业

（1）安放混凝土灌注架时，使灌注架卡板口的中心点与平台吊环中心点对齐，保证灌注导管居中对接和灌注混凝土，防止提升拆除导管时碰撞孔壁和钢筋笼。

（2）灌注架直接架设在套筒间的钢环上，避免破坏套筒引起吊筋脱落而导致钢筋笼变形。

（3）导管连接严格密封，混凝土初灌量保证导管底部一次性埋入混凝土内 0.8m 以上；浇灌混凝土连续不断地进行，及时测量孔内混凝土面高度，以指导导管的提升和拆除。

1.3.9 安全措施

1. 平台焊接成型

（1）孔口平台及钢筋笼的加工制作焊接工作由专业电焊工操作，按要求佩戴专门的防护用具（防护罩、护目镜等），并按照相关操作规程进行焊接操作。

（2）氧气瓶与乙炔瓶在室外的安全距离不小于 5m，并设防晒、防火措施，切割作业由持证专业人员进行。

2. 钢筋笼吊装固定

（1）平台吊装前，将平台场地清理干净，平台吊装就位后通过钢板、垫木等进行调平；作业中发现平台沉降或歪斜时，立即停止作业并及时调整平台位置。

（2）现场起重机起吊孔口平台和钢筋笼时，采用钢丝绳连接牢固并用绳卡固定；吊装过程派专门的司索工指挥，吊装区域设置安全隔离带，无关人员撤离影响半径范围。

（3）在孔口平台对钢筋笼进行接长和固定时，作业人员系好安全带，防止不慎跌落受伤。

3. 平台灌注作业

（1）灌注架与防护网采用螺栓连接牢固，防止防护网滑动产生空隙导致工具或人员掉落孔中；孔口平台面铺设的钢筋网、灌注架要求平顺，并调整位置使防护网覆盖整个孔口范围。

（2）灌注钢筋网、孔口灌注架铺设在定位平台的中心区域，保持稳固的作业工作面；灌注混凝土时，设专人监护，作业人员系安全带，无关人员撤离作业范围。

（3）灌注料斗采用起重机吊放至灌注架上方，使灌注料斗支撑架设在防护网上；起拔导管由专人指挥，并按指定位置堆放；桩身混凝土灌注结束后，桩顶混凝土低于现状地面时，设置孔口护栏和安全标志。

1.4　孔口高位护壁套管互嵌式作业平台灌注成桩施工技术

1.4.1　引言

合生时代城小学项目桩基础工程位于广东省惠州市大亚湾区西区响水河、石化大道南侧，现场地势起伏较大，场地处于两座山的峡谷间，根据勘察孔揭露场地由上而下主要分布素填土（平均层厚 2m）、填石（平均层厚 16m）、粉质黏土（平均层厚 3m）、全风化或强风化砂砾岩（平均层厚 3m）和中风化砂砾岩。项目桩基础设计为钻孔灌注桩，桩径 800mm，桩端持力层为中风化砂砾岩，平均桩长 25m。针对项目现场条件，采用“深厚填石层灌注桩双动力潜孔锤跟管钻进成桩综合施工工艺”，利用多功能钻机内侧动力头驱动潜孔锤冲击凿岩钻进，外侧动力头通过特制接驳器驱动套管跟进护壁，加快了填石层穿越，有效避免了塌孔。

由于场地内中风化持力层标高相差太大，导致难以准确判断套管的护壁总长度，当终孔时跟管套管顶部往往出现处于地面以上较高位置（图 1.4-1）。这种孔口高位护壁套管出现后，项目采用一种孔口高位套管互嵌式作业平台（图 1.4-2），通过使套管顶部嵌入平台装置的固定套筒内，并利用套筒顶的“裙边”结构，将操作平台固定在套管顶；该装置能与套管具有较好的贴合性，避免了高位套管口作业的安全隐患。

图 1.4-1　终孔后高出地面的护壁套管

图 1.4-2　孔口高位套管互嵌式作业平台

1.4.2 工艺特点

1. 提高工效

本技术所使用互嵌式作业平台无需考虑套管顶的标高位置，直接吊装到位即可使用，现场安装简捷，操作时间短，大大缩短灌注桩混凝土灌注前的准备时间；同时，拆除时直接吊离，有效提高施工工效。

2. 操作便捷

本技术所使用的互嵌式作业平台根据套管的直径尺寸制作，整体预先加工，可现场就地取材焊接而成；吊装时，将平台固定于套管顶部即可满足灌注作业要求，适用性强，安装使用便捷。

3. 安全可靠

该互嵌式作业平台的固定套筒与全套管具有较好的贴合性，平台嵌于全套管的顶部，牢靠、稳固、不晃动；同时，作业平台采用钢构件焊接而成，刚度大，可同时容纳多人在平台上作业，使用安全可靠。

4. 成本经济

该互嵌式作业平台结构简单，施工耗材少，易于现场制作和维修；作业平台通用性好，单个平台可重复利用，耐用性强，且使用时无须其他辅助固定措施，节约资源和成本。

1.4.3 互嵌式作业平台构造

本技术所使用的互嵌式作业平台整体由型钢、钢板和钢筋焊接而成，主要包括固定套筒、操作平台和防护栏杆三大组成部分，具体见图 1.4-3、图 1.4-4，作业平台实物见图 1.4-5。

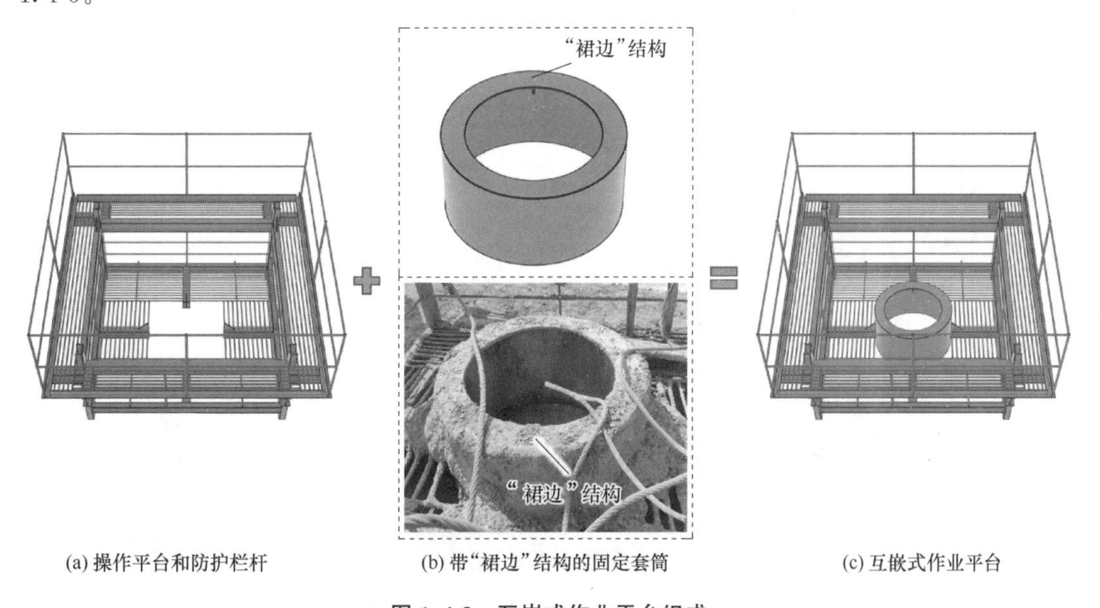

(a) 操作平台和防护栏杆　　(b) 带“裙边”结构的固定套筒　　(c) 互嵌式作业平台

图 1.4-3　互嵌式作业平台组成

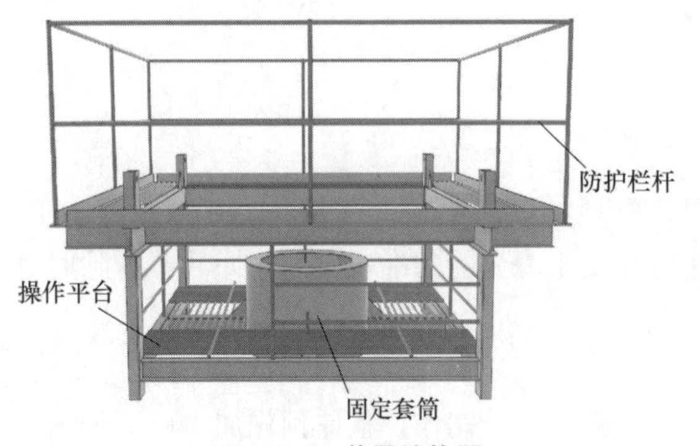

图 1.4-4　装置结构图

图 1.4-5　装置实物现场

以直径 800mm 套管搭配使用的互嵌式作业平台为例，平台整体结构尺寸为 3180mm×3424mm×2411mm，其俯视图和侧视图具体尺寸示意分别见图 1.4-6、图 1.4-7。

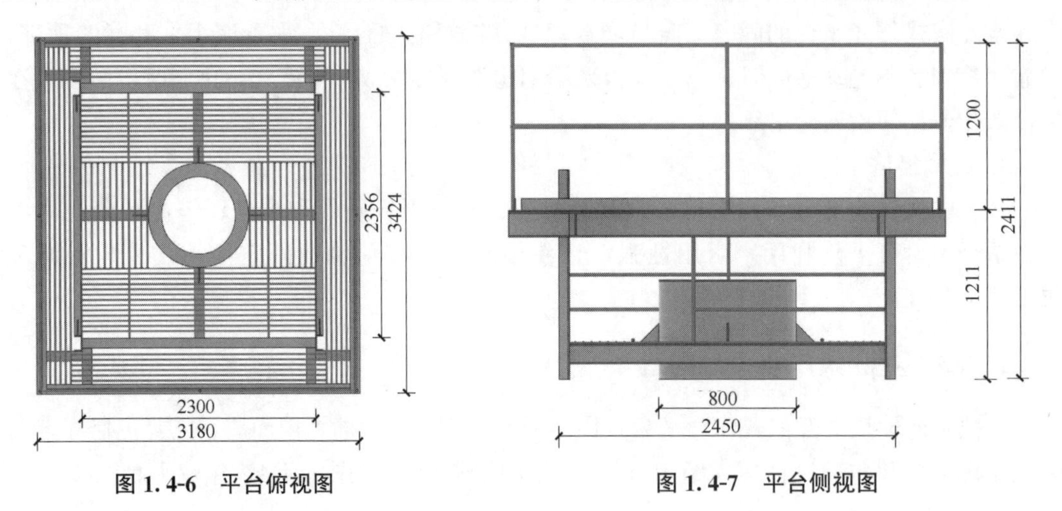

图 1.4-6　平台俯视图

图 1.4-7　平台侧视图

1. 固定套筒

(1) 固定套筒构成

固定套筒由“裙边”结构、加强板和筒身结构组成，固定套筒三维示意见图 1.4-8。

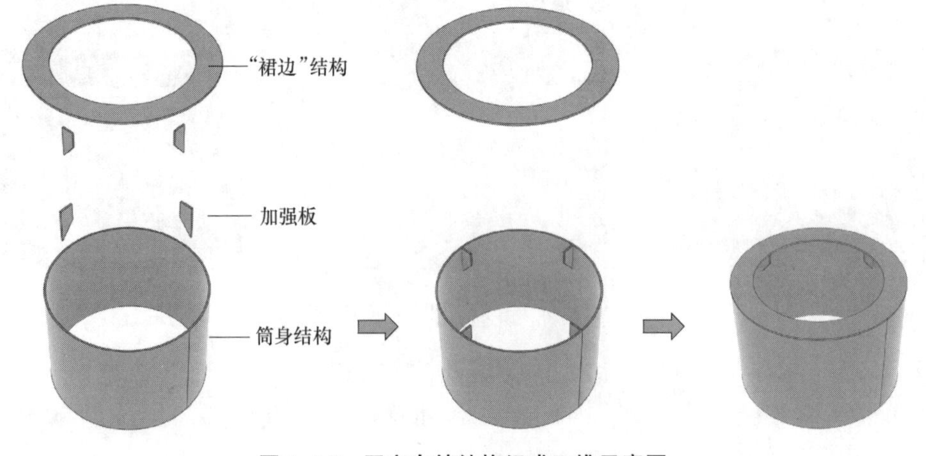

图 1.4-8　固定套筒结构组成三维示意图

（2）“裙边”结构

“裙边”结构为宽度130mm、厚度10mm的弧形钢板，利用该“裙边”结构，可将固定套筒限位，卡位在全套管管顶，起到较好的固定作用，其平面尺寸见图1.4-9，现场实物见图1.4-10。

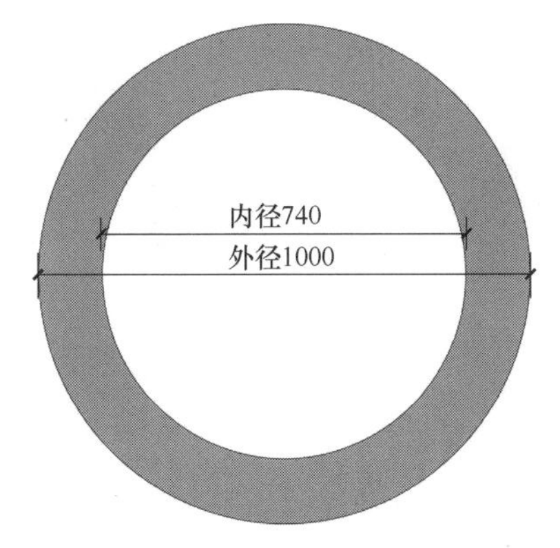

图1.4-9 “裙边”结构平面尺寸示意图

图1.4-10 “裙边”结构现场实物

（3）加强板、筒身结构

在固定套筒内侧顶部时，环向均匀布置4块加强板，用于加强筒身结构和“裙边”结构的连接及稳定性，尺寸示意具体见图1.4-11。筒身结构壁厚为10mm，长度为710mm，用于套入套管顶部以保证作业平台的整体稳定性，其尺寸示意见图1.4-12。

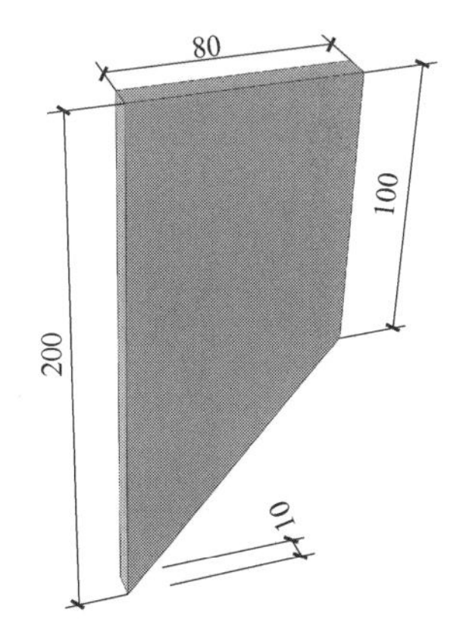

图1.4-11 加强板尺寸示意图

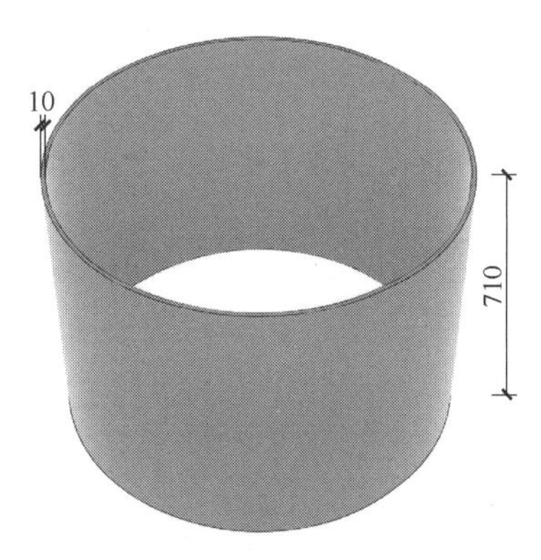

图1.4-12 筒身结构尺寸示意图

（4）固定套筒和套管的位置关系

当套管居中嵌入固定套筒内时，“裙边”结构架设在孔口套管顶部，此时固定套筒外径和套管外径的距离为100mm，加强板与套管外壁之间的距离为10mm，固定套筒和套管位置示意具体见图1.4-13。

2. 操作平台

（1）操作平台构成

操作平台主要由型钢、三角板和钢筋焊接而成，选用4条U形钢作为竖向支撑，搭配工字钢、T形钢组装焊接成钢架结构后（图1.4-14），在其上等距铺设焊接Φ25钢筋，作为工作人员作业的支承措施。此外，操作平台分为上操作面和下操作面（图1.4-15），

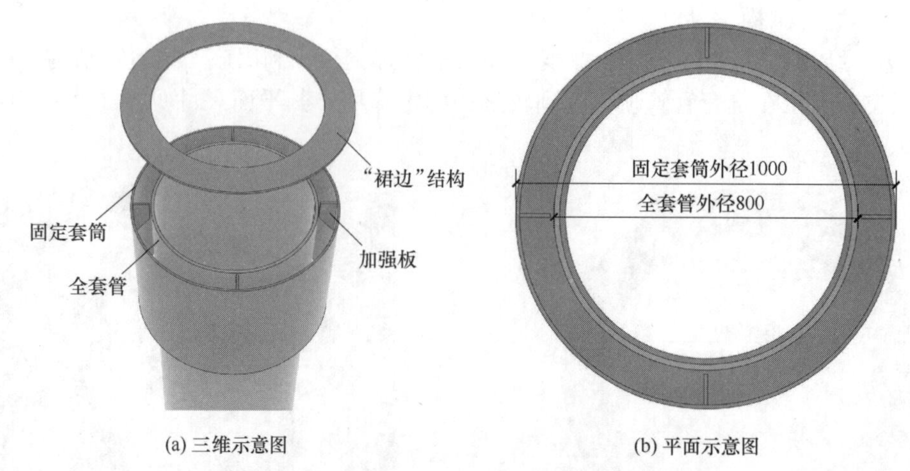

图 1.4-13　固定套筒和孔口全套管位置示意图

下操作面主要用于施工人员安放钢筋笼、灌注导管和孔口料斗，上操作面则主要用于施工人员吊灌桩身混凝土。

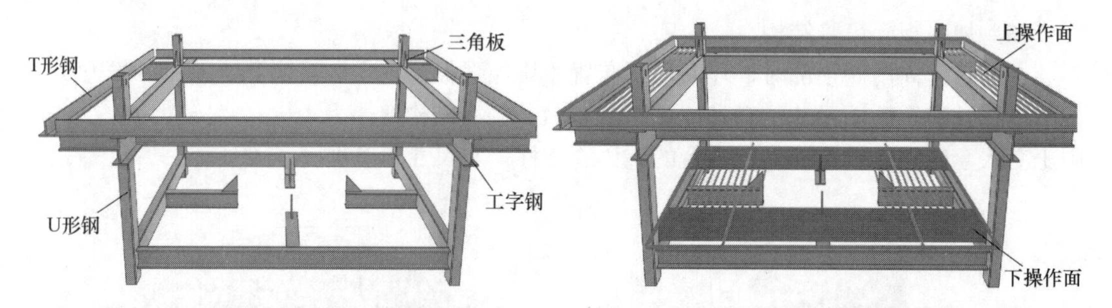

图 1.4-14　操作平台钢架三维示意图　　**图 1.4-15　铺设焊接钢筋的操作平台三维图**

（2）型钢

型钢包括工字钢、T 形钢、U 形钢三种类型，其具体尺寸信息见表 1.4-1。

互嵌式作业平台型钢尺寸汇总　　**表 1.4-1**

型钢类型	截面尺寸/mm （工：$h\times b\times d$；T：$h\times b\times t_w\times t_f$；U：$b\times h\times t$）	长度/mm	数量
d　h　b	工 180×94×10	440	8
		2300	2
	工 140×94×10	650	2
		690	2
t_w　h　t_f　b	T 95×94×10×10	3420	2
		2990	2

续表

型钢类型	截面尺寸/mm （工：$h\times b\times d$；T：$h\times b\times t_w\times t_f$；U：$b\times h\times t$）	长度/mm	数量
t h b	U 75×140×10	2300	6
	U 75×150×10	1500	4

（3）连接件（三角板、弓形卸扣）

在U形钢和工字钢之间设置三角板，其宽度和高度均为150mm，厚度为10mm，用于加强构件连接以增加平台刚度和整体性，三角板位置、尺寸等见图1.4-16～图1.4-18。

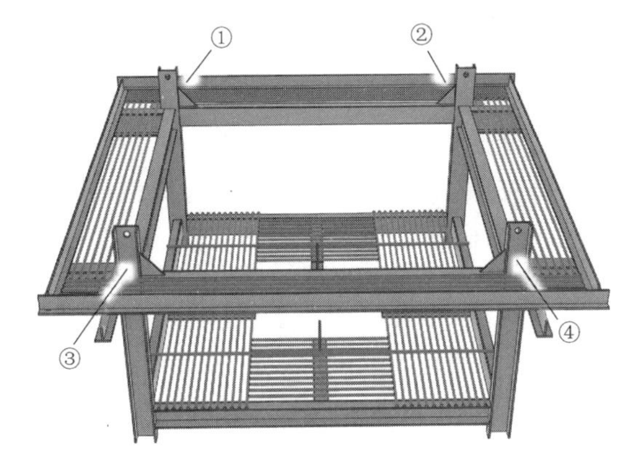

图1.4-16　三角板位置三维示意图

图1.4-17　三角板现场实物

(a) 高150mm

(b) 宽150mm

图1.4-18　三角板尺寸示意图

此外，4条作为竖向支撑的U形钢顶部均开设直径40mm的孔洞，并设置弓形卸扣和钢丝绳，用于整个平台的起吊，现场弓形卸扣见图1.4-19。

（4）操作平台与固定套筒的连接

操作平台通过4条工字钢、4块三角板与固定套筒焊接连接，焊接采用双面满焊工艺，操作平台和固定套筒连接三维示意见图1.4-20。

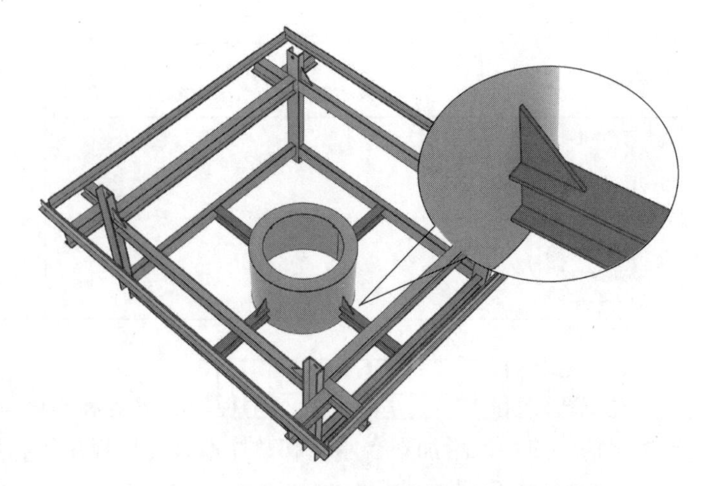

图 1.4-19　弓形卸扣　　　　图 1.4-20　操作平台和固定套筒连接三维示意图

3. 防护栏杆

在平台中部四周和顶部采用Φ25 钢筋焊接设置防护栏杆，中部四周的栏杆焊接固定于 U 形钢和工字钢上，顶部栏杆高度为 1200mm，焊接固定于 T 形钢上。防护栏杆在作业人员高空操作时起到防护作用，避免高空跌落。防护栏杆具体尺寸示意见图 1.4-21。

1.4.4　施工工艺流程

套管护壁灌注桩互嵌式作业平台施工工艺流程见图 1.4-22。

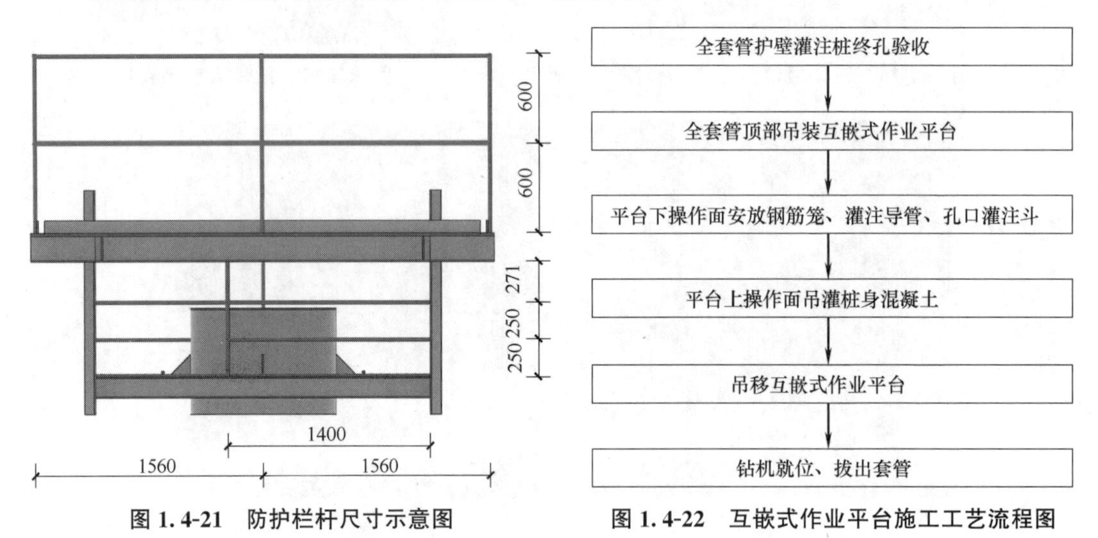

图 1.4-21　防护栏杆尺寸示意图　　　　图 1.4-22　互嵌式作业平台施工工艺流程图

1.4.5　工序操作要点

1. 全套管护壁灌注桩终孔验收

（1）在灌注桩钻进入岩过程中，每钻进 0.5m 时收集孔口岩渣，根据岩渣性状和前期勘探资料综合判定入岩情况，报监理工程师确认后，采用测绳量取终孔深度并记录。

（2）入岩深度满足设计要求后，组织终孔验收。

2. 全套管顶部吊装互嵌式作业平台

（1）终孔验收后，如出现全套管口处于地面以上较高位置，此时采用互嵌式作业平台进行桩身混凝土灌注作业；将作业平台水平置于地面，作业人员将作业所需的设备、工具及材料等放置并固定在平台上。

（2）起重机通过平台上的4个弓形卸扣和钢丝绳起吊，将互嵌式作业平台水平吊至套管顶部位置；吊装就位时，使套管中心点和平台套筒中心重合，并调整固定套筒加强板与全套管顶部的公接驳接头错开，缓慢下放平台，使全套管嵌入固定套筒内，此时套筒的“裙边”结构直接架在套管顶部，套筒嵌入固定套管三维示意见图1.4-23。

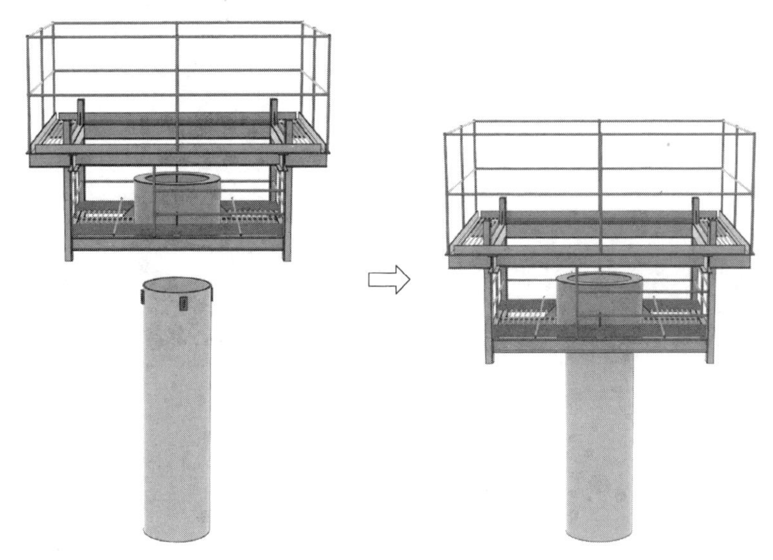

图1.4-23 套管嵌入固定套筒三维示意图

（3）当固定套筒顶部的“裙边”结构卡在套管顶且无晃动时，则显示作业平台已固定，作业人员系好安全绳后通过活动爬梯上到操作平台；由监理人员旁站，施工人员使用测绳进行孔底沉渣检测，作业平台上测量孔底沉渣见图1.4-24。

图1.4-24 嵌入式套管平台上测量沉渣

3. 平台下操作面安放钢筋笼、灌注导管、孔口灌注斗

（1）钢筋笼根据终孔后测量的桩长按一节在现场直接加工制作，安放时由起重机一次性吊装就位，以减少工序的等待时间；钢筋笼底部制作成楔尖形，以方便下入孔内；为保证主筋保护层厚度，钢筋笼每一周边间距设置混凝土保护块。

（2）钢筋笼起吊时，采用吊钩多点起吊，并采取临时保护措施，保证钢筋笼吊放不变形；吊至孔口后，对准套管口，吊直扶稳，缓慢下放入孔，钢筋笼起吊见图1.4-25，钢筋笼吊入套管见图1.4-26；笼体下放至设计位置后，在孔口固定，防止钢筋笼在灌注混凝土时出现上浮下窜现象。

图 1.4-25　钢筋笼起吊

图 1.4-26　钢筋笼吊入套管

(3) 混凝土灌注导管选择直径 220mm 导管，采用起重机将灌注导管分节吊至作业平台套筒口进行连接，施工人员在互嵌式作业平台套筒口利用灌注架对灌注导管进行固定和接长。

(4) 灌注导管安装好后，起重机将孔口灌注斗吊至套筒顶部与导管连接固定，并在孔口灌注斗底口处塞入灌注球胆和放置初灌提升盖板，灌注料斗安放见图 1.4-27。

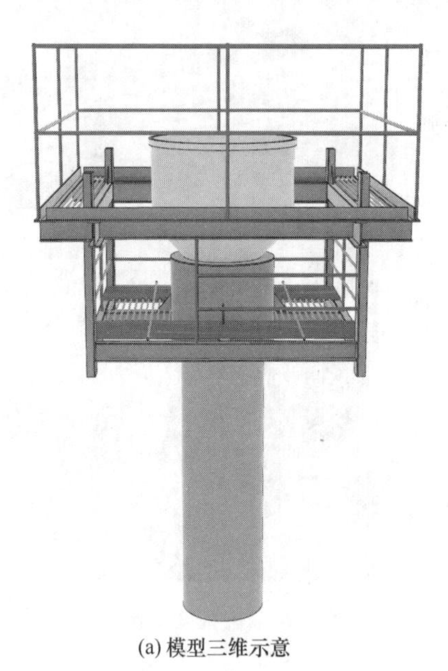

(a) 模型三维示意

(b) 现场施工

图 1.4-27　灌注料斗安放

4. 平台上操作面吊灌桩身混凝土

(1) 桩身混凝土采用C30水下商品混凝土，坍落度为180～220mm，桩身混凝土通过混凝土罐车卸入容积为3m³的吊斗中，罐车卸料入斗见图1.4-28。

(2) 采用起重机将装满混凝土的吊斗吊至容积为2.5m³孔口灌注斗上方，待吊斗平稳后，打开卸料口，吊斗内的混凝土进入孔口灌注斗（图1.4-29）；当孔口灌注斗即将灌满混凝土时，采用副吊提拉孔口灌注斗底口的盖板，完成混凝土初灌。

图1.4-28 罐车混凝土卸入吊斗

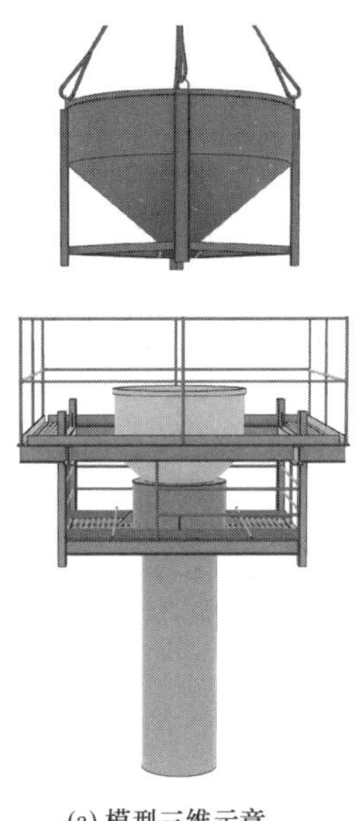

(a) 模型三维示意

(b) 现场施工

图1.4-29 嵌入式平台吊灌桩身混凝土

(3) 灌注过程中，保持灌注过程连续紧凑，做好混凝土及时供应；定时测量套管内混凝土面上升高度，根据埋管深度及时拆卸灌注导管；灌注至桩顶标高时，超灌80～100cm，确保拔出套管后混凝土灌注顶标高满足要求。

5. 吊移互嵌式作业平台

(1) 桩身混凝土吊灌完成后，采用起重机将灌注导管、孔口灌注斗吊至地面。

(2) 作业人员利用钢丝绳连接起重机主钩和平台卸扣后通过活动爬梯下至地面，起重机随后将互嵌式作业平台吊移。

6. 钻机就位、拔出全套管

(1) 多功能钻机移位至孔口，校准定位后外侧动力头利用接驳器与套管连接，通过钻机的液压系统逆时针旋转缓慢拔出套管，起拔套管见图1.4-30。

(2) 套管完全拔出后对混凝土灌注顶标高进行复测，确保满足设计要求。

图 1.4-30　钻机起拔套管

第 2 章　旋挖数字钻进与物联感知灌注成桩新技术

2.1　旋挖灌注桩智能数字钻进（IDD）技术

2.1.1　引言

旋挖钻机是用于灌注桩成孔作业的施工设备，具有自动化程度高、钻孔效率高、地层适应性强等特点，代表着桩工机械成孔的发展方向，已广泛用于各种类型的基础工程中。

目前，国内外旋挖钻机通过不断加大研发力度，改善提升设备性能，逐步增强其入岩能力、大直径钻孔能力、超深钻进能力，从而进一步扩大旋挖钻机的适用范围。但在旋挖钻机钻进成孔时，钻机操作室显示屏上钻进信息侧只能显示钻孔深度数值，旋挖钻机手在钻进过程中无法判明钻头实时所处的地层情况，只能根据旋挖钻头取出的钻渣和勘察报告中的钻孔柱状图进行事后判断，现状旋挖钻机显示屏显示效果见图 2.1-1。尤其在易缩径的淤泥层、易垮孔的砂层、易渗漏的溶洞等特殊复杂地层施工时，如旋挖钻机手操作和控制不当，极易造成缩颈、塌孔、掉钻、卡钻、埋钻等问题或事故。增加了质量和安全风险，降低了施工效率。

图 2.1-1　现状旋挖钻机显示屏效果

为此，项目组研发了旋挖灌注桩智能数字钻进（intelligent digital drilling）技术，在旋挖钻进时，在钻机的显示屏上可实时显示钻进地层情况，实现地层可视化钻进。

2.1.2　工艺特点

1. 智能可视化钻进

本技术采用地质三维技术将平面钻孔柱状图转化为 JSON 格式成果文件，与旋挖钻机通过网络服务器传输相连，旋挖钻进成孔时，通过将数字钻孔柱状图中的深度和地层信息与旋挖钻进深度进行关联，在旋挖钻机操作室显示屏上实时显示钻进地层情况，实现地层可视化钻进。

2. 超前预判钻进

如该桩所处地层存在斜岩、溶洞等特殊地层，则在钻孔柱状图数字化处理时增加特殊地层的警示信息。在钻进过程中，当旋挖钻机钻头即将进入特殊地层时，在旋挖钻机操作屏上弹出相应的警示信息，提醒操作手采取应对措施，避免操作失误造成质量事故或设备损坏。

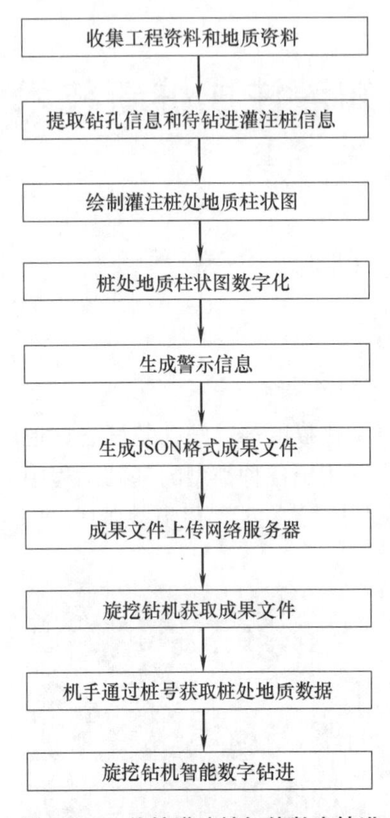

图 2.1-2　旋挖灌注桩智能数字钻进施工工艺流程图

2.1.3　智能钻进流程

旋挖灌注桩智能数字钻进施工工艺流程见图 2.1-2。

2.1.4　智能钻进操作要点

1. 收集工程资料和地质资料

通常情况下，灌注桩钻进时，施工人员根据桩位处的超前钻孔资料，或周边的勘察钻孔进行人工推测所钻进桩孔的地层情况。因此，需要提前对拟施工场地的工程资料、地质资料进行收集整理。

收集的工程资料包括：桩设计图纸、桩孔坐标、场地标高等，地质资料包括场地工程地质勘察报告、超前钻孔资料等，具体资料含勘察钻孔平面图、钻孔柱状图、地质剖面图等。

2. 提取地质钻孔信息和待钻进灌注桩信息

信息提取包括两方面：

（1）从地质资料中提取地层数据。从勘察报告中提取钻孔的柱状图、剖面图；从灌注桩位的超前钻孔资料中提取超前钻孔的柱状图、剖面图。

（2）从工程资料中提取桩的坐标、场地标高。依据灌注桩桩位平面布置图，从灌注桩设计平面图提取每个桩的坐标以及灌注桩所处的场地标高等。

3. 绘制灌注桩处地质柱状图

绘制灌注桩孔地质柱状图按以下步骤进行：

（1）梳理工程场地初勘、详勘或超前钻提供的钻孔柱状图，确定场地内出现地层的层数、层序、岩性、地质年代，以及是否存在断层、褶皱等构造，掌握场地内地质概况，绘制整个场地的地层综合柱状图，用以指导桩孔处地质柱状图绘制。

（2）若灌注桩孔处有1个或多个超前钻孔，则利用超前钻孔，综合考虑地层岩性、各地层标高厚度等，将超前钻孔的地层合理连线，绘制灌注桩孔的地质柱状图。

（3）若灌注桩孔处没有超前钻孔，则利用灌注桩附近的若干钻孔，综合考虑地层岩性、各地层标高厚度等，将各钻孔间的地层合理连线，绘制灌注桩处的地质柱状图。

4. 桩孔地质柱状图数字化

桩孔地质柱状图数字化通过自主开发的识别软件完成，利用软件对灌注桩孔柱状图进行自动识别，将图中的信息转为 Excel 表格。所得表格中的信息包括：工程名称、灌注桩编号、灌注桩坐标、孔口标高、地层层底高程、地层层底深度、地层名称、地层界面倾角等。

5. 生成警示信息

（1）新增“special”字段，对特殊地层设置提醒，对桩位处提取的每一地层岩性逐一进行判断。若该地层为溶洞、淤泥、砂层等特殊地层，则在“special”字段中存储对特殊地层的警示信息，如“下方4.2m厚溶洞”等信息。

（2）对地层界面倾角过大的地层设置提醒，当地层界面倾角大于某个阈值时，则在“special”字段中存储相应警示信息，如“下方地层界面倾角大于35°，请注意”等信息。

（3）若该地层非特殊地层，也不属于界面倾角过大的地层时，则在“special”字段中标记为“无”。

6. 生成JSON格式成果文件

（1）将灌注桩的工程信息（包括坐标、地面标高）和地层信息（包括地层名称、地层层底高程、地层层底深度、地层界面倾角）以及生成的警示信息（包括对特殊地层的警示信息、对夹层和地层界面倾角的警示信息）保存成Excel表格，利用程序生成JSON格式成果文件。

（2）一个工程场地生成一个JSON格式成果文件，包含所有灌注桩孔的地层信息数据，其具有固定字段与格式，内容示例见图2.1-3。

```
{
    "end_depth": 68.56,
    "diameter": 2.1,
    "latitude": 2510110.53,
    "longitude": 522791.25,
    "kkbg": 41.96,
    "index": "ZJ-30",
    "layer": [
        {
            "special": "",
            "depth": 4.1,
            "dipangle": 0,
            "category": "素填土"
        },
        {
            "special": "",
            "depth": 12.3,
            "dipangle": 0,
            "category": "含砂粉质黏土"
        },
        {
            "special": "",
            "depth": 24.2,
            "dipangle": 0,
            "category": "中风化白云质灰岩"
        },
        {
            "special": "下方 4.2m厚 溶洞堆积物",
            "depth": 28.4,
            "dipangle": 0,
            "category": "溶洞堆积物"
        },
```


钻孔深度
桩径
坐标值 x
坐标值 y
孔口标高
钻孔编号
钻孔信息和桩信息

特殊层信息
层底深度
界面倾角
地层名称
分层信息

图2.1-3 JSON格式成果文件内容示例图

7. 成果文件上传网络服务器

将生成的成果文件上传至网络服务器保存，给旋挖钻机分配网络地址后，旋挖钻机即可通过网络获取成果文件的数据。

8. 旋挖钻机获取成果文件

旋挖钻机通过远程系统升级，建立旋挖钻机终端与网络服务器的网络映射关系功能模块，使旋挖钻机可通过网络从网络服务器获取成果文件，即整个施工场地灌注桩对应的地质数据。

每个旋挖钻机与成果文件所在网络地址具有一一对应关系，当旋挖钻机更换工地后，替换对应成果文件即可。成果文档、网络服务器、旋挖钻机三者的映射关系见图 2.1-4。

9. 机手通过桩号获取桩处地质数据

旋挖钻机机手可通过旋挖钻机终端操作，从菜单中新增的“地层信息”模块进入，具体见图 2.1-5。

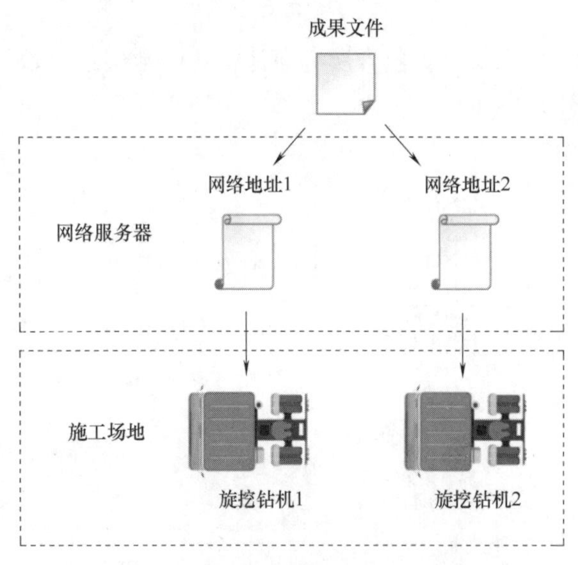

图 2.1-4 成果文档、网络服务器、旋挖钻机三者的映射关系图

图 2.1-5 机手点击“地层信息”模块进入

机手点击“地层信息”模块进入后，在界面点击“更新文件”按钮（图 2.1-6），通过网络获取施工场地所有灌注桩处的地质数据；在旋挖钻机终端上，灌注桩的地质数据按桩号进行保存，在桩号选择的下拉列表中选取目标钻进灌注桩的桩号后，屏幕上会显示该桩号对应的地层信息。通过屏幕下拉菜单选取目标桩号，获取所在桩号处的地质数据，点击“确定”开始旋挖钻进，具体见图 2.1-7。

10. 旋挖钻机智能数字钻进

在本技术中，旋挖钻机获取对应桩号的地质数据后，在屏幕左侧原旋挖钻机图形下方生成带刻度尺的地层柱状图，不同地层以不同岩性花纹图例区分，地层柱状图中的地层厚度、标高、地层倾斜角度等根据获取的地质数据显示。

旋挖钻机钻进时，代表钻头的图标在随着旋挖钻机钻进生成的地层柱状图中向下移动，且钻头图标所在位置指示的深度与实际相同，从而实现实时显示当前钻进状态的功能。结合地层柱状图，机手在钻进时能够直接在显示屏上直观地看到当前钻头所在深度及地层，掌握当前钻进地层的地质情况，显示屏上展现地层信息见图 2.1-8。

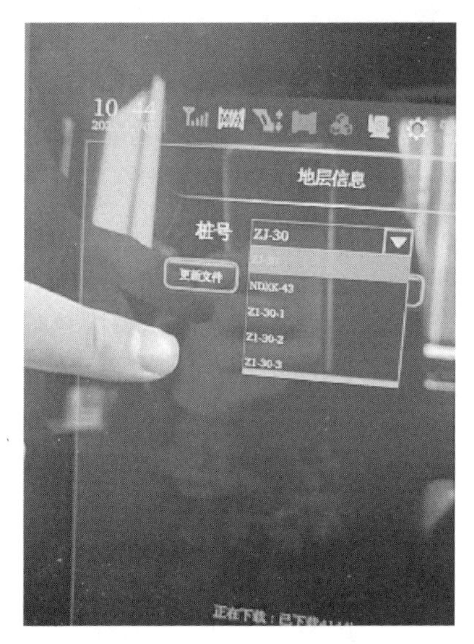

图 2.1-6 点击“更新文件”获取整个施工场地数据

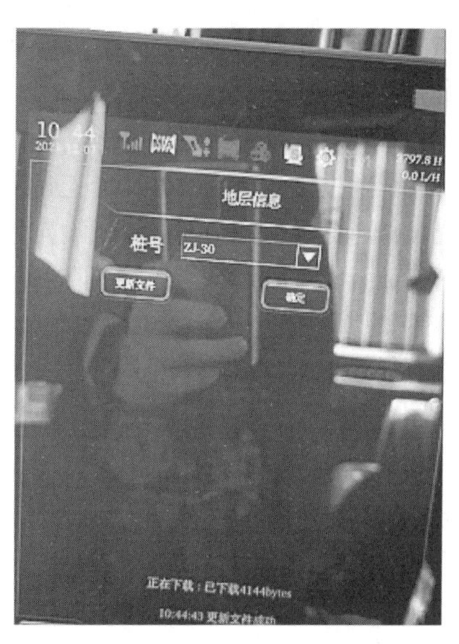

图 2.1-7 通过下拉菜单选取目标桩号

在施工过程中，当旋挖钻机钻头即将进入特殊地层时，在显示屏上会弹出相应的警示信息。例如，可设置当旋挖钻机钻头距离溶洞层 1m 时，显示屏弹出警告信息“下方 4.2m 厚溶洞堆积物”（图 2.1-9）；另外，从生成的地层柱状图中，也可预先获得待钻进位置是否存在特殊地层、地层倾斜角度是否过大等信息，这些信息均能够让机手有足够的时间采取应对措施，从而避免不当操作造成安全事故，提高钻进效率。

图 2.1-8 使用本技术后的旋挖钻机显示效果

图 2.1-9 特殊地层提醒

2.2 灌注桩混凝土灌注高度光纤全程智能感知灌注（FSP）技术

2.2.1 引言

为保证混凝土灌注质量，泥浆护壁灌注桩混凝土通常采用回顶法进行灌注，其基本原理是将密封连接的导管作为混凝土灌注通道，导管内混凝土在压力差作用下向孔内下落，顶升孔内已灌注的混凝土，并置换出孔内泥浆，直至混凝土灌注至预定标高。混凝土灌注过程中，需准确掌握混凝土面灌注高度，并逐节拆除导管，保证导管埋入混凝土深度 2～4m，防止导管埋入混凝土面太浅造成断桩，或导管埋入混凝土面太深造成堵管事故。另外，在混凝土灌注过程中，由于受桩顶浮浆层的影响，通常在设计桩顶标高上超灌 0.8～1.0m，以保证凿除浮浆高度后暴露的桩顶混凝土强度满足设计要求。超灌高度过高，将造成混凝土材料浪费、凿除难度大及施工成本增加；同时，还带来混凝土弃块的污染问题。超灌高度过低，则需进行接桩处理、延误工期、增加费用。因此，在灌注桩混凝土灌注过程中，准确测量混凝土面灌注高度是保证灌注质量、控制施工成本、实现环保施工的重要环节。

目前，灌注桩混凝土灌注标高测量常采用重锤取样法和“灌无忧”装置测量法。

1. 重锤取样法

此方法是由施工人员利用测绳挂锥形开口测锤，利用撞击混凝土中碎石手感估测，并捞取混凝土中碎石确认混凝土灌注标高的一种简易方法。由于混凝土面上部存在护壁泥浆，商品混凝土碎石粒径较小，尤其是在空孔段较深时，通过重锤取样法确定混凝土灌注标高的方法人为因素较大、准确度不高，且该方法只能在混凝土灌注间歇测量某一时间点混凝土面高度，不能实时掌握灌注过程中混凝土面高度。现场重锤取样见图 2.2-1、图 2.2-2。

图 2.2-1　重锤取样测量

图 2.2-2　锥形开口取样测锤

2. “灌无忧”装置测量法

此方法是依据灌注桩的泥浆密度与混凝土密度差异而研制的一种灌注桩混凝土超灌高度控制方法。在使用前，通过对目标混凝土型号的标定，保证传感器能精准判断混凝土、泥浆、沉渣。在使用时，将压力传感器安装在与预定灌注位置一致的钢筋笼位置处，并随钢筋笼下放入孔，灌注桩身混凝土过程中，传感器采集周围介质压力，转化为电信号并通过电缆传送至主机板，在满足预设标准时指示灯发亮做出警示，从而得知混凝土灌注面抵达预定标高位置处。该方法只能对桩顶位置处某一固定位置的混凝土标高进行测量，无法掌握混凝土灌注过程中混凝土面高度。“灌无忧”装置见图 2.2-3，“灌无忧”传感器见图 2.2-4。

图 2.2-3 “灌无忧”装置

图 2.2-4 “灌无忧”传感器

因此，如何在混凝土灌注时，实时监测混凝土的灌注高度，成为灌注桩施工的关键技术难题。为解决长期困扰在灌注桩施工领域的技术难题，项目组对灌注桩混凝土灌注高度光纤全程智能感知灌注（fiber sensing perfrusion）技术进行了研究，提出了通过光纤感知混凝土灌注时作用于绑扎在钢筋笼上的光纤所接收的振动、温度、应力变化，通过数据接收、算法处理、界面设计，实时获取混凝土灌注面上升的具体位置，实现孔内混凝土面灌注高度全程智能监测，指导现场混凝土灌注施工。经多个项目实践，该方法有效保证了灌注桩质量、节约了施工成本；同时，避免了资源浪费过程，取得了显著效果。

2.2.2 工艺原理

本技术的目的在于通过在桩身钢筋笼上预先安装通长的超敏感光纤，利用光纤传感技术感知桩身灌注时混凝土作用于光纤上的振动、温度、应力变化，并通过传感系统进行光纤传输数据采集和分析，实时获取混凝土灌注面的具体位置，实现孔内混凝土面高度全程智能监测，并由此指导灌注导管拆卸，避免造成导管埋深不足而出现断桩，或埋管太深导致堵管事故。同时，控制混凝土的灌注高度，避免超灌高度过高造成材料浪费，或混凝土灌注高度不足而造成桩头缺陷。

1. 光纤传感技术

光纤为光导纤维的简写，是一种利用光在玻璃或塑料制成的纤维中的全反射原理而达成的光传导工具。光纤传感时，由光纤传感设备向光纤中发射脉冲光，同时光纤传感设备采集光纤中回传的散射信号，被光纤传感系统接收后转换为光谱分布；当光纤沿线任意一点产生振动、温度、应力变化时，回传给光纤传感设备的散射信号同步发生改变，由此判断光纤沿线发生振动、温度、应力变化点的具体位置。光纤传感技术原理见图 2.2-5。

2. 混凝土灌注高度光纤全程智能监测技术

混凝土灌注高度光纤全程智能监测技术是利用光纤传感原理，通过在桩身钢筋笼上预先安装通长的超敏感光纤，感知混凝土灌注过程中光纤沿线的现场施工设备、车辆行走以及混凝土冲击等产生的振动、混凝土与孔内泥浆温度差、混凝土相对密度大于泥浆相对密度

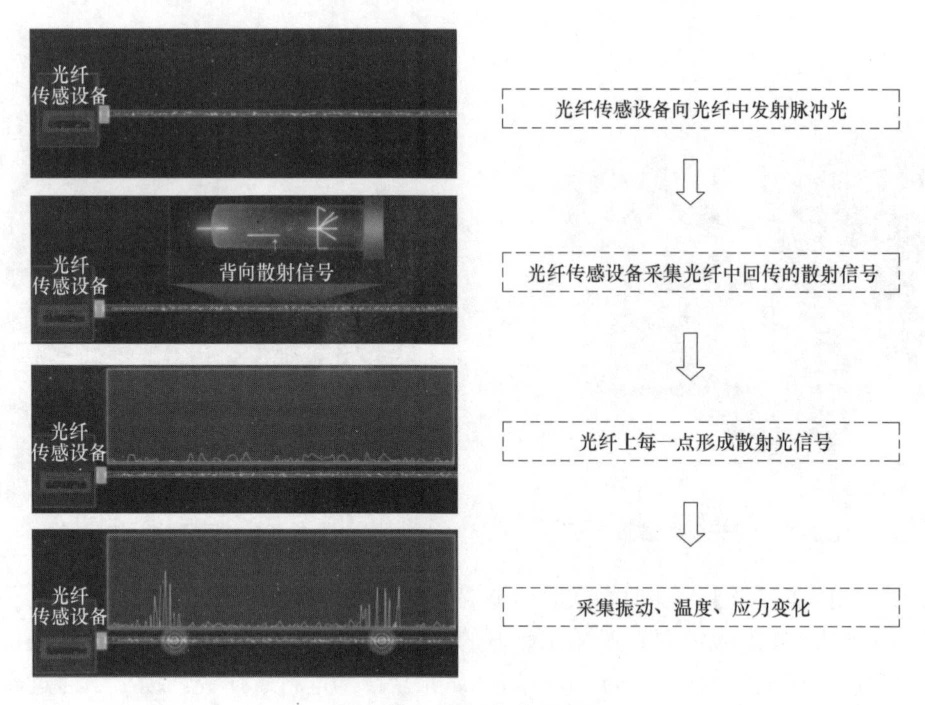

图 2.2-5　光纤传感原理图

而产生的应力变化。光纤末端与光纤传感设备连接，光纤传感设备实时采集光纤全长段的振动、温度、应力信息，经数据分析、算法处理，以及界面设计，并通过笔记本电脑显示，由此实现对混凝土灌注过程中桩孔内混凝土灌注高度进行实时监测的技术。混凝土灌注高度光纤全程智能监测技术原理见图 2.2-6。

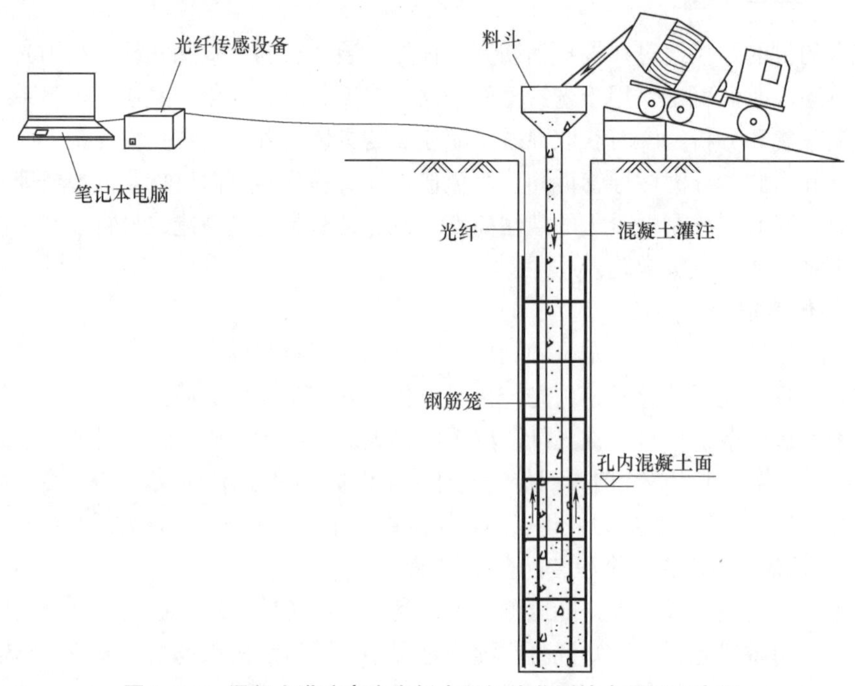

图 2.2-6　混凝土灌注高度光纤全程智能监测技术原理示意图

3. 灌注高度监测界面数据信息优化处理技术

因光纤对周围环境振动、温度、应力等变化特别敏感，造成光纤监测曲线存在异常曲线，尤其是处于桩孔与传感设备连接段的光纤，其受场地机械设备、施工作业、车辆行走所产生的噪声、振动明显，且目前光纤传感系统的横轴为光纤长度，纵轴为光纤测得的温度，需要操作人员主观判断并做深度转换，无法直观表达灌注高度。光纤传感系统显示界面见图 2.2-7。

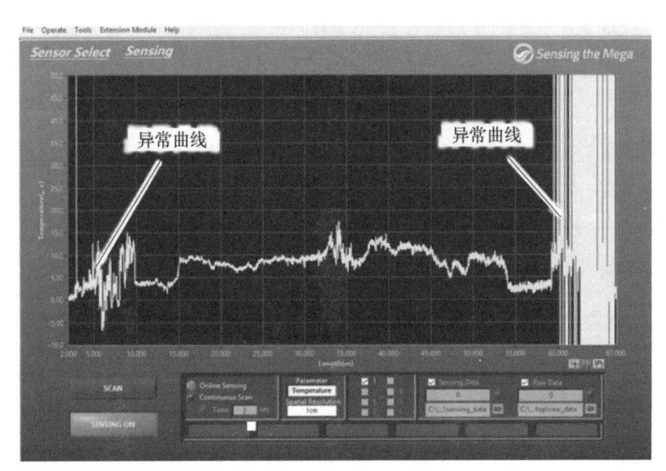

图 2.2-7 光纤传感系统显示界面

针对以上问题，对光纤传感系统显示界面进行优化，开发数据处理程序，实现灌注高度直观可视化，其技术原理为：

(1) 光纤传感系统采集测量数据时，当次测量数据会同步存储在特定文件夹中，保存为 .txt 格式文本，光纤传感系统存储文件见图 2.2-8。该文本格式的文件名记录了采集时间，如文件名“CH1-13-16-12-429-2023-7-18.txt”表示 2023 年 7 月 18 日 13 时 16 分 12.429 秒时通过 CH1 通道获取的数据。文本内数据每行为两列数字，第一列数字表示光纤的长度，即从测点到监测仪器连接点的距离；第二列数字代表对应长度处光纤的监测数据，具体光纤传感系统存储数据格式见图 2.2-9。

名称	修改日期
CH1-13-11-25-585-2023-7-18.txt	2023/7/18 13:11
CH1-13-12-35-876-2023-7-18.txt	2023/7/18 13:12
CH1-13-13-07-584-2023-7-18.txt	2023/7/18 13:13
CH1-13-13-41-272-2023-7-18.txt	2023/7/18 13:13
CH1-13-14-08-209-2023-7-18.txt	2023/7/18 13:14
CH1-13-15-01-488-2023-7-18.txt	2023/7/18 13:15
CH1-13-16-12-429-2023-7-18.txt	2023/7/18 13:16
CH1-13-17-03-696-2023-7-18.txt	2023/7/18 13:17
CH1-13-17-24-972-2023-7-18.txt	2023/7/18 13:17
CH1-13-17-42-840-2023-7-18.txt	2023/7/18 13:18
CH1-13-18-00-778-2023-7-18.txt	2023/7/18 13:18
CH1-13-18-18-710-2023-7-18.txt	2023/7/18 13:18
CH1-13-18-36-585-2023-7-18.txt	2023/7/18 13:18
CH1-13-18-54-461-2023-7-18.txt	2023/7/18 13:19

图 2.2-8 光纤传感系统存储文件

0.000	0.103
0.010	0.000
0.020	-0.206
0.030	-0.103
0.040	0.206
0.050	0.206
0.060	0.000
0.070	0.103
0.080	0.720
0.090	0.000
0.100	-0.206
0.110	0.720
0.120	0.308
0.130	-0.206
0.140	-0.103
0.150	0.000

图 2.2-9 光纤传感系统存储数据格式

(2) 根据输入的数据存储文件夹路径，通过数据处理程序定时（例如 3s）获取最新的光纤传感系统存储数据，根据输入的桩底对应光纤长度、孔深，将数据中的光纤长度转为相对桩底的高度。

(3) 对温度差异常数据进行降噪处理，处理方法一是将超出合理阈值的数据变成平均值，二是将相邻数据的突变进行平滑处理。

(4) 由于处在混凝土灌注面以下的光纤受到混凝土灌注过程中振动、温度和应力影响，混凝土灌注面下方光纤测得的数据会明显比混凝土灌注面上方光纤测得的数据大，根据此原理，设置一个阈值，高于该阈值的部分在混凝土灌注面以下，根据此分析数据得到混凝土灌注面高度。

(5) 数据受测量误差的影响，偶尔会出现分析出的混凝土灌注面高度突跳，不符合真实情况。因此，设置本次混凝土灌注面高度只会出现在大于等于上次高度 h，并小于 $h+\mathrm{det\_}h$（$\mathrm{det\_}h$ 即两次测量数据之间混凝土灌注面抬升不可能超过的值）。

经优化处理后的灌注高度监测界面见图 2.2-10。

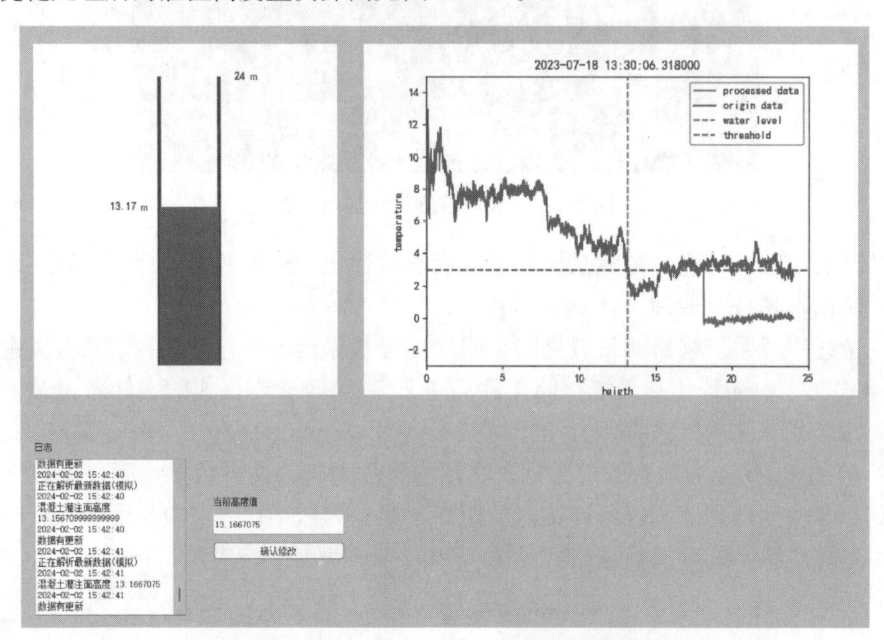

图 2.2-10　优化后灌注高度监测界面

2.2.3　光纤连接

1. 光纤与光纤跳线结构

光纤跳线是一种用于光纤与光纤传感设备连接的跳接线，一端为与传感系统连接的插头，另一头与光纤采用熔接方式连接。光纤中的光信号通过光纤跳线传输至光纤传感系统，光纤与光纤跳线连接示意见图 2.2-11。

2. 光纤选择

本技术所采用的光纤型号为 NZS-DTS-C05 光纤，为单模单芯塑封铠装结构，具有良好的抗压等机械性能，光缆长期强度 200N，短期强度 400N，工作温度－10～85℃，可满足灌注桩混凝土灌注高度全程智能监测使用要求。NZS-DTS-C05 光纤见图 2.2-12。

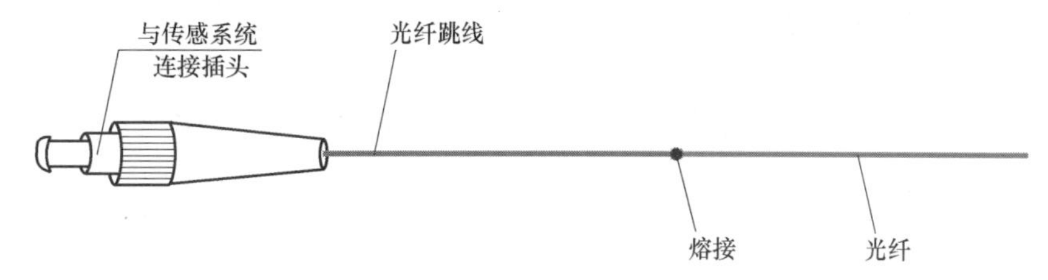

图 2.2-11 光纤与光纤跳线连接示意图

3. 光纤跳线选择

本技术所采用的光纤跳线型号为 FC/APC-FC/APC 9/125（图 2.2-13），为单模单芯塑封铠装结构，接口形式为 FC/APC-FC/APC，工作温度为－40～70℃，塑封铠装结构示意见图 2.2-14，现场实物见图 2.2-15。

图 2.2-12 NZS-DTS-C05 光纤

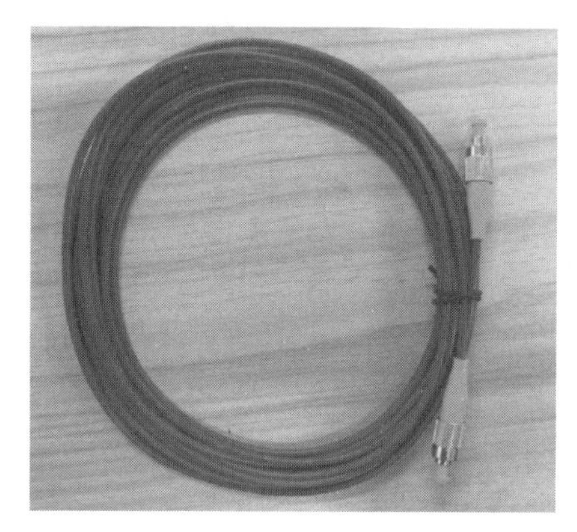

图 2.2-13 FC/APC-FC/APC 9/125 光纤跳线

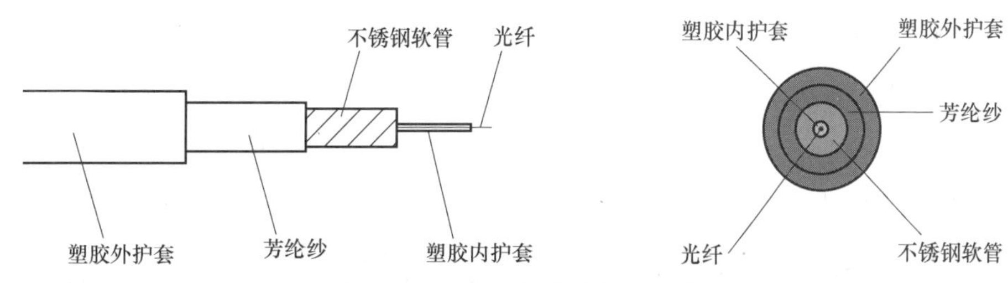

图 2.2-14 塑封铠装结构示意图

图 2.2-15 塑封铠装结构现场实物

4. 光纤与光纤跳线连接

光纤与光纤跳线采用热熔方式连接，连接点处先采用50mm长热缩管进行内保护，再采用300mm长PVC管进行外保护。光纤与光纤跳线连接示意见图2.2-16。

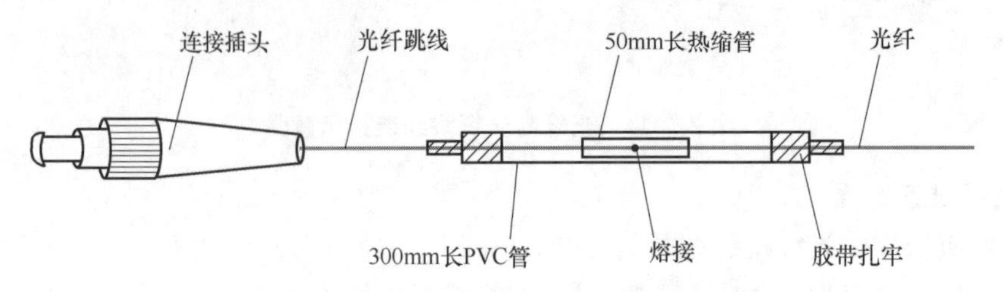

图2.2-16　光纤与光纤跳线连接示意图

2.2.4　光纤与光纤跳线连接

1. 光纤与光纤跳线连接流程

光纤与光纤跳线连接具体流程见图2.2-17。

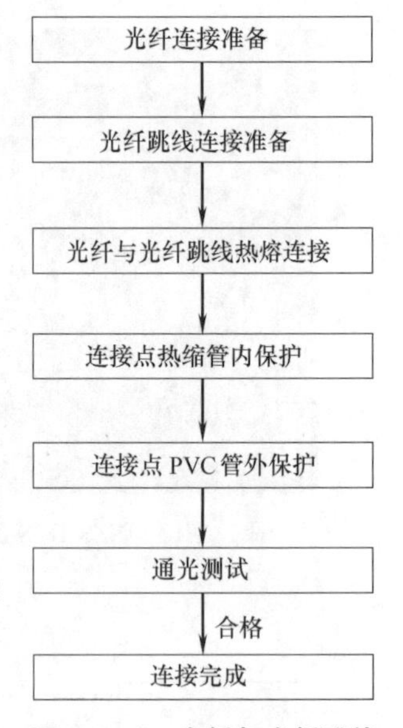

图2.2-17　光纤与光纤跳线连接具体流程图

2. 光纤与光纤跳线连接操作要点

1）光纤连接准备

（1）根据工程桩孔深及桩位孔与传感仪器测试点距离，确定光纤长度。

（2）采用光纤切割钳和美工刀将光纤两端100mm塑胶内护套外结构剥离，光纤切割钳、美工刀见图2.2-18，光纤前端100mm塑胶内护套外结构剥离后见图2.2-19。

（3）光纤端部套入300mm长PVC管，PVC管采用内径6.0mm，外径8.0mm PVC管，见图2.2-20。

2）光纤跳线连接准备

（1）光纤跳线两端为与光纤传感设备连接插头，将光纤跳线从中部切断，形成2根单端光纤跳线。

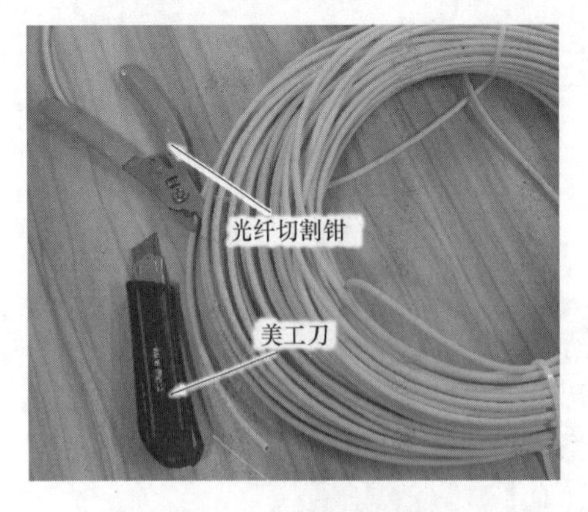

图2.2-18　光纤切割钳、美工刀

图2.2-19　光纤前端100mm塑料内护套外结构剥离

（2）采用光纤切割钳和美工刀将光纤跳线末端100mm塑胶内护套外结构剥离，具体见图2.2-21。光纤跳线端部套入50mm长热缩管，热缩管采用内径4.0mm，外径5.0mm塑胶管，具体见图2.2-22。

3）光纤与光纤跳线热熔连接

（1）将光纤和光纤跳线前端2cm内护套采用美工刀剥离（图2.2-23），采用EF-20光纤切割刀将光纤及光纤跳线端头切平（图2.2-24）。

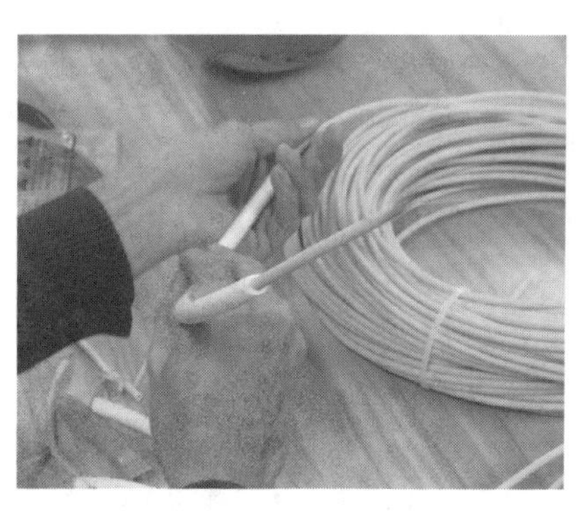

图2.2-20 光纤端部套入PVC管

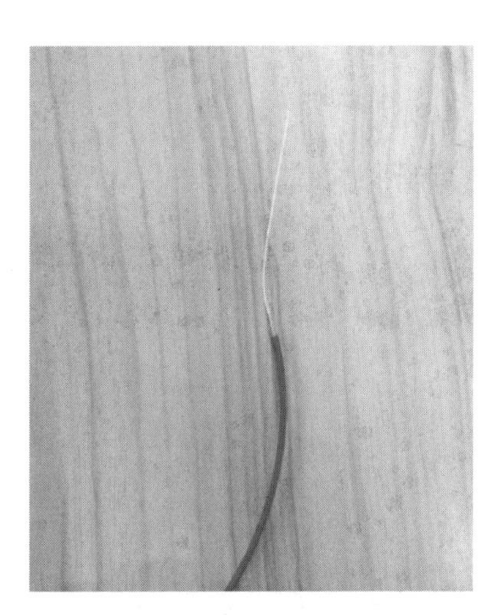

图2.2-21 光纤跳线末端内护套外结构剥离

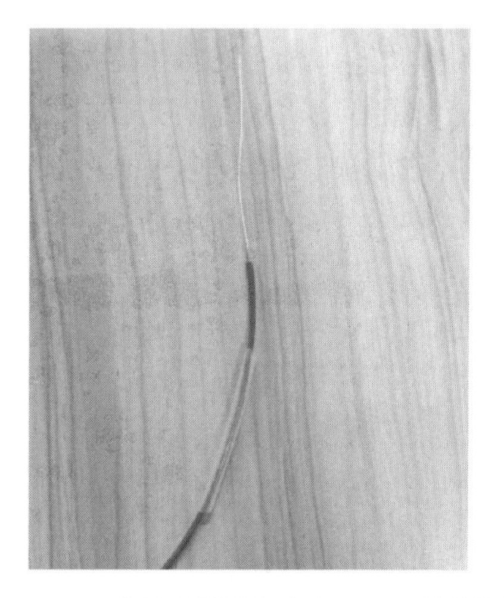

图2.2-22 光纤跳线端部套入50mm长热缩管

图2.2-23 前端2cm内护套剥离

图2.2-24 光纤端头切平

（2）光纤与光纤跳线端头采用热熔连接方式，热熔机采用藤仓87S光纤熔接机。

（3）将光纤和光纤跳线端头放入热熔机光纤熔接功能区进行熔接（图2.2-25），光纤与光纤跳线熔接后见图2.2-26。

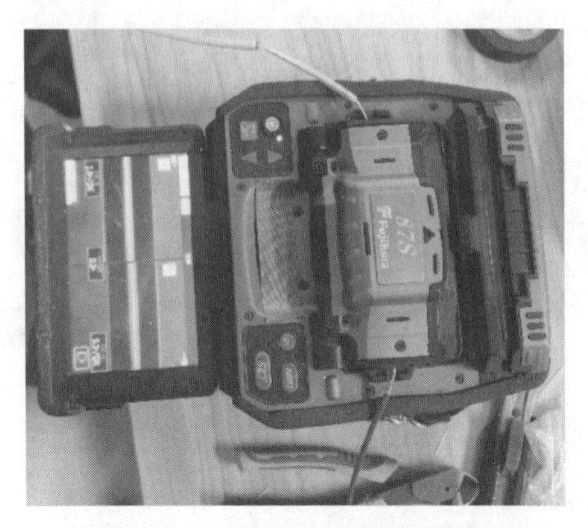

图 2.2-25　光纤与光纤跳线熔接

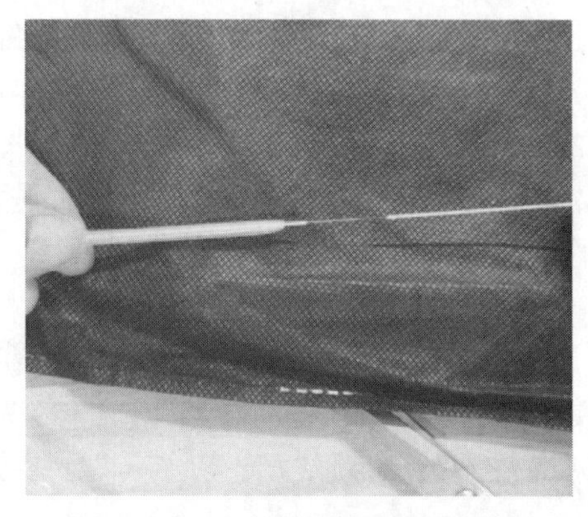

图 2.2-26　光纤与光纤跳线熔接后

4）连接点热缩管内保护

（1）连接点采用热缩管进行内保护，热缩管内径 4.0mm，外径 5.0mm。

（2）将热缩管移至光纤与光纤跳线熔接点，使热缩管中点对应熔接点后放入熔接机套管热缩区进行加热（图 2.2-27），热缩管热缩后见图 2.2-28。

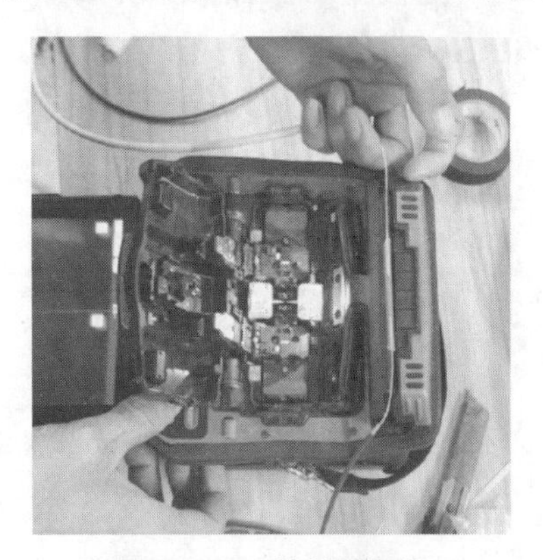

图 2.2-27　热缩管加热

图 2.2-28　热缩管热缩后

5）连接点 PVC 管外保护

（1）连接点采用 PVC 管进行外保护（图 2.2-29），PVC 管内径 6.0mm、外径 8.0mm。

（2）将 PVC 管移至光纤与光纤跳线熔接点，使 PVC 管中点对应熔接点，PVC 管两端用防水胶布扎牢（图 2.2-30）。

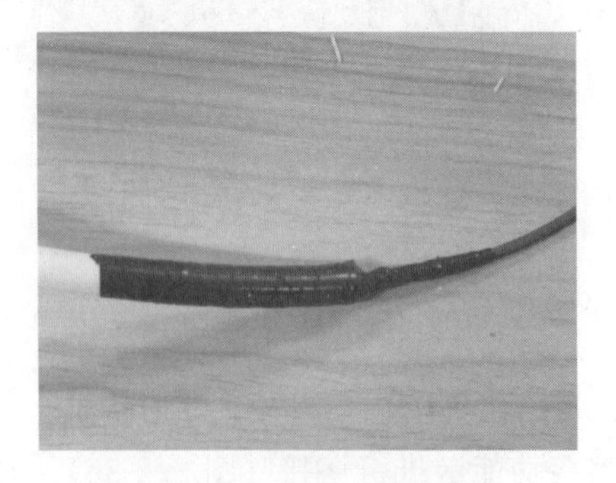

图 2.2-29　连接点 PVC 管外保护

图 2.2-30　PVC 管端部用防水胶布扎牢

6）通光测试

（1）光纤与光纤跳线连接效果采用型号 HT-10 光纤打光笔进行测试，HT-10 光纤打光笔见图 2.2-31。

（2）光纤打光笔连接光纤跳线接口端，打开光纤打光笔开关，光纤端传光正常则代表光纤与光纤跳线连接正常，连接后面光测线见图 2.2-32。

（3）按 1）～5）步骤完成光纤另一端与光纤跳线连接，连接后采用光纤打光笔测试，具体见图 2.2-33。

（4）光纤与光纤跳线两端连接完成后备用，具体见图 2.2-34。

图 2.2-31 HT-10 光纤打光笔

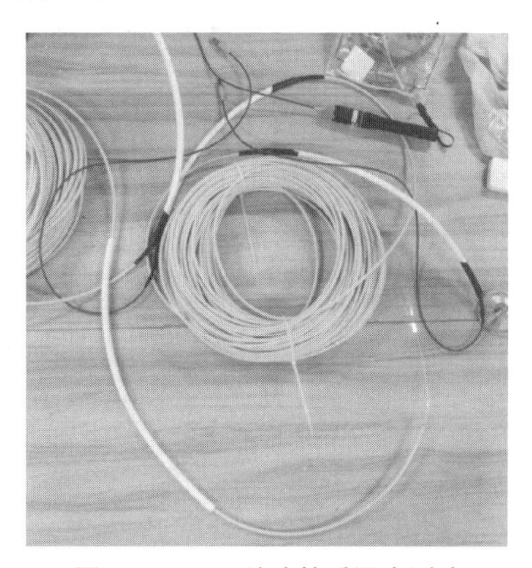

图 2.2-32 一端连接后通光测试

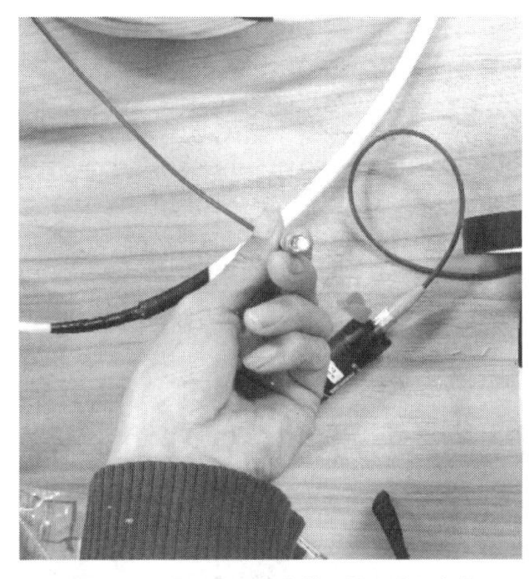

图 2.2-33 两端连接后通光测试

图 2.2-34 光纤与光纤跳线连接完成

2.2.5 光纤与钢筋笼安装方式与固定

1. 安装方式

（1）单组光纤布设方式

桩径小于 1.5m 时布设单组光纤，布设时选取 2 根两两间距相等、相对称的主筋，将光纤自上而下呈 U 形回路方式布设于钢筋笼上。光纤在钢筋笼顶预留一定量的长度，预留长度满足空桩段高度及桩位至光纤传感系统仪器放置位置间距离要求。单组光纤布设完成示意见图 2.2-35，单组光纤钢筋笼底部 U 形回路布设示意见图 2.2-36，单组光纤布设完成后钢筋笼底、钢筋笼顶现场见图 2.2-37、图 2.2-38。

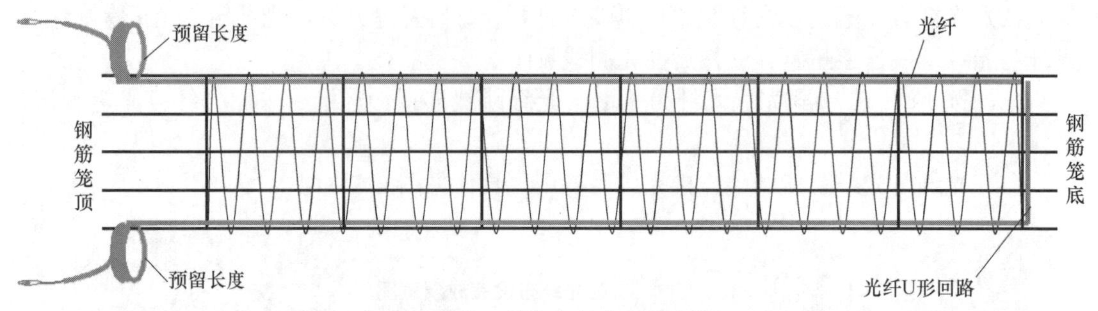

图 2.2-35　单组光纤布设示意图

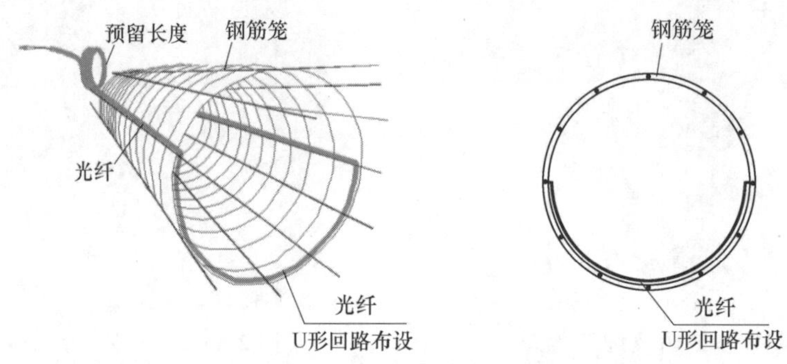

图 2.2-36　单组光纤钢筋笼底部 U 形回路布设示意图

图 2.2-37　单组光纤钢筋笼底布设

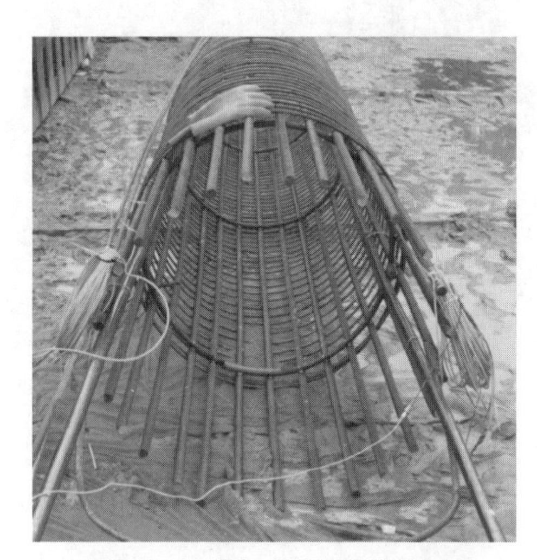

图 2.2-38　单组光纤钢筋笼顶布设

（2）双组光纤布设方式

桩径大于等于 1.5m 时布设双组光纤，布设时选取 4 根两两间距相等、相对称的主筋，将两组光纤分别自上而下呈 U 形回路方式布设于钢筋笼上。光纤在钢筋笼顶预留一定量的长度，预留长度满足空桩段高度及桩位至光纤传感系统仪器放置位置间距离要求。

双组光纤布设完成示意见图 2.2-39，双组光纤钢筋笼底部 U 形回路布设示意见图 2.2-40，双组光纤布设完成后钢筋笼底部、顶部情况见图 2.2-41、图 2.2-42。

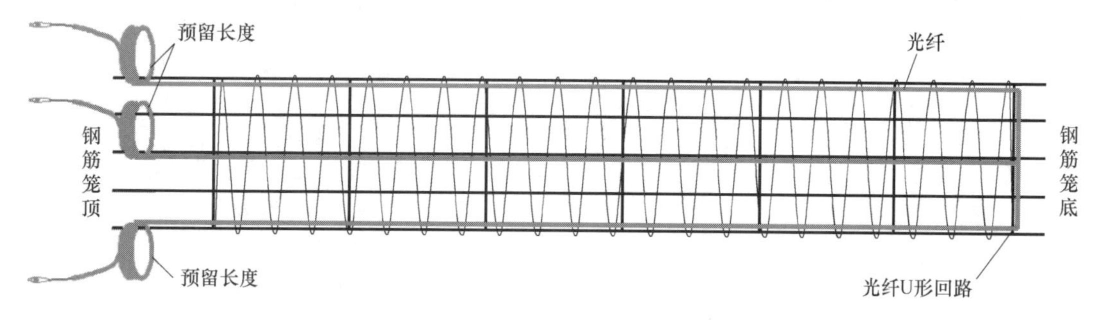

图 2.2-39　双组光纤布设完成示意图

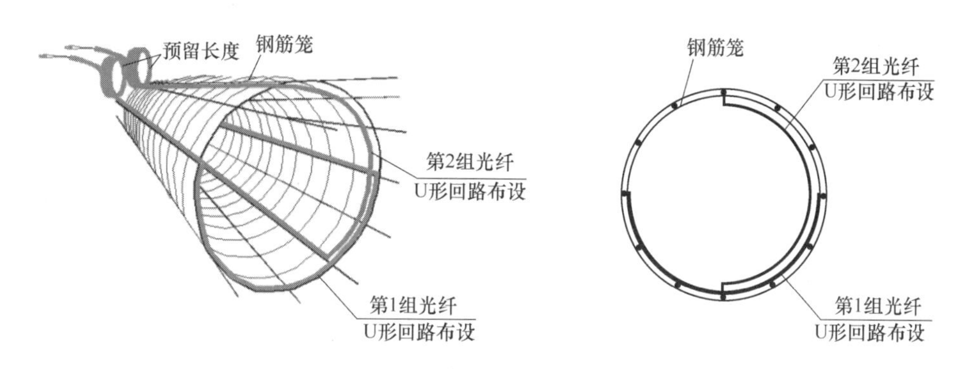

图 2.2-40　双组光纤钢筋笼底部 U 形回路布设示意图

图 2.2-41　双组光纤布设（钢筋笼底部）

图 2.2-42　双组光纤布设（钢筋笼顶部）

2. 固定

光纤以 U 形回路的方式对称布设于钢筋笼主筋内侧，以间隔 0.2～0.5m 间距采用自锁扎带定点绑扎在钢筋主筋内侧，使光纤完全紧贴钢筋，保证光缆平直、不松动。光纤自锁扎带固定见图 2.2-43。

图 2.2-43　光纤自锁扎带固定

2.2.6　灌注桩混凝土灌注高度光纤全程智能感知可视化灌注（FSP）流程

灌注桩混凝土灌注高度光纤全程智能监测流程见图 2.2-44。

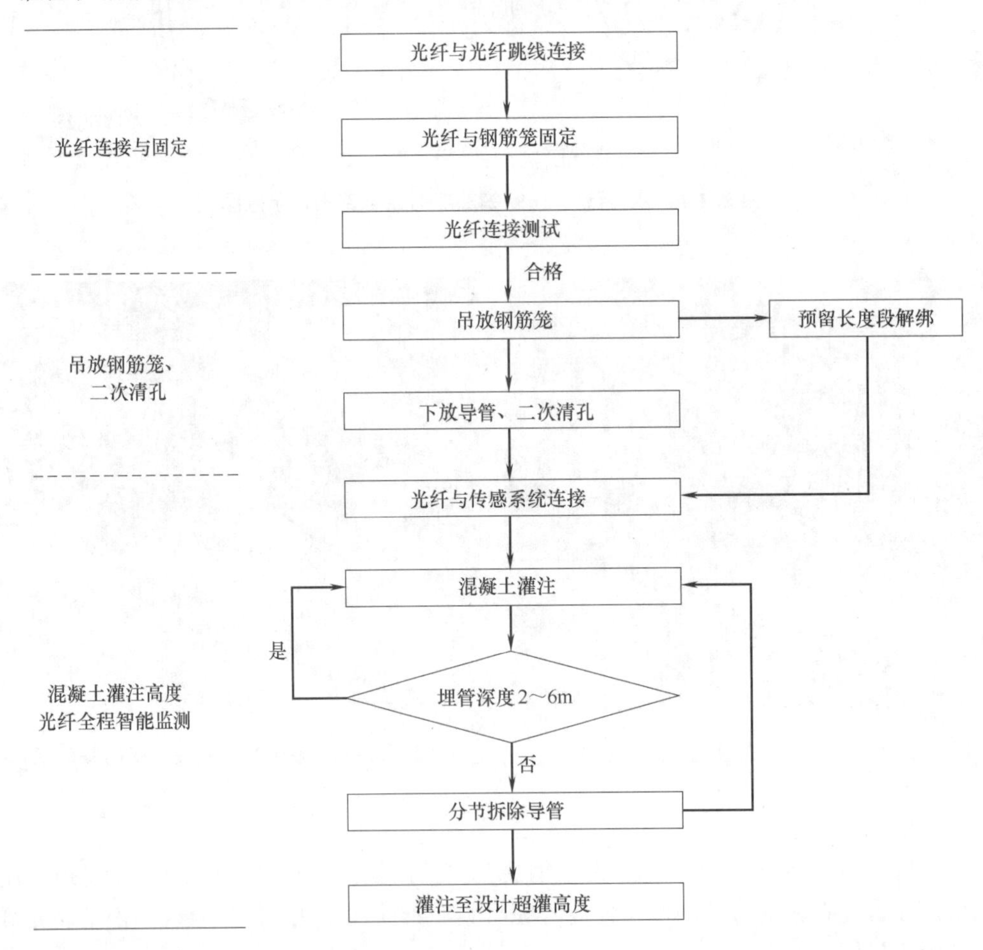

图 2.2-44　灌注桩混凝土灌注高度光纤全程智能感知可视化灌注（FSP）流程图

2.2.7　混凝土灌注高度光纤全程智能感知可视化灌注工序操作要点

1. 光纤与钢筋笼固定

（1）灌注桩按设计要求完成成孔、一次清孔工作。钢筋笼焊接完成，并经监理验收合格。

（2）光纤与光纤跳线连接完成后，以U形回路的方式对称布设于钢筋笼主筋内侧，以0.2～0.5m间距采用自锁扎带定点绑扎在钢筋主筋上。

（3）光纤在桩头处预留一定量的长度，预留长度需满足空桩段高度及桩位至光纤传感系统仪器放置位置间距离要求，预留段长度盘起扎带固定于钢筋笼顶主筋锚固段，光纤预留段绑扎固定见图2.2-45。

2. 光纤连接测试

（1）光纤与钢筋笼绑扎固定完成后，将光纤与传感系统连接，验证光纤是否可正常使用，光纤连接测试见图2.2-46。

图2.2-45　光纤预留段绑扎固定

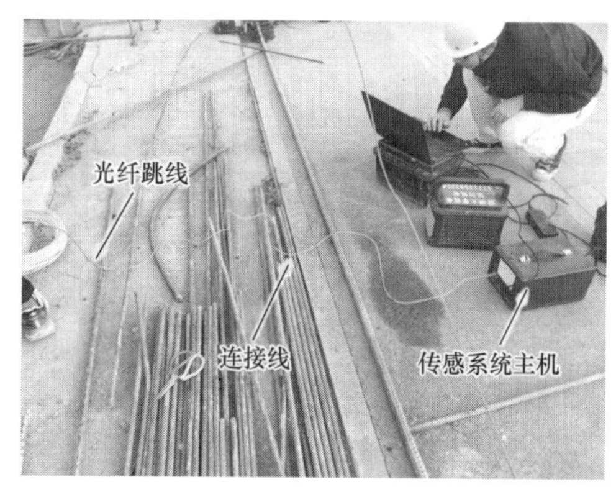

图2.2-46　光纤连接测试

（2）分别对光纤连接端连接传感系统进行连接测试。

（3）光纤连接测试不正常时，排查原因，直至连接正常后进入下一工序。

3. 吊放钢筋笼

（1）钢筋笼吊装采用55t履带起重机施工，吊点采用“六点式”吊装方法（图2.2-47），吊点位置避开光纤（图2.2-48）。

图2.2-47　“六点式”吊装

图2.2-48　吊点设置

（2）钢筋笼吊放至孔口位置时，采用钢筋插杆将钢筋笼临时固定在护筒上（图 2.2-49）。

（3）将光纤预留段长度解除绑定（图 2.2-50），预留段解绑后将固定钢筋笼的钢筋移除，钢筋笼继续下放（图 2.2-51），钢筋笼下放至桩底后，采用钢筋将钢筋笼吊筋固定在护筒上（图 2.2-52）。

图 2.2-49　钢筋笼临时固定

图 2.2-50　光纤预留段解绑

图 2.2-51　解绑后钢筋笼继续下放

图 2.2-52　钢筋笼下放到位后固定在护筒上

4. 光纤与传感系统连接

（1）将光纤牵引至传感系统放置位置，将光纤预留段缓缓延伸至传感系统放置位置（图 2.2-53），将光纤跳线端口与传感系统端口进行连接，光纤与传感系统连接完成见图 2.2-54。

图 2.2-53　光纤与传感系统连接

图 2.2-54　光纤与传感系统连接完成

（2）光纤传感系统由传感系统主机、笔记本电脑组成，现场无220kV电源时，采用移动电源给传感系统供电，光纤传感系统见图2.2-55。

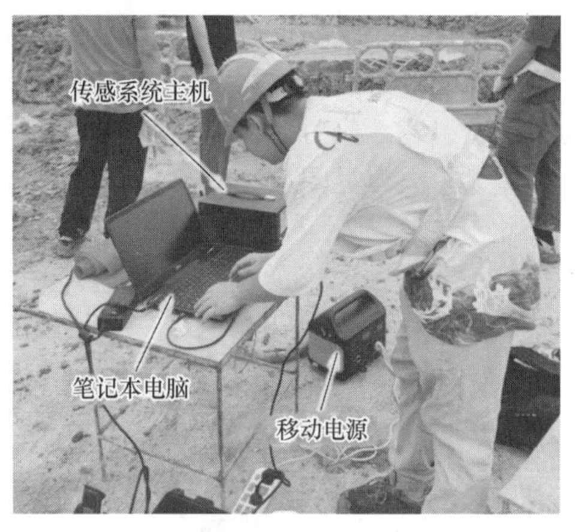

图 2.2-55 光纤传感系统

5. 下放导管、二次清孔

（1）桩身混凝土采用水下导管回顶法灌注，将导管分节吊放入孔，直至导管距离桩孔底30～50cm，现场灌注导管安放见图2.2-56。

（2）导管安放完成后，导管口安装气举反循环弯管，采用气举反循环方式进行二次清孔，气举反循环二次清孔见图2.2-57。

图 2.2-56 灌注导管安放

图 2.2-57 气举反循环二次清孔

6. 混凝土灌注、灌注高度全程监测

（1）清孔完成后，安装灌注料斗进行桩身混凝土灌注（图2.2-58）。

图 2.2-58 桩身混凝土灌注

（2）根据光纤埋设长度，确定钢筋笼底部光纤位置。

（3）混凝土灌注过程中，采用光纤传感系统对混凝土面高度进行全程监控，光纤感知的振动、温度、应力变化以波线形式实时显示在笔记本电脑显示屏上，笔记本电脑显示屏上具体显示内容见图 2.2-59。

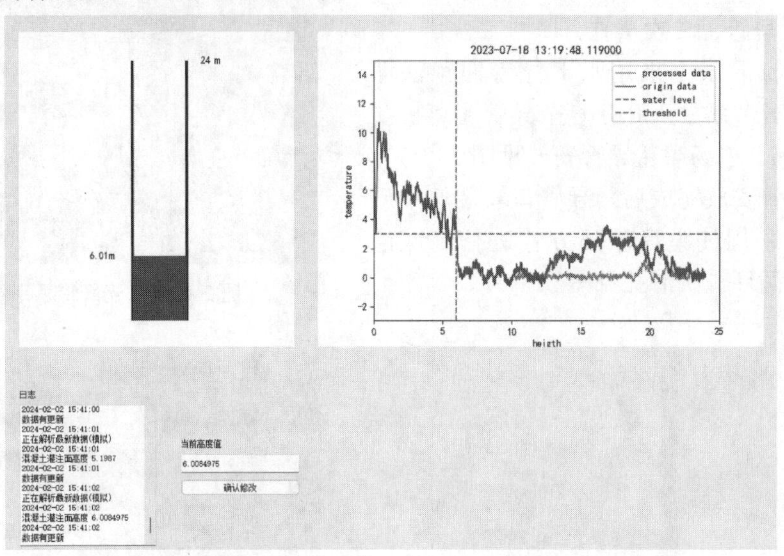

图 2.2-59 灌注过程中（灌注高度 6.01m）笔记本电脑显示

（4）灌注过程中，根据混凝土面灌注高度分节拆除灌注导管，保证导管埋入混凝土深度 2～6m。

7. 灌注至设计超灌高度

（1）灌注过程中，保持混凝土连续不间断进行。

（2）当光纤传感系统显示界面显示混凝土达到设计超灌面高度时，停止混凝土灌注（图 2.2-60）。

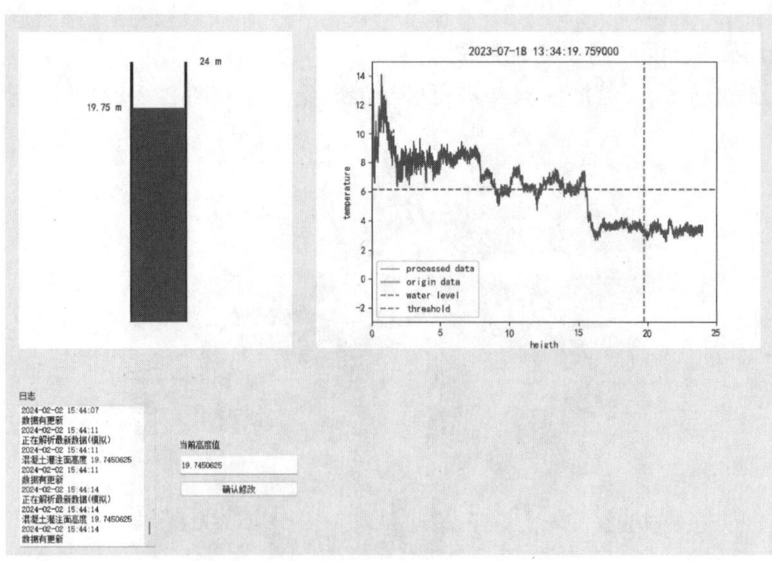

图 2.2-60 灌注至设计超灌高度笔记本电脑显示

2.3 基于光纤监测的灌注桩混凝土灌注过程可视化（FSP）技术

2.3.1 引言

泥浆护壁灌注桩通常采用导管回顶法进行混凝土灌注，灌注过程中根据混凝土灌注高度分节拆除导管，保证导管埋入混凝土深度介于 2～6m，以防止导管埋入混凝土面太浅造成断桩事故，或导管埋入混凝土面太深造成堵管事故。同时，灌注桩在混凝土灌注过程中，由于桩顶浮浆层的影响，通常要在设计的灌注桩高度上超灌 0.8～1.0m，以保证凿除浮浆高度后的桩顶混凝土强度满足设计要求；混凝土超灌高度过高，将造成材料浪费、基础开挖难度增大，以及施工成本增加；超灌高度过低，凿除桩头后需进行接桩处理，造成延误工期。因此，在桩身混凝土灌注过程中，准确测量混凝土面灌注高度是影响灌注桩质量、控制施工成本的重要环节。

目前，灌注桩混凝土灌注标高测量常采用重锤取样法和“灌无忧”装置测量法。重锤取样法人为因素较大、准确度不高，且该方法只能在混凝土灌注间歇测量某一时间点混凝土面高度，“灌无忧”装置测量法只能对桩顶位置处某一固定位置的混凝土标高进行测量，两种常用的方法均无法对桩身混凝土灌注全过程的混凝土面上升情况进行实时监控。

随着当今物联网技术的快速发展，利用光纤监测混凝土面灌注高度，成为可实现桩身混凝土灌注全过程可视化监控方法。光纤监测混凝土面灌注高度方法是通过在桩身钢筋笼上预先安装通长的超敏感光纤，光纤末端与光纤传感设备连接，光纤传感设备实时采集混凝土灌注过程中光纤沿线感知混凝土冲击等产生的振动、混凝土与泥浆温差、混凝土与泥浆相对密度差而引起的散射信号变化，并通过光纤传感设备终端笔记本电脑显示的方法，具有能全程实时获取混凝土灌注高度监测数据的优势。然而，由于受到现场车辆、施工振动等因素影响，光纤传感器测得的数据会受到异常值和数据波动的干扰，加之监测数据曲线为沿光纤通长各点处的信号强度，传感系统监测数据界面无法直观判断当前混凝土面高度（图 2.3-1），更不能直接显示混凝土面与灌注导管之间的高度差。

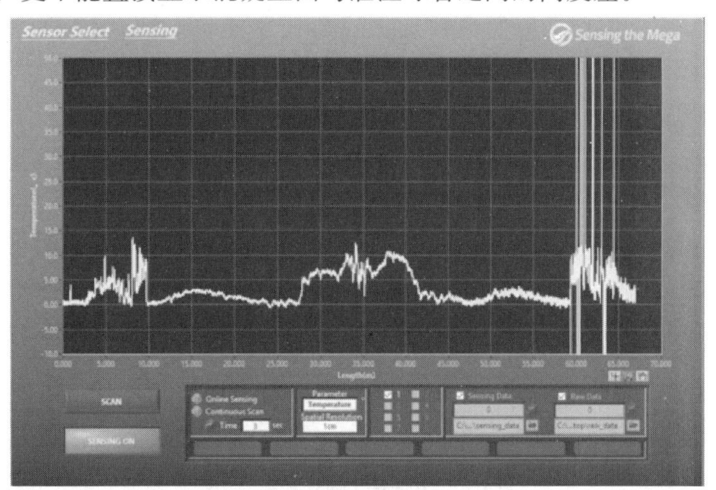

图 2.3-1　光纤传感系统数据监测界面

2.3.2　工艺原理

本技术的目的在于利用数据处理技术和软件开发方法，开发一套灌注过程可视化软件，通过对光纤传感器监测数据的实时收集和异常处理分析，将监测曲线转换成操作人员可直观读判的数字及图像，并展示在可视化软件界面上，现场指导混凝土灌注、起拔导管施工。

可视化软件界面上，可随灌注施工实时展示各种相关参数和信息，包括：灌注目标高度、当前灌注高度、导管埋入混凝土面深度、光纤监测原始数据图表和其他相关信息。软件具有参数配置功能，可以通过人机交互方式录入当次灌注的相关信息和修改数据处理的相关参数。

1. 光纤监测数据降噪原理

因光纤对周围环境振动、温度、应力等变化特别敏感，光纤监测曲线会出现异常值。在桩身混凝土灌注过程中，光纤监测数据受现场施工、车辆行走等影响会产生数据的异常抖动。这种数据异常抖动具有临时性和偶发性，在监测领域通常被称为“噪声”，对这种“噪声”进行处理的过程称为“降噪”。本技术数据降噪从时间和空间两个维度进行，分别根据相邻时间点和相邻空间点的监测数据采用加权平均法处理，以降低“噪声”的影响。

2. 监测数据漂移修正原理

光纤监测混凝土面灌注高度的过程往往会持续数小时，且过程中会持续受到施工现场多种环境因素的干扰和影响。因此，随着监测的持续进行，监测数据会逐渐偏离原始基准值或预期值，这种现象称为数据漂移。数据漂移与数据噪声不同，因为漂移是一个系统性的误差，具有一定的规律性和持续性，通常是渐进的，而不是随机的或短暂的波动。漂移可能会影响数据的准确性和稳定性，在数据处理和分析过程中需要处理漂移现象，以确保监测结果的可靠性和准确性，使监测数据符合真实情况。

2.3.3　灌注可视化实施流程

基于光纤监测的灌注桩混凝土灌注过程可视化（FSP）技术实施流程见图 2.3-2。

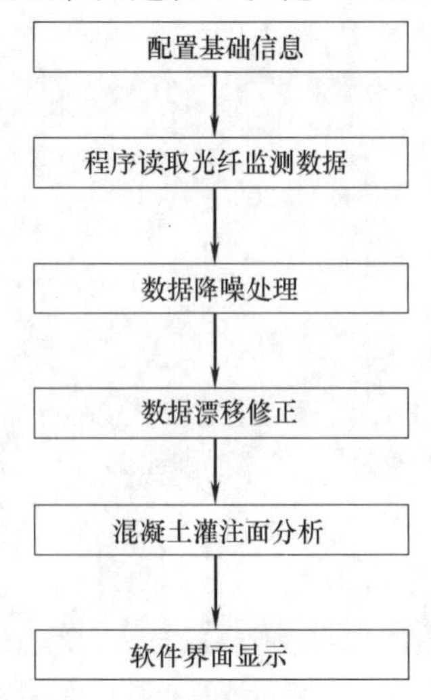

图 2.3-2　灌注桩混凝土灌注过程可视化（FSP）技术实施流程图

2.3.4　灌注可视化实施操作要点

1. 配置基础信息

1）软件主界面

软件的开发过程使用 python 语言，开发完毕后，安装依赖包 pyinstaller，执行命令 pyinstaller—onefile your_script. py 便可以打包成一个可执行的 exe 文件，最后将依赖的资源文件移动到 exe 文件的同级目录，再一同打包成压缩文件。以上工作在软件开发计算机中完成，复制解压到现场工作计算机的某文件目录下，便可直接双击 exe 文件运行，便进入了主界面，软件主界面见图 2.3-3。该现场工作计算机需要和光纤传感系统连接，光纤传感主机解析后的监测原始数据存储在该计算机中。

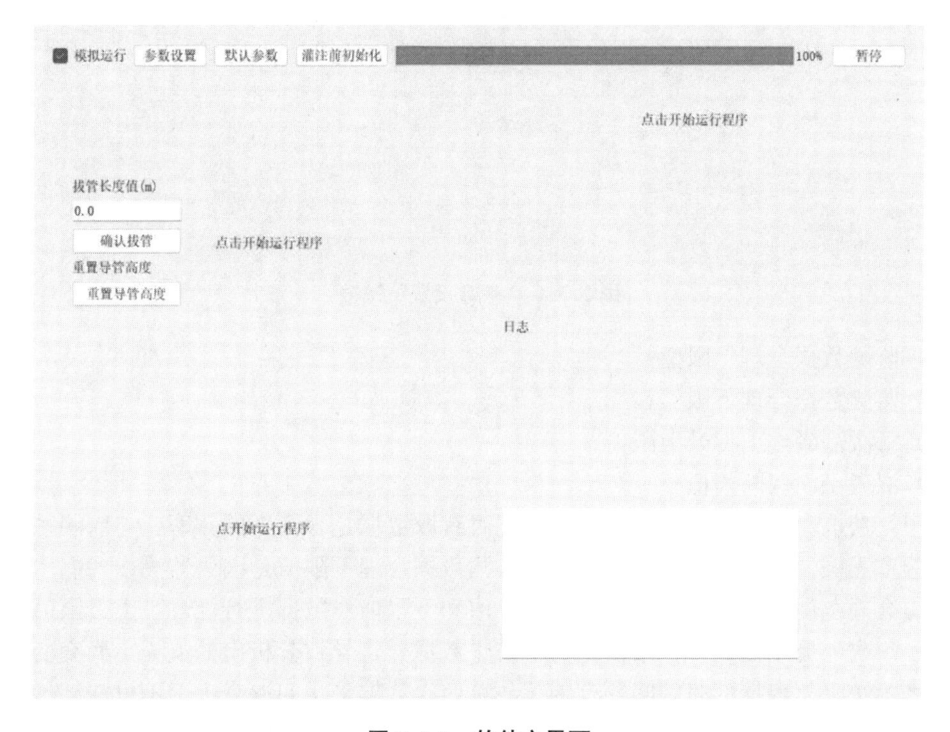

图 2.3-3　软件主界面

2）参数设置

在开始一项新的监测工作前，点击“灌注前初始化”按钮，然后点击“参数设置”按钮，会弹出一个“参数设置”弹框（图 2.3-4）。在该设置框内进行项目信息的配置，具体包括数据来源路径配置、孔深、目标灌注高度、初始化导管的高度和孔底处对应的光纤长度值。

3）默认参数配置

此外，软件还提供“默认参数”配置功能（图 2.3-5），这部分的配置信息是程序预设的，供数据处理分析阶段使用，与光纤类型、现场温度、灌注速度等多方面因素有关，由专业人员根据类似监测场景的经验判断是否需要修改。具体配置项包括：

（1）获取数据时间间隔；

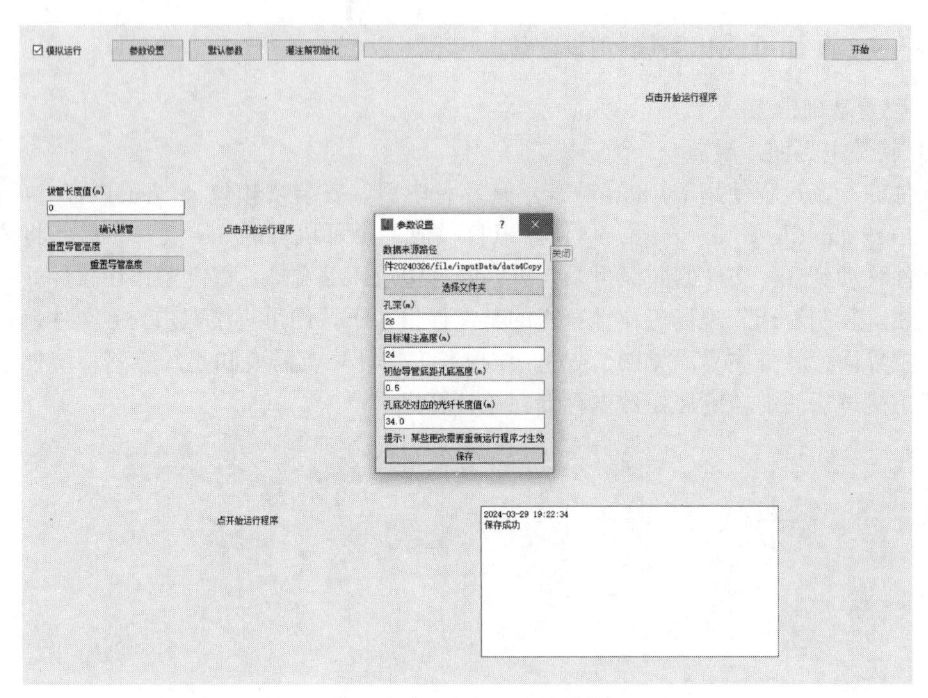

图 2.3-4　“参数设置”弹框

（2）监测数据合理上限值；

（3）监测数据合理下限值；

（4）每次混凝土面提升上限值；

（5）混凝土面判断阈值。

其中，获取数据时间间隔是指本程序定时获取数据是否更新的频率，与监测系统采集数据的频率无关。监测数据合理上限值、监测数据合理下限值是因为监测设备偶尔会测出明显超出合理范围的值，程序需要根据上限值和下限值对数据进行处理，上下限值根据经验设置。每次混凝土面提升上限值是为了防止数据异常导致分析出的混凝土面突变，根据每次监测系统采集数据的时间间隔范围，估算两次数据采集间混凝土面不可能超过的提升值，实际操作中，此值可以适当扩大以提高容错率。混凝土面判断阈值是指进行混凝土面判断的阈值，总体趋势高于该阈值的部分在混凝土灌注面以下，根据此分析数据得到混凝土灌注面高度。

2. 程序读取光纤监测数据

（1）光纤传感系统存储文件

开始监测后，光纤传感系统在采集一次数据后，会将数据存储到计算机中的指定文件夹中（图 2.2-8）。这些文件的命名规则体现了数据采集的时间点，例如“CH1-13-16-12-429-2023-7-18.txt”代表的是 2023 年 7 月 18 日 13 时 16 分 12.429 秒收集的数据。

（2）光纤传感系统存储数据格式

文件内的数据代表单一时刻光纤上各个监测点测得的数据（图 2.2-9），图中所示文件数据包括两列数字，第一列数字表示光纤的长度，即从测点到监测仪器连接点的距离；第二列数字代表对应长度处光纤的监测数据。由于在监测开始之前需要对整个光纤做数据

图 2.3-5 “默认参数”弹框

归零，因此第二列数据是相对于初始状态的差值，表示灌注过程中温度、应力等的综合变化。

（3）程序读取光纤数据

根据实施流程“配置基础信息”中的配置信息，程序获取了数据文件的存储路径和获取数据时间间隔。程序会按照设定的时间间隔（例如每秒一次）读取路径下最新一次的光纤监测数据文件，并判断该次数据是更新后的数据，还是已分析过的数据，这是因为光纤传感系统解析并存储数据的时间间隔不确定，程序设置的时间间隔尽量小于光纤传感系统解析并存储数据的最小时间间隔。如果是已分析过的数据，则等待下一次读取数据；如果是更新的数据，程序会解析文件名以提取相关信息，并读取文件内容存储在一个二维数组中，然后程序根据用户输入的孔底对应的光纤长度和孔深，将数据中的光纤长度转换为相对于孔底的高度备用。

3. 数据降噪处理

1）数据降噪方法

光纤获取的数据为单一时刻光纤上各个监测点测得的数据，现场监测数据存在数据噪声的问题。由于利用光纤监测混凝土面灌注高度采用的监测技术是“分布式光纤传感”技术，获取数据点位的间隔很小，在混凝土面灌注高度监测的场景下一般两个相邻数据点间的间隔在 1～5cm。数据异常抖动在相邻数据点间存在随机性。因此，数据降噪可以采用上述空间维度的降噪方法，即针对某一时刻的监测数据，每个空间点的监测数据根据其相邻空间点的监测数据，采用例如加权平均法进行处理。由于光纤监测混凝土面灌注高度对于时间变化较为敏感，因此，不适用上述时间维度的降噪方法。

2）数据降噪处理步骤

（1）孔外光纤监测数据剔除。

由于孔内监测光纤需要连接到监测系统，所以施工现场会有一段在孔外的光纤，这段光纤会测得监测数据，但是数据受环境影响明显，需要将该段数据剔除。

（2）超出可信值范围数据处理。

对如图 2.3-6 所示标注的右侧曲线，数据明显超出了可信值范围，需要将异常数据处理为周边未超出可信值范围的数据点的平均值。

（3）突变数据处理。

对如图 2.3-6 所示标注的左侧曲线，使用相邻数据点的加权平均值作为降噪后的数据。

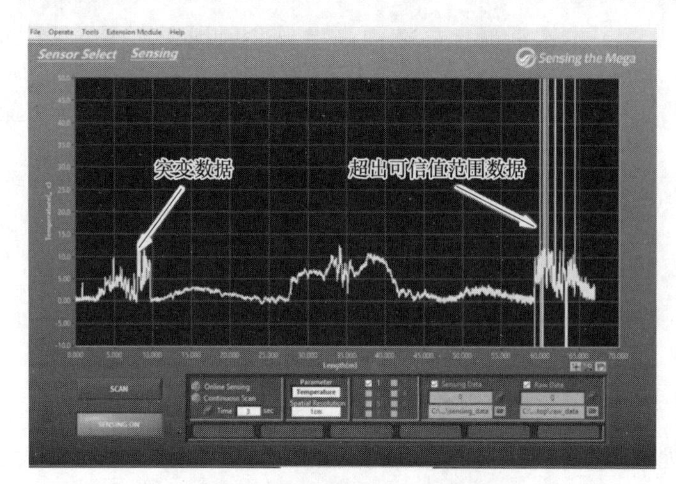

图 2.3-6　原始数据中的异常曲线

4. 数据漂移修正

光纤获取的数据为单一时刻光纤上各个监测点测得的数据，根据前文技术原理部分介绍的内容，数据也会存在数据漂移的问题。

在光纤监测混凝土面灌注高度的场景下，混凝土面以上部分监测数据的预期值恒定为 0，而实际监测过程中，往往会出现混凝土面以上部分持续增大或减小。因此，在判断为混凝土面以上的部分，采用相邻两次监测数据的差值作为获得的监测数据。这种方法既可以将累积的数据误差降为单次的数据误差，又不影响对混凝土面附近数据突变的获取。

5. 混凝土灌注面分析

（1）阈值设定

处在混凝土灌注面以下的光纤受到温差和应力影响，混凝土灌注面下方光纤测得的数据会明显比混凝土灌注面上方光纤数据大，据此原理使用阈值分析方法进行混凝土灌注面位置分析，即设置一个阈值，总体趋势高于该阈值的部分在混凝土灌注面以下，根据此分析数据得到混凝土灌注面高度。

由于该阈值分析方法是根据液面以上和液面以下光纤监测数据的差别进行分析，故采用动态阈值，即每个时刻监测数据的最小值加一个经验偏移值，正常情况下最小值会出现在液面以上的部分，经验偏移值是为了表达液面处监测数据与液面以上部分监测数据的差值。该阈值可以使用默认阈值，也可在现场前期灌注 3m 左右时，使用重锤取样法测量混凝土高度，根据软件上显示的监测数据图像进行该阈值的优化调整。

（2）阈值优化调整方法

具体分析方法如下：在该时刻所有数据中找到邻近上方点和邻近下方点的数据分别小于和大于阈值的点，一般能找到 1 个或多个点，记做 x_i；对每个 x_i，计算其所有下方监测点数据大于阈值的个数，记为 a_{i_d}；计算其所有上方监测点数据小于阈值的个数，记为 a_{i_u}；故 x_i 中每个点可求出 $a_i = a_{i\_u} + a_{i\_d}$，可以称为灌注面匹配值，取该灌注面匹配值最大的 x_i 作为分析出的灌注面高度值。

由于数据受测量误差的影响，偶尔会出现分析出的混凝土灌注面高度突跳，不符合真实情况，故设置了本次混凝土灌注面高度只会出现在大于等于上次高度 h，并小于 $h + \mathrm{det}\_h$ 的范围内，即不在范围内的 x_i 点不会进行灌注面匹配值的计算。det_h 表示两次测得数据时间段内混凝土灌注面抬升不可能超过的值，需要根据现场情况和经验进行设置。

6. 软件界面显示

针对监测数据无法直观表现灌注工况的实际问题，需要使用图形化界面将现场灌注人员关注的问题直观展示。为此，专门开发满足灌注需求的。软件界面（图 2.3-7），界面显示内容划分 5 个区域，包括：①菜单栏；②数据展示及操作区；③灌注过程直观展示区；④监测数据展示区；⑤运行和操作日志栏。

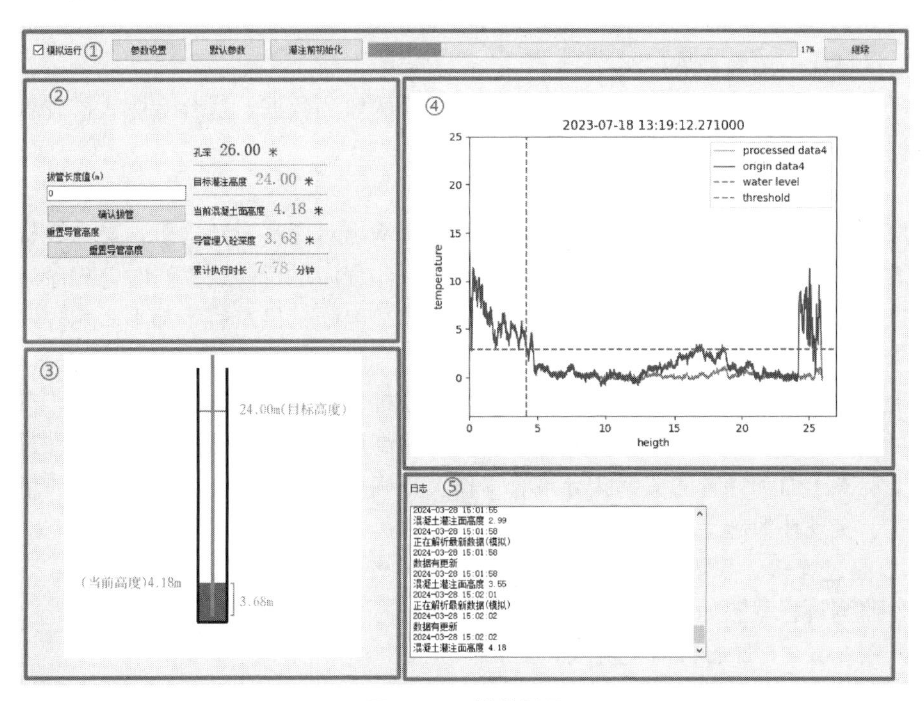

图 2.3-7 软件界面

1）软件界面显示 5 个区域

（1）区域①菜单栏

从左到右包括了模拟运行功能、参数设置、默认参数、灌注前初始化、读取数据进度条以及开始按钮。模拟运行功能是在当前没有实时数据的情况下可以查看历史数据的混凝土灌注过程，便于重新分析数据。参数设置包括数据文件夹的孔深、目标灌注高度、初始拔管长度、孔底处对应光纤长度的配置。默认参数包括获取数据时间间隔、上次分析的混凝土面高度、监测数据合理上限值、监测数据合理下限值、每次混凝土面提升上限值、混凝土面判断阈值。当进行一个新的钻孔灌注混凝土时，数据可能会不同，需要进行点击灌注前初始化功能，然后参数配置后使用。读取数据进度条表示程序运行时两次刷新获取数据的间隔。开始按钮表示开始刷新读取数据，在程序运行时，会根据情况显示为“暂停”和“继续”，便于对应现场灌注工作的暂停期间。

(2) 区域②数据展示及操作区

本区域左侧是动态修改数据模块，填入需要人工输入的数据，目前主要包括每次拔除导管的长度，混凝土经过导管灌入桩孔内，灌注过程中，导管底部浸没在混凝土面中的深度保持在合理范围（2～6m），超出该范围需要现场施工人员进行逐节拆除导管，拆除时在软件输入此处本次拔管长度，软件即可更新当前导管的高度信息。右侧区域则是对直观数据的展示，包括孔深、目标灌注高度、当前混凝土面高度、导管埋入混凝土深度和填充混凝土累计时间。

(3) 区域③灌注过程直观展示区

本区域的图形会跟随数据的更新而定期更新，主要是能够直观看到当前混凝土面高度和导管底部埋入混凝土的深度。也会展示目标灌注高度，相关数字信息也会展示在区域②中。

(4) 区域④监测数据展示区

本区域展示是经过一定分析的所有深度处光纤的监测数据，适合专业人员查看数据并判断数据分析程序的运行状态。

(5) 区域⑤运行和操作日志展示区

程序启动、执行任务和点击一些操作按钮都会输出对应日志到这里，操作人员可通过查看日志，了解到更多程序运行细节，从而修复一些程序运行问题。同时，程序运行的全过程都进行了保存备份，即使灌注过程中软件关闭或电脑关机重启，都不影响程序的继续运行。

综上所述，现场工作人员在开始一个新的灌注桩时，填写该桩的基本信息，点击开始按钮即可直观看到混凝土面的动态高度，避免灌注高度过高或过低的情况，并在过程中根据界面上混凝土面和导管的关系指导拔管工作。正确使用本软件能提高灌注桩质量、控制施工成本、实现环保施工。

2) 监测过程软件截图

软件监测过程截图如下：

(1) 图 2.3-8 程序打开时主界面；

(2) 图 2.3-9 参数设置；

(3) 图 2.3-10 程序开始运行；

(4) 图 2.3-11 程序测得混凝土面高度；

(5) 图 2.3-12 即将拔管；

(6) 图 2.3-13 拔管完成；

(7) 图 2.3-14 灌注完成。

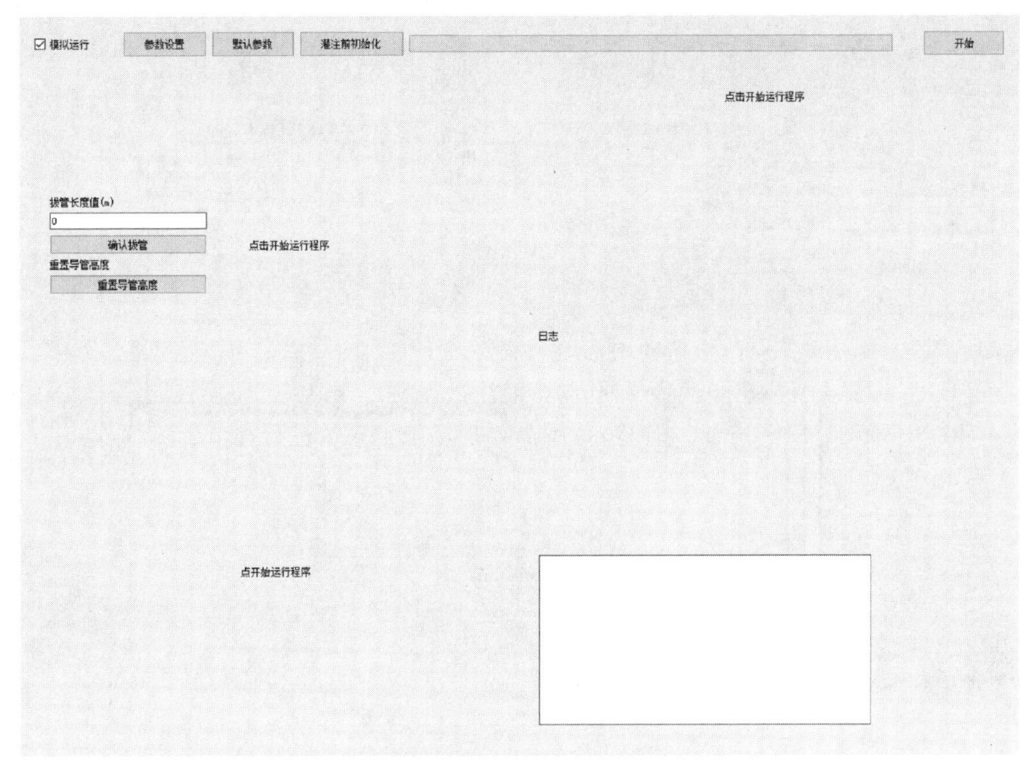

图 2.3-8　程序打开时主界面

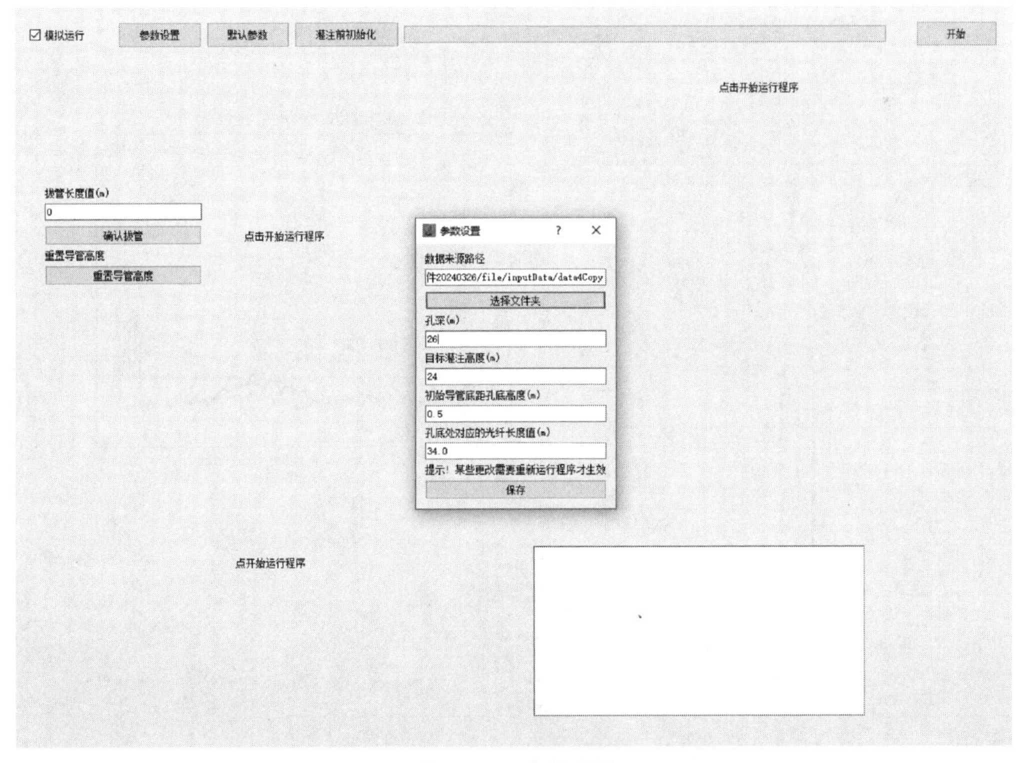

图 2.3-9　参数设置

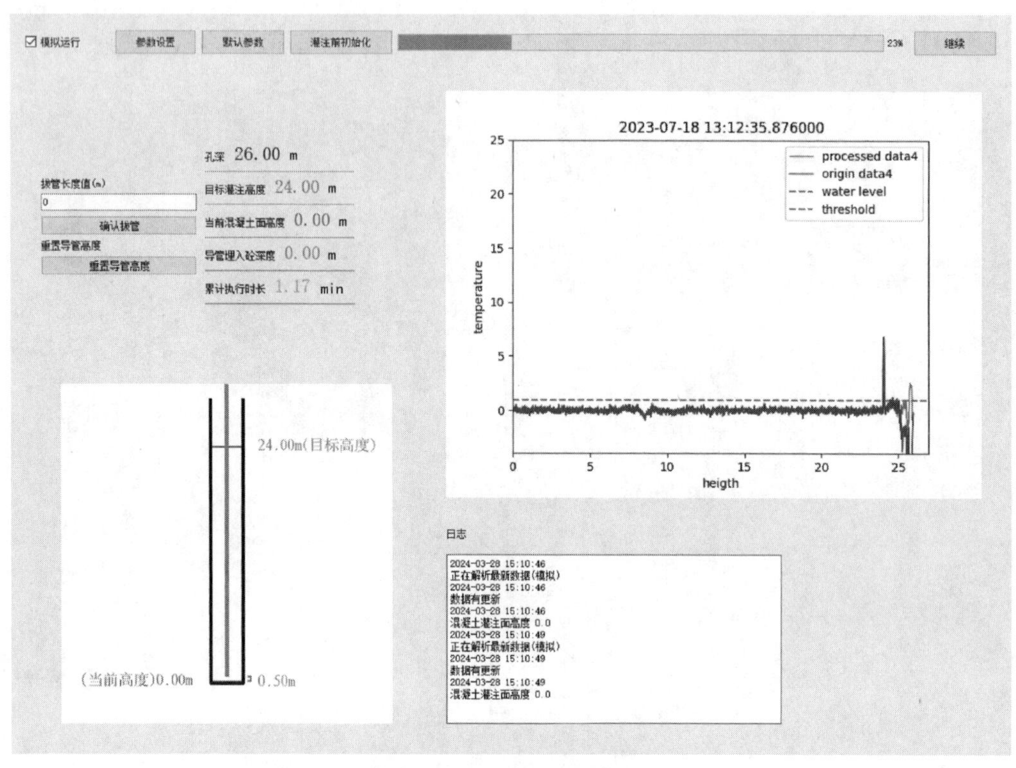

图 2.3-10　程序开始运行

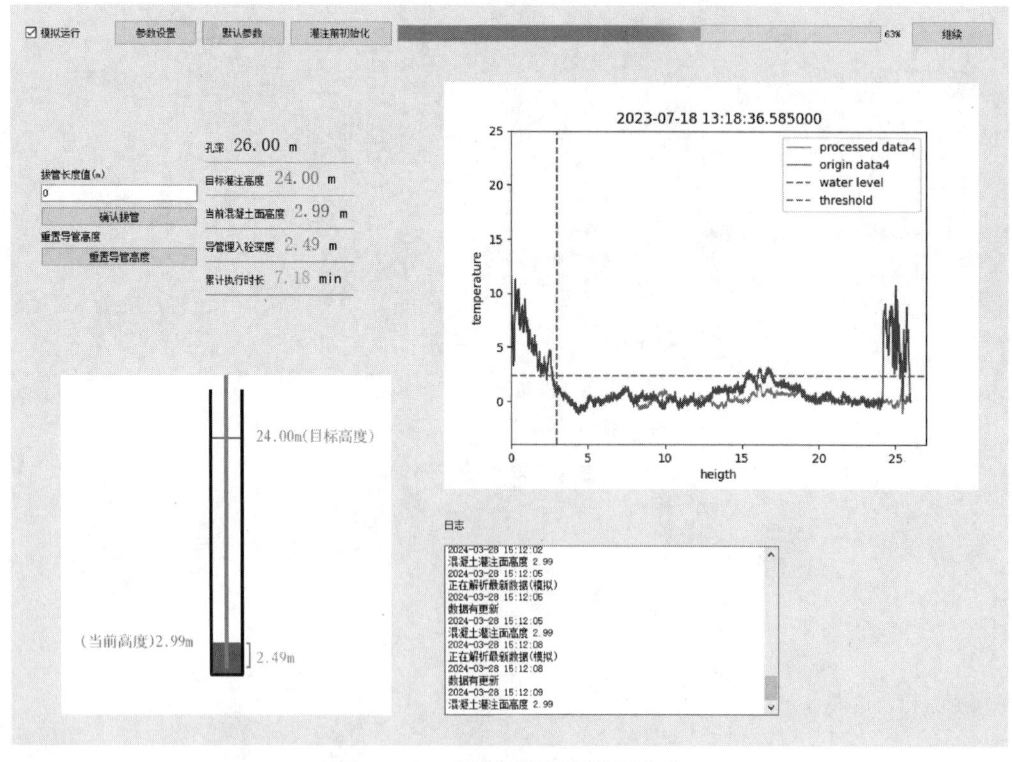

图 2.3-11　程序测得混凝土面高度

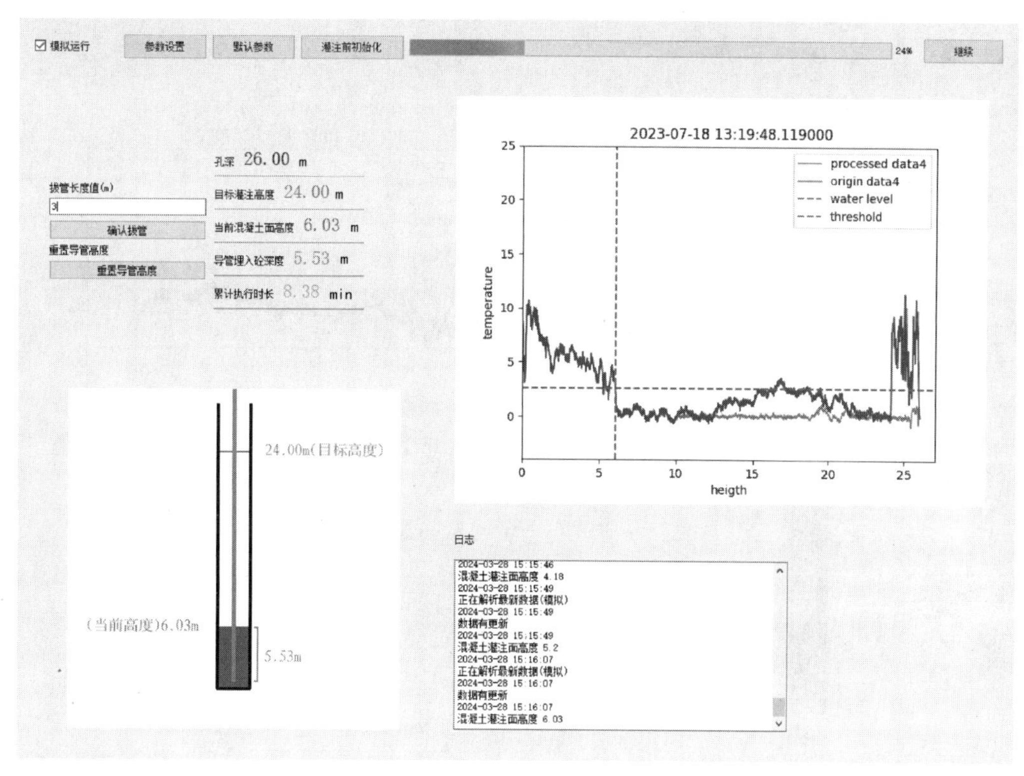

图 2.3-12　即将拔管

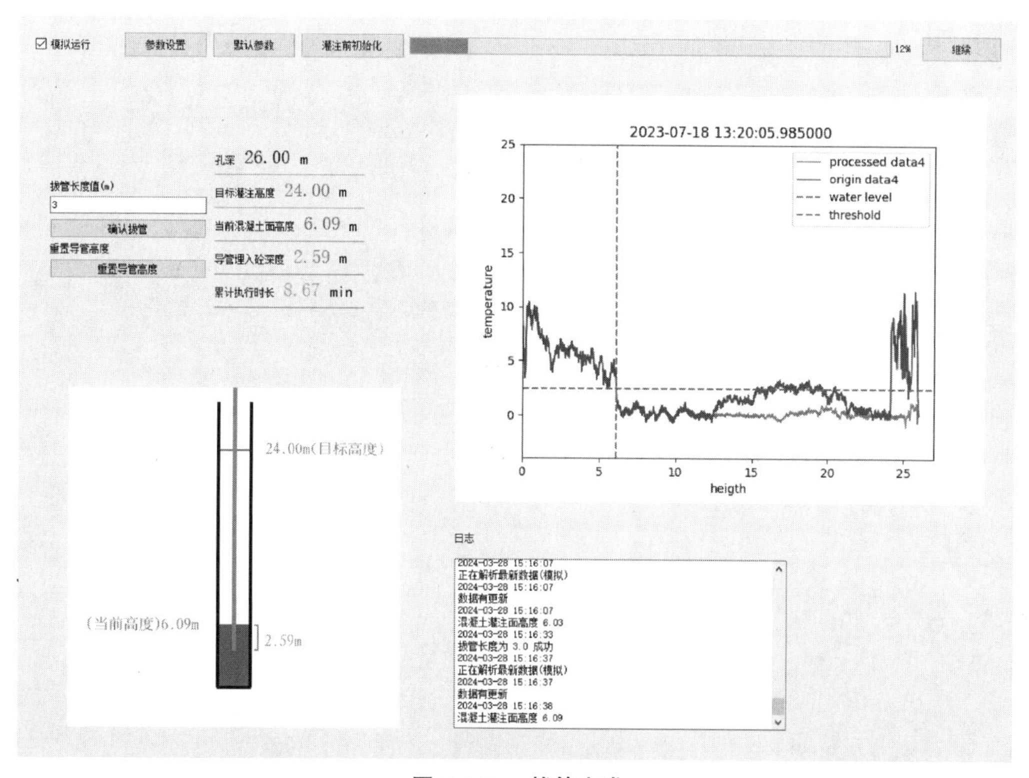

图 2.3-13　拔管完成

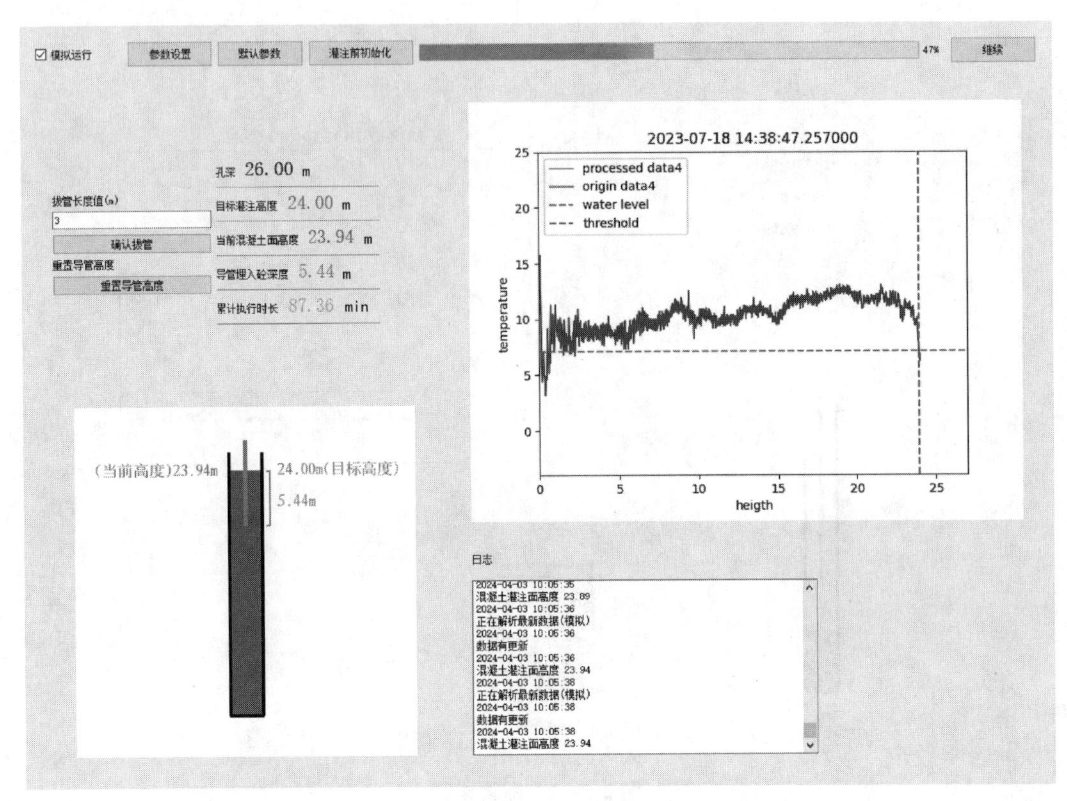
模拟运行
参数设置
默认参数
灌注前初始化
47%
继续
孔深 26.00 m
拔管长度值(m)
3
确认拔管
重置导管高度
重置导管高度
目标灌注高度 24.00 m
当前混凝土面高度 23.94 m
导管埋入砼深度 5.44 m
累计执行时长 87.36 min
(当前高度)23.94m
24.00m(目标高度)
5.44m
2023-07-18 14:38:47.257000
processed data4
origin data4
water level
threshold
temperature
heigth
日志
2024-04-03 10:05:35
混凝土灌注面高度 23.89
2024-04-03 10:05:36
正在解析最新数据(模拟)
2024-04-03 10:05:36
数据有更新
2024-04-03 10:05:36
混凝土灌注面高度 23.94
2024-04-03 10:05:38
正在解析最新数据(模拟)
2024-04-03 10:05:38
数据有更新
2024-04-03 10:05:38
混凝土灌注面高度 23.94

图 2.3-14　灌注完成

第3章　灌注桩全液压反循环钻进新技术

3.1　复杂条件大直径桩填石层分级扩孔及硬岩中心孔取芯与全液压反循环滚刀钻进技术

3.1.1　引言

近年来，随着经济的飞速发展，超高层建筑不断涌现，设计的灌注桩工程桩径越来越大，入岩要求也越来越深，对施工设备性能要求也越来越高，受场地周边环境、地层等复杂条件因素影响和限制，单一桩工设备和工艺已难以满足实际施工需要。

C塔B区工程桩项目位于深圳市南山区，深圳超级总部基地总占地面积35268m^2，基坑开挖最深22m。核心筒基础工程桩设计直径3.0m，桩总数72根，有效桩长约20～40m，桩端持力层为微风化花岗岩，入微风化岩≥0.8m，成孔孔深约40～60m。项目场地地层由上至下主要由填土、填石、淤泥、粉质黏土、砾砂、砾质黏性土、花岗岩组成，上部土层中的填土、填石厚约9m，填石主要由微风化花岗岩块石组成，块石直径10～30cm，最大者达50cm以上，含量大于50%；淤泥为流塑状，平均厚度约2m；下伏中风化岩岩体破碎、裂隙发育，饱和单轴抗压强度最高37.8MPa，平均厚度12.0m、最大厚度20.5m；微风化岩岩体完整、坚硬，饱和单轴抗压强度最高103.1MPa。

本项目大直径灌注桩施工上部土层的填土、填石深厚，采用常规埋设3～6m长的孔口护筒，容易出现底部泥浆漏失和塌孔；上部的填石层厚且含量、块度大，给旋挖正常钻进带来极大困难。同时，深厚中风化硬岩裂隙发育，采用旋挖分级扩孔钻进易造成偏孔，后续扩孔将进一步导致孔斜，钻孔纠偏难度大、耗时长、入岩钻进噪声超标。另外，大直径微风化岩由于强度高，钻进工效低、成本高。为解决本项目大直径深厚硬岩灌注桩施工中存在的上述问题，项目组结合场地地层、周边环境条件和灌注桩设计要求，开展了“复杂条件大直径桩填石层分级扩孔及硬岩中心孔取芯与全液压反循环滚刀钻进技术”研究，钻进时在土层段先埋设直径3.2m、12m深长护筒，将填土、填石、淤泥等易塌孔地层隔离，确保钻进过程的孔壁稳定；再采用旋挖钻机分直径2.6m、3.0m两级进行分级扩孔钻进至岩面，快速穿越深厚填石层。针对中、微风化硬岩深度大、强度高、噪声超标的特点，先采用直径1500mm牙轮筒钻取芯入岩钻进至设计标高，中心孔取出的岩芯作为判断大直径桩终孔岩面的依据，同时为全断面入岩钻进释放岩层内应力；最后，对大断面深厚硬岩采用液压反循环凿岩钻机配置滚刀钻头，全断面一次性钻进至桩端终孔标高，泥浆采用特制的装配式循环系统进行净化处理。本工艺采用旋挖与液压反循环回转钻机组合工艺，解决了大直径桩采用单一桩工设备超深孔入岩效率低、取芯孔垂直度差、噪声超标等问题，达到了施工高效、质量可靠、成本经济、绿色文明的效果，取得了显著的社会效益和经济效益。

3.1.2　工艺特点

1. 钻进成孔高效

本工艺在上部填石层采用二级扩孔钻进，提升了深厚填石层的钻进速度；同时，在硬岩钻进时，采用小直径牙轮筒钻钻进取芯至设计标高，形成的中心孔有效释放岩体应力，并减少了后续全断面回转钻进的破岩截面；另外，硬岩采用液压反循环凿岩钻机施工，利用设备提供的大扭矩带动全断面滚刀钻头成孔，大大提高综合成孔效率。

2. 成孔质量可靠

本工艺采用长护筒对上部不良易塌地层进行护壁，避免了泥浆漏失和塌孔，成孔孔形规则，垂直度得到有效控制；入岩钻进过程中，采取小直径牙轮筒钻钻进取芯，现场根据钻取的岩芯准确判别终孔标高和位置，确保了桩端持力层满足设计要求；硬岩钻进采用液压反循环钻机钻进，排渣和清孔效果好；清孔时配置泥浆循环净化系统，确保了孔底沉渣满足要求。

3. 综合成本经济

本工艺采用旋挖钻机与液压反循环钻机组合钻进成孔，相较于传统旋挖钻机施工方法，大大缩短了入岩钻进时间，相较于单独使用液压反循环钻机施工，旋挖钻机中心孔取芯后可提前确定终孔标高，避免后续大断面回转钻进时持力层判岩的反复确认；加上由于深厚硬岩钻进采用液压回转钻进，其液压钻进无噪声，可进行24h钻进，有效缩短成孔时间，综合成本经济。

4. 施工绿色环保

本工艺上部土层段采用旋挖钻进，成孔使用泥浆进行护壁，无需泥浆循环，减少了泥渣外运量；硬岩段采用液压反循环钻机滚刀钻进，凿岩钻进振动小、无噪声，对周边环境影响小，避免了夜间24h施工时的周边投诉；清孔时采用装配式循环系统对清孔和灌注泥浆进行净化分离处理，泥浆可循环利用，总体施工实现绿色环保。

3.1.3　适用范围

适用于桩径不小于3000mm的大直径深厚嵌岩灌注桩施工，适用于硬岩厚度大、噪声控制严的灌注桩滚刀全断面钻进施工。

3.1.4　工艺原理

本工艺所述的大直径桩深厚填石层分级扩孔及硬岩中心孔取芯与反循环滚刀钻进成桩施工，其关键技术主要包括以下三部分：一是上部土层段不良地层采用长护筒分级扩孔钻进成孔，解决了填土、填石、淤泥层的泥浆渗漏和垮孔，以及深厚填石层的钻进难题；二是硬岩段采用中心孔旋挖取芯、反循环滚刀全断面钻进工艺，解决了桩端终孔岩面的直观判断，并形成自由面，提高硬岩大断面钻进的综合成孔效率；三是硬岩钻进采用反循环排渣及装配式泥浆净化系统处理工艺，达到了对破碎岩屑排出孔外和清孔的目的。

以前述“C塔B区工程桩工程”直径3.0m灌注桩成桩施工为例。

1. 土层段不良地层长护筒分级扩孔钻进技术

（1）不良地层长护筒护壁

针对本项目上部土层段填土松散易塌孔、深厚填石易漏浆、淤泥厚易缩径的情况，本工艺采用长护筒护壁钻进，护筒底进入粉质黏土内，确保不良地层和下部硬岩钻进时的孔壁稳定。

根据场地地层分布，长护筒穿越填土、填石、淤泥层，护筒底进入粉质黏土 2m，护筒总长度 12m。设计护筒直径 3.2m，大于设计桩径 200mm；考虑到护筒需穿越深厚填石层，选用壁厚 40mm 的全套管全回转钻机专用的钢套管，上、下节套管采用销轴连接，对接时将销轴插入套管顶部开设的锥形环内并将其紧固；护筒安放采用旋挖钻机开孔钻进，引孔直径 3.2m，再采用振动锤沉入；当遇填石下沉受阻时，采用旋挖钻机引孔后，继续采用振动锤下沉进入粉质黏土。长护筒下放示意图见图 3.1-1。

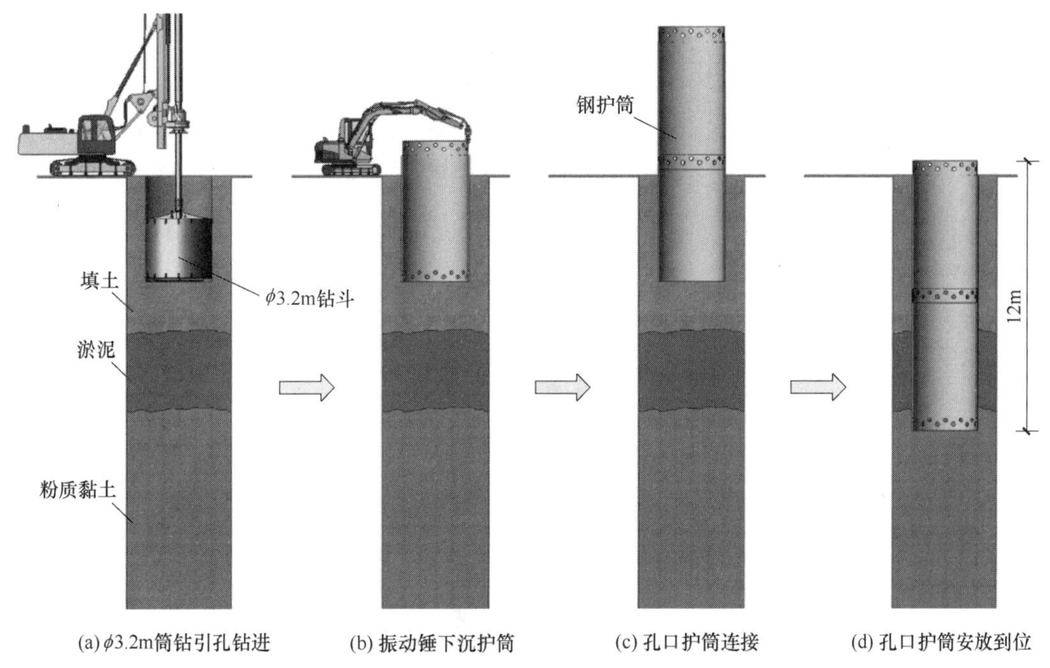

图 3.1-1 长护筒下放示意图

（2）填石层分级扩孔钻进

考虑到上部填石层分布特征，为提高上部深厚填石层的钻进效率，采用旋挖钻机分两级钻进，即先以直径 2.6m 成孔至岩面，再采用直径 3.0m 钻斗扩孔钻进，起到提升土层钻进工效的作用。土层段分级扩孔钻进示意图见图 3.1-2。

2. 硬岩段中心孔旋挖取芯、滚刀全断面钻进技术

（1）直径 1.5m 牙轮筒钻中心孔入岩取芯钻进

由于本项目场地灌注桩入岩总厚度平均约为 12.0m，中风化裂隙发育，整体岩层强度高，采用分级扩孔钻进易产生斜孔，造成钻进困难。为此，本工艺硬岩层先采用直径 1.5m 旋挖牙轮筒钻钻进，在桩中心分段取芯钻进至设计桩底标高（图 3.1-3），其作用是释放大部分岩层应力，减少后续钻进的岩面断面面积，以提高后续岩层钻进效率；同时，中心孔直径远小于设计桩径，即使在裂隙发育岩层钻进施工产生轻微偏离也无关紧要。另

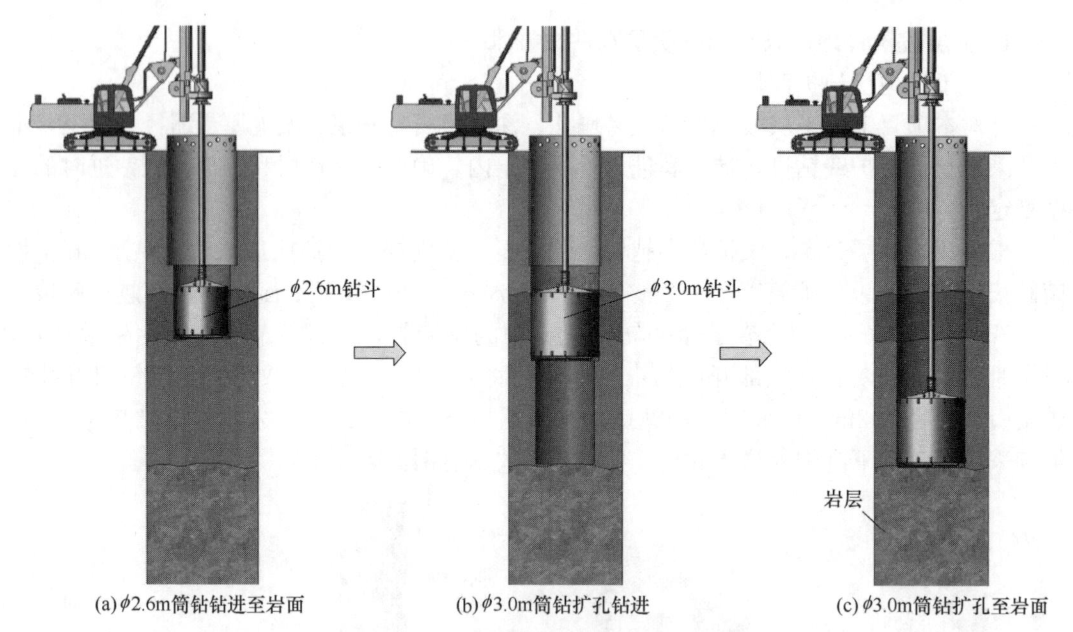

图 3.1-2　土层段分级扩孔钻进示意图

外，采用旋挖硬岩取芯钻进，现场可直接根据取芯岩样准确判断终孔标高，确定后续大断面硬岩钻进的钻进深度。

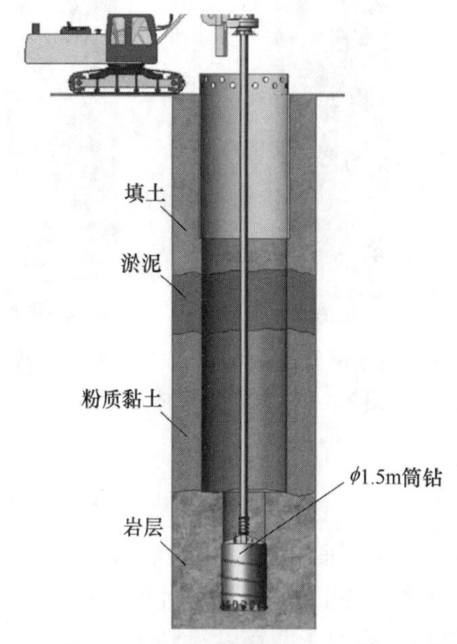

图 3.1-3　直径 1.5m 牙轮筒钻中心孔入岩取芯钻进示意图

（2）液压反循环钻机滚刀钻头全断面岩层研磨钻进

考虑到旋挖硬岩易偏孔、钻进产生的噪声扰民，施工时间受限而影响施工进度的现实情况，本工艺在中心孔入岩取芯后，采用液压反循环钻机配备直径 3.0m 的全断面滚刀钻头施工（图 3.1-4），由设备动力头提供液压动力扭动钻杆并带动钻头旋转（图 3.1-5），钻头配重提供竖向压力，钻进过程中钻具底部的球齿滚刀绕自身基座中心点持续转动，全断面滚刀钻头将孔内岩体碎裂、研磨，并对岩石造成挤压，当挤压力超过岩石颗粒之间的连接力时，部分岩石从岩层母体中分离出来成为碎岩，随着钻头的不断旋转压入，碎岩被研磨成为细粒状岩屑随着泥浆排出桩孔。整体破岩钻进噪声低，全断面钻进垂直度控制好，破岩效率大幅提高。

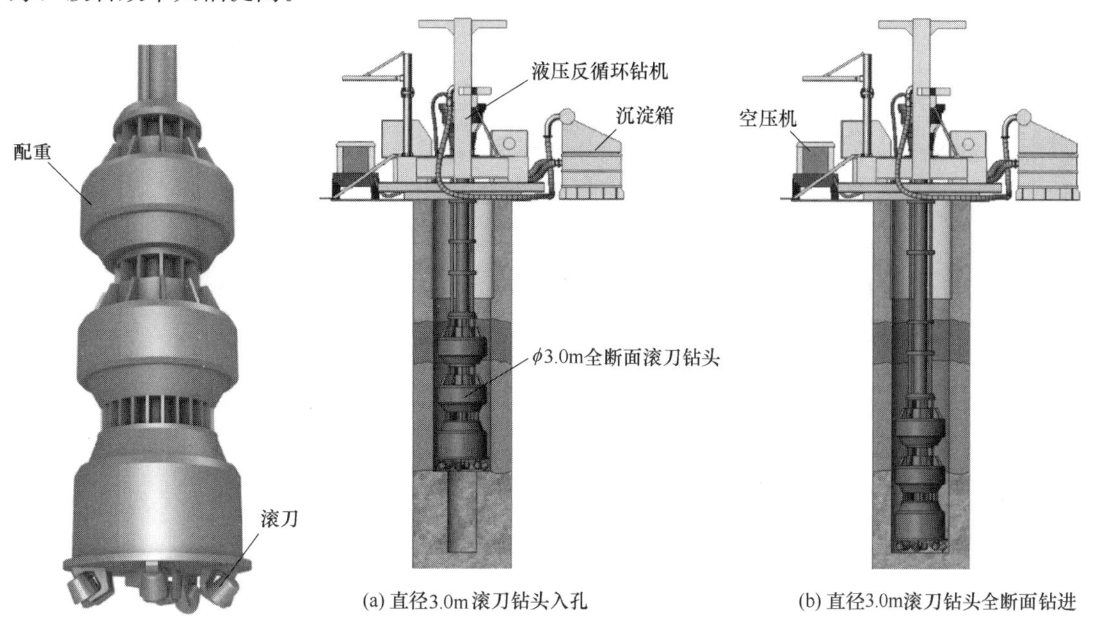

(a) 直径3.0m滚刀钻头入孔 (b) 直径3.0m滚刀钻头全断面钻进

图 3.1-4 全断面滚刀钻头 **图 3.1-5 液压反循环钻机入岩**

3. 硬岩钻进采用反循环排渣及装配式泥浆净化系统处理技术

（1）液压反循环钻进、排渣

本工艺硬岩采用液压反循环钻机钻进，利用空压机产生的高风压，通过液压反循环钻机顶部连接接口沿钻杆内的通风管输送至孔底，岩屑、碎渣随泥浆经钻头底部排渣孔进入钻杆内腔发生向上流动，排出桩孔至装配式泥浆沉淀箱。液压反循环钻机排渣原理见图 3.1-6。

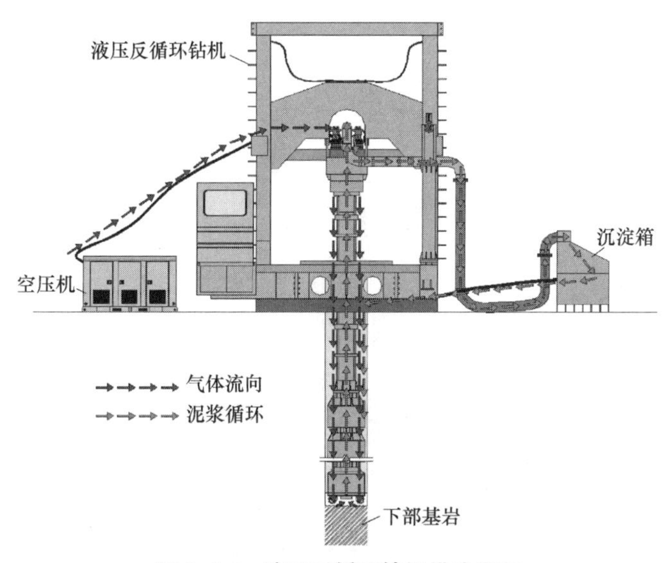

图 3.1-6 液压反循环钻机排渣原理

(2) 装配式泥浆净化处理

采用液压反循环钻进，其钻进过程采用泥浆护壁，排出的泥浆至循环系统处理后流入孔内。本工艺采用我公司发明的装配式沉淀箱进行现场泥浆净化处理（专利号 ZL202220365702.X），泥浆箱设三级沉淀分离装置，具体见图 3.1-7～图 3.1-9。

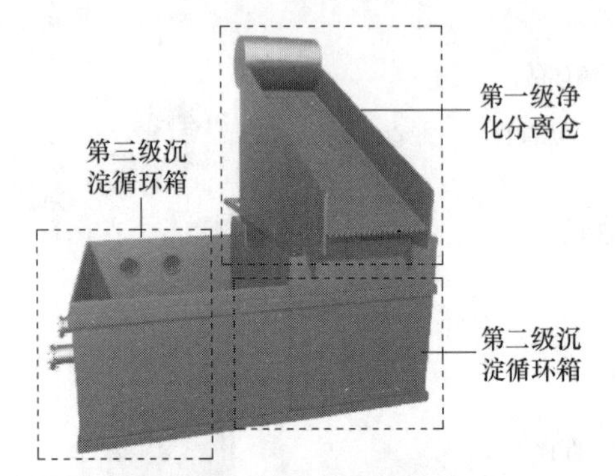

图 3.1-7　装配式沉淀箱结构图（正面）

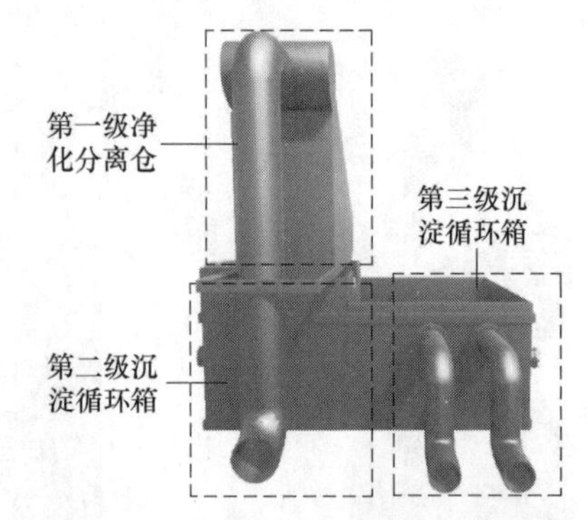

图 3.1-8　装配式沉淀箱结构图（反面）

图 3.1-9　装配式沉淀箱现场实物

装配式泥浆净化处理时，从桩孔排出的泥浆流入沉淀箱，经过第一级净化分离仓（沉淀箱）的筛网筛除大粒径的粗颗粒废渣。随后泥浆进入第二级沉淀循环箱，岩屑等废渣受重力影响沉积在第二级沉淀循环箱底部。经过沉淀后的泥浆通过第二级沉淀箱上部的溢流槽流入第三级沉淀循环箱，同样岩屑等废渣受重力影响沉在沉淀箱箱底。经过三级除渣系统处理后的泥浆经由第三级沉淀循环箱背部设置的出浆口重新流回泥浆循环系统。通过反复的分离沉淀循环，不断筛除、沉淀岩屑，不断净化泥浆，维持泥浆的良好性能，并完成孔内沉渣清理。装配式泥浆净化系统原理见图 3.1-10。

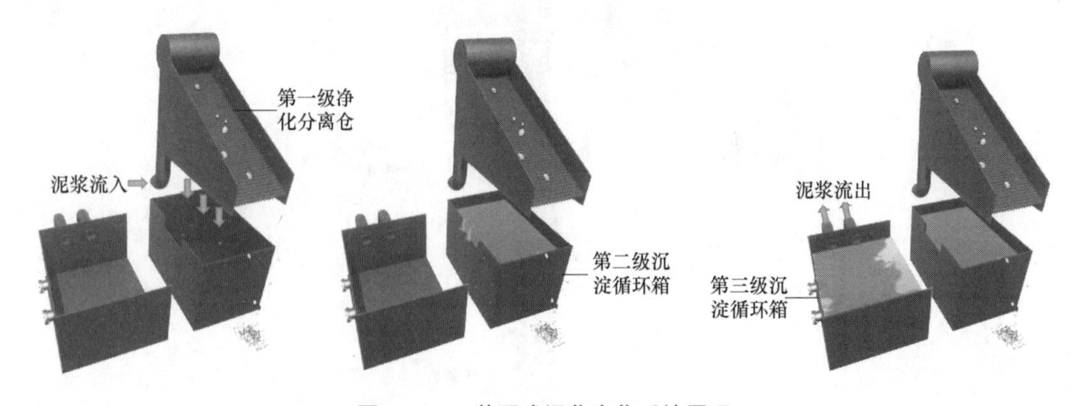

图 3.1-10　装配式泥浆净化系统原理

3.1.5 施工工艺流程

复杂条件大直径桩填石层分级扩孔及硬岩中心孔取芯与反循环滚刀钻进施工工艺流程见图 3.1-11。

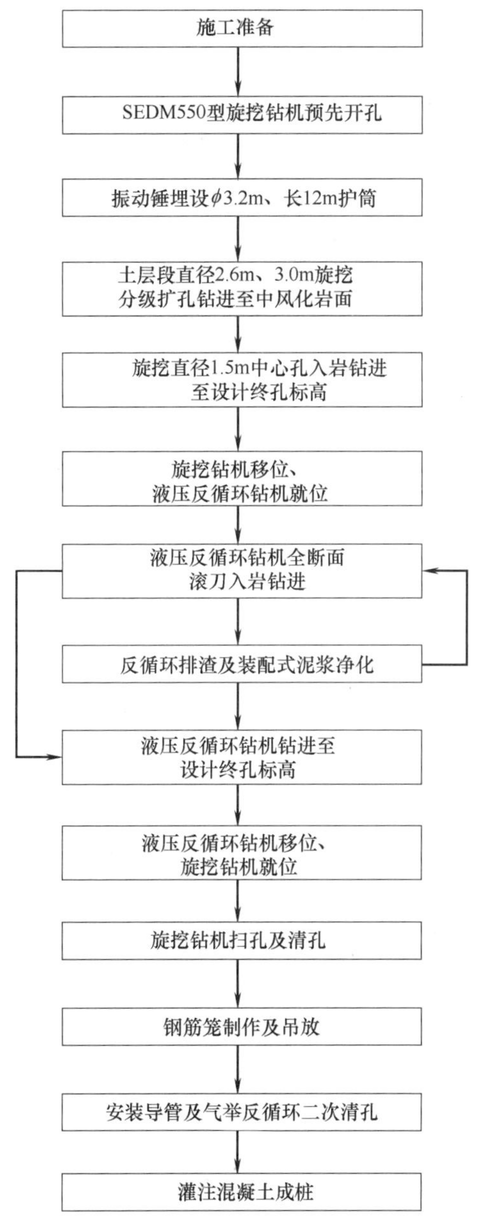

图 3.1-11 大直径桩填石层分级扩孔及硬岩中心孔取芯与反循环滚刀钻进施工工艺流程图

3.1.6 工序操作要点

1. 施工准备

(1) 场地平整，土质疏松地段换填、压实处理，在施工区域铺设厚钢板，确保起重机、混凝土运输车等重型设备行走安全。

（2）桩中心控制点采用全站仪测量放样，使用油漆喷出桩边缘线，并拉十字交叉线对桩位进行保护，桩位放样见图 3.1-12。

图 3.1-12　桩位放样

2. SEDM550 型旋挖钻机预先开孔

（1）本项目灌注桩直径大、硬岩厚，选用山河智能 SWDM550 型旋挖钻机，其最大钻孔直径 3500mm，额定功率 447kW，最大输出扭矩 550kN·m，可满足本工程施工要求。

（2）采取旋挖钻机配置直径 3.2m 钻斗取土预先开孔（图 3.1-13），旋挖钻机预先开孔旋挖钻进引孔深度以不出现塌孔为宜，一般钻进深度 3.0～6.0m，以减小护筒沉入时的侧摩阻力，加快护筒埋设进度。

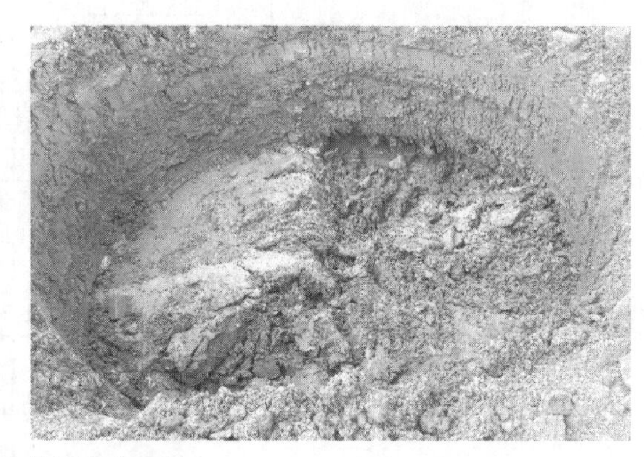

图 3.1-13　旋挖钻机预先开孔

3. 振动锤埋设 ϕ3.2m、长 12m 护筒

（1）本项目工程桩桩径 3.0m，选用护筒直径 3.2m，壁厚 4cm 钢护筒护壁；单桩钢护筒共 2 节，每节长度约 6m，共 12m。

（2）钢护筒采用单节一次性吊入，利用单夹持振动锤下入，其振频 2800r/min，偏心力矩 70N·m，可满足本工程施工要求，振动锤沉入长护筒见图 3.1-14；完成首节护筒埋设后进行护筒接长，使用螺旋锁扣件连接，套管之间设置定位销，使套管准确对位并承担旋转时的剪力作用，护筒对接后使用六角扳手扭紧承托环，锁紧护筒完成对接，护筒连接见图 3.1-15。

图 3.1-14 振动锤沉入长护筒

图 3.1-15 护筒连接

（3）为保证长钢护筒垂直度满足设计要求，设置两个垂直方向的吊线坠，安排专门人员控制护筒垂直度。护筒沉入过程中，设置专门人员指挥，保证沉入时安全、准确。

（4）护筒顶标高高于施工作业面 30cm，并保证护筒中心与桩位中心偏差不大于 50mm，垂直度不大于 1/100。现场埋设完成后，护筒口用钢制防护网覆盖，护筒埋设见图 3.1-16。

4. 土层段直径 2.6m、3.0m 旋挖分级扩孔钻进至中风化岩面

（1）由于桩径大，为提高上部土层施工效率，先采用直径 2.6m 钻斗钻进至岩面标高，再换用直径 3.0m 钻头扩孔钻进，直至钻进至中风化岩面标高，土层段钻进见图 3.1-17。

图 3.1-16 护筒埋设完成

图 3.1-17 土层段旋挖分级扩孔钻进至中风化岩面

（2）遇填石层时，旋挖钻机截齿钻头受阻明显，截齿磨损严重，采用低速钻进，以避免卡钻、斜孔等现象的发生。

（3）选用优质泥浆进行钻孔护壁，泥浆由水、钠基膨润土、CMC、NaOH 等按一定比例配制而成，泥浆配制在专设的泥浆池中进行。现场泥浆池见图 3.1-18。

图 3.1-18　泥浆池

5. 旋挖直径 1.5m 中心孔入岩钻进至设计终孔标高

（1）在上部土层钻进成孔完成后，旋挖钻机更换直径 1.5m 牙轮筒钻钻头，在桩中心钻孔钻进至桩底设计标高。

（2）钻进过程中控制钻压，保持钻机平稳，当钻至设计入岩深度后，微调钻筒位置，将破碎岩芯缓慢提出钻孔，中心孔入岩取芯钻进见图 3.1-19。

图 3.1-19　ϕ1.5m 旋挖中心孔入岩取芯

（3）现场根据旋挖中心取芯岩样进行判岩，准确确定灌注桩桩端持力层岩面标高，并按设计入岩深度钻进至终孔标高。

6. 旋挖钻机移机、液压反循环钻机就位

（1）旋挖钻机硬岩中心孔钻进完成后驶离，让出护筒口施工作业面。

（2）硬岩全断面钻进采用液压反循环钻机施工，本工艺采用 ZJD4000/350 型回转钻机，其最大成孔直径 4.0m，额定功率 311kW，动力头扭矩 350kN・m，可满足本工程施工要求。

（3）将液压反循环钻机吊运放置于桩位正上方，钻机钻杆中心与桩位中心重合，压反循环钻机就位液见图 3.1-20。

图 3.1-20 液压反循环钻机就位

7. 液压反循环钻机全断面滚刀入岩钻进

（1）液压反循环钻机钻具由中空钻杆、配重和滚刀钻头三部分组成，中空钻杆直径300mm，单根钻杆长3.0m，采用法兰式结构，中心管为排渣通道，两侧为2根压缩空气通风管，钻杆法兰之间采用高强度螺栓连接，钻杆见图3.1-21；单个配重2.3t，配置3个；滚刀钻头底部为球齿滚刀，全断面布置，钻机配重及滚刀钻头见图3.1-22。

图 3.1-21 液压反循环钻机钻杆

图 3.1-22 液压反循环钻机配重及滚刀钻头

（2）钻具入孔前，反循环钻机通过液压千斤顶作用，使钻机架倾斜让出孔口位置；钻具采用ZCH1800H履带起重机吊起，缓缓放入桩孔中，滚刀钻头起吊入孔见图3.1-23。

图 3.1-23 液压反循环钻机滚刀钻头下放

（3）当钻具就位后，启动空压机，压缩空气经钻机顶部连接接口沿通风管冲入孔底。开动钻机，钻杆驱动合金滚刀钻头回转钻进；开始钻进时，轻压慢转，控制钻进速度，同时保持钻孔平台水平，以保证凿岩钻进垂直度。

（4）入岩过程中，随着进尺加深需加接钻杆，接长钻杆时先停止钻进，将钻具提离孔底15～20cm，维持冲洗循环10min以上，以完全除净孔底钻渣，并将管道内泥浆携带的岩屑排净，再停机进行钻杆接长操作，钻杆接长见图3.1-24。

图 3.1-24　液压反循环钻机钻杆接长

8. 反循环排渣及装配式泥浆净化

（1）钻机利用动力头提供的液压动力带动钻杆和钻头旋转，钻头底部的球齿合金滚刀与岩石研磨钻进，通过空压机提供的高风压将泥浆携破碎岩屑经由中空钻杆抽吸，泥浆通过出浆管输送至装配式泥浆三级沉淀箱中，经分离出的岩屑通过进浆管回流至钻孔中实现泥浆循环排渣，反循环排渣及泥浆净化处理见图 3.1-25。

图 3.1-25　硬岩钻进反循环排渣及装配式泥浆净化

（2）当第二级和第三级沉淀箱内的岩屑量达到一定程度后，通过箱体中下部侧边设置的排渣口清除存渣，然后经除渣、净化处理后的泥浆重新流回泥浆循环系统，形成整个装置的循环运转。

9. 液压反循环钻机钻进至设计终孔标高

（1）根据硬岩中心孔牙轮筒钻确定的终孔标高，操作液压反循环钻机钻进至终孔标高。

（2）钻进至终孔标高后，利用钻机自身反循环系统在孔内进行反循环排渣清孔，将孔底沉渣以及泥浆携带的碎岩、岩屑排净。

（3）清孔完成后，监理工程师对桩孔的孔深、垂直度等参数进行验收。

10. 液压反循环钻机移位、旋挖钻机就位

（1）当液压反循环钻机完成入岩钻进至设计桩底标高，各终孔检验指标满足设计要求后，移开液压反循环钻机。

（2）复核桩位、对中后旋挖钻机重新就位。

11. 旋挖钻机扫孔及清孔

（1）旋挖钻机钻杆安装直径 3.0m 扫孔钻头慢速钻进，对孔壁进行修整，确保垂直度满足要求，旋挖钻机牙轮筒钻扫孔见图 3.1-26。

（2）扫孔完成后，旋挖钻机更换直径 3.0m 带截齿钻具的双开门旋挖捞渣斗入孔底旋

图 3.1-26 旋挖钻机牙轮筒钻扫孔

转捞渣清孔，采取较小压力加压旋转捞渣，避免由于捞渣斗的闭合空隙及底板厚度差等原因漏渣。

（3）清孔完成后由监理工程师对桩孔进行检查。

12. 钢筋笼制作及吊放

（1）钢筋笼严格按施工图纸要求制作，钢筋笼采用分段制作，每节最大长度不超过30m，钢筋笼制作见图 3.1-27。

（2）采用履带起重机吊运，钢筋笼吊点设于与钢筋笼重心同一垂直线上，且吊点处在重心点上，使钢筋笼垂直起吊，在孔口用套筒连接，钢筋笼孔口套筒连接见图 3.1-28。

图 3.1-27 钢筋笼制作

图 3.1-28 钢筋笼孔口套筒连接

13. 安装导管及气举反循环二次清孔

（1）灌注导管直径 300mm，采用丝扣连接方式，初次使用前对导管进行水密性测试，导管测试合格后用于现场灌注。

（2）将导管分节吊放入孔，直至导管距离桩孔底 300～500mm，灌注导管安装见图 3.1-29。

（3）由于本项目桩径大、成孔深且成桩质量要求高，在完成钢筋笼吊放及导管安装后再进行二次清孔，清除下放钢筋笼及导管时可能碰撞孔壁掉落的泥皮和停钻后形成的沉渣，确保灌注水下混凝土成桩质量达到要求。

（4）二次清孔采用气举反循环法，反循环排出的泥浆经 ZX-100 型泥砂分离器进行处理后回流孔内，气举反循环二次清孔及泥砂分离见图 3.1-30。

图 3.1-29　灌注导管安装

图 3.1-30　气举反循环二次清孔及泥砂分离

（5）清孔过程中，持续补充孔内泥浆量，始终维持孔内水头高度。

（6）二次清孔完成后，立即报监理工程师检验复测沉渣厚度，达到要求后，随即拆除清孔设备，准备进行桩身混凝土灌注作业。

14. 灌注混凝土成桩

（1）二次清孔满足设计要求后，安装孔口灌注漏斗，准备进行桩身混凝土灌注。

（2）混凝土使用商品混凝土，坍落度控制在 180～220mm，每一罐车现场检测坍落度，满足要求后使用；灌注过程中，每灌入一罐车混凝土后及时测量孔深，测算混凝土高度和导管埋深，保证导管在混凝土中的埋置深度宜控制在 2～6m，直至灌注完成，灌注桩身混凝土见图 3.1-31。

（3）灌注混凝土保持连续灌注，边灌注边拔导管，并逐节拆除。

15. 振动锤起拔护筒

（1）桩身混凝土灌注完成后，随即采用振动锤起拔钢护筒。

（2）钢护筒起拔采用单夹振动锤。

（3）振动锤起拔时，先在原地将钢护筒振松，然后再采用双起重机挂钩配合缓缓起拔，护筒起拔见图 3.1-32。

图 3.1-31　灌注桩身混凝土

图 3.1-32　振动锤及双挂钩起拔护筒

3.1.7 机械设备配置

本工艺现场施工所涉及的主要机械设备见表3.1-1。

主要机械设备配置表　　表3.1-1

名称	型号	数量	备注
旋挖钻机	山河 SWDM550	1台	土层取土，中心孔入岩
旋挖钻头	ϕ1.5m、ϕ2.6m、ϕ3.0m	6个	钻进
履带起重机	ZCH1800H	1台	吊装
振动锤	HW400	1台	下放和起拔长护筒
装配式泥浆净化器	自制	1台	反循环钻进泥浆循环
液压反循环钻机	ZJD4000/350	1台	全断面入岩成孔
泥砂分离器	ZX-100	1台	反循环二次清孔时泥浆净化
滚刀钻头	ϕ3.0m	1个	配重6.9t，硬岩钻进
挖掘机	PC200	1台	配合施工作业，清理
全站仪	莱卡 TZ05	1台	桩位测放

3.1.8 质量控制

1. 长护筒埋设

（1）桩位由测量工程师现场测量放样，护筒就位时中心点对准桩位。

（2）护筒埋设预先采用旋挖钻机引孔，引孔深度以不塌孔控制。

（3）护筒下沉时，先将护筒放入引孔段，再采用单夹持振动锤下沉；下沉过程中，采用双方向吊线坠控制垂直度。

（4）埋设后，采用十字交叉线校核护筒位置，允许值不超过50mm。

2. 旋挖钻进土层成孔

（1）旋挖钻机定位水平，钻头对准桩孔中心点。

（2）遇填石层时，采取轻压慢转，控制进尺。

（3）采用大扭矩旋挖钻机分两级进行扩孔钻进，确保土层正常钻进成孔。

（4）钻进成孔时，始终采用优质泥浆护壁，以确保上部土层稳定。

3. 小直径牙轮筒钻中心孔入岩取芯

（1）考虑到上部岩层段较破碎，中心孔钻进选择直径1.5m、筒身2.5m长牙轮筒钻，以控制钻孔垂直度。

（2）钻进过程中，控制钻压，保持钻机平稳；入岩钻进后，采用专用取芯钻头入孔取芯。

（3）根据桩孔勘察资料，以及取出的硬岩芯样，准确判断持力层岩性，并按设计入岩深度钻进至终孔，为后续大断面滚刀钻进提供依据。

4. 液压反循环钻机滚刀钻头全断面岩层研磨钻进成孔

（1）吊装液压反循环钻机就位时，确保钻头中心与桩孔位置及孔口平台中心保持一致，采用十字线交叉法校核对中情况，并采取全站仪复核。

（2）钻进破岩过程中，采用优质泥浆循环排出孔底破碎岩屑，并利用三级沉淀泥浆净化装置进行泥浆循环处理。

（3）钻杆接长时，将连接螺栓拧紧牢固，以防钻杆接头漏水漏气。

（4）采用液压反循环累计破岩深度超过3m后，提起钻头观察球齿滚刀是否存在磨损严重的情况，及时更换磨损严重的球齿滚刀，保证后续灌注桩破岩钻进工效。

（5）滚刀钻进至终孔后，原位回转清渣，将孔底钻渣排出。

3.1.9　安全措施

1. 旋挖钻进土层成孔

（1）长护筒吊放时，无关人员撤出作业影响范围。

（2）护筒振动锤下沉遇阻时，采用旋挖钻机引孔再继续下沉。

（3）钻进间歇期间，对孔口进行钢网覆盖。

（4）完成钻进成孔后，在桩身混凝土灌注前，桩孔周边设置临时、围挡；混凝土灌注完成后，对空桩段进行回填。

2. 小直径牙轮筒钻中心孔入岩取芯

（1）旋挖钻机更换钻头时，注意筒身直立后再与旋挖钻杆连接，防止筒钻倾倒。

（2）旋挖筒钻取出岩芯后，划出场地作为堆放芯样区，作业过程中设置安全隔离带，无关人员撤离影响区域。

3. 液压反循环钻机滚刀钻头全断面岩层研磨钻进成孔

（1）液压反循环钻机平面尺寸大，吊装时由专门司索信号工指挥，先进行试吊，平稳后起吊就位。

（2）滚刀钻头加有配重，就位时控制起吊速度，缓慢入孔；入孔过程中，防止与桩架之间的碰撞。

（3）滚刀钻头旋转破岩作业时，严禁提升钻杆。

（4）钻进施工前，检查泥浆循环管路与沉淀箱之间泥浆管的连接情况，防止钻进泥浆循环时产生的超大压力导致泥浆管松脱伤人。

（5）全断面岩层钻进过程中，空压机形成气举循环作业，派专人操作空气压缩机，定期检查高风压管路的连接紧固情况，并做好防脱管措施。

3.2　填海区深长大直径斜岩面桩全套管、RCD及搓管机成套钻进成桩技术

3.2.1　引言

填海造地场地上部通常分布深厚的填土（石）、淤泥、砂等软弱、松散地层，在如此不良地层中施工大直径深长嵌岩灌注桩，在成孔过程中容易出现泥浆漏失、塌孔、缩颈等一系列问题。为了有效、可靠地在以上地层条件下进行灌注桩施工，一般采用全套管全回转钻机下入深长套管至基岩面进行护壁，套管内冲抓斗取土成孔；钻进至入岩层后，改换液压反循环钻机（简称“RCD钻机”）进行岩石研磨破碎，并通过气举反循环配合排渣。

但当基岩面起伏过大、孔位遇到倾斜基岩时，由于全套管全回转钻机无法直接将套管全断面下压嵌入至岩层内，不能完全隔断上部不良淤泥、砂层，在钻孔套管内外压差的作用下，容易在套管和斜岩间的位置出现涌泥、涌砂，严重时孔内钻具被深埋，导致无法继续成孔作业。

2021年8月，“澳门黑沙湾新填海区（P）地段-地段C-标段C2暂住房建造工程”项目房建工程开工，C5塔楼桩基设计采用钻孔灌注桩，其中核心筒布设9根直径3.0m灌注桩，桩端持力层为中风化或微风化岩层，平均桩长约60m。场地原地势低洼，经人工填土、吹砂填筑而成，上部覆盖层主要分布地层包括：素填土层、填石、淤泥、粉质黏土、淤泥质土、砾砂，场地下伏基岩为花岗岩，岩面起伏大，相邻桩孔高程最大相差约6m。针对本项目灌注桩场地不良地层条件及钻进过程中遇倾斜基岩面存在的困难，项目组对“填海区深长大直径斜岩面桩全套管、RCD及搓管机多设备成套钻进成桩施工技术”进行了研究，采用全套管全回转钻机将钢套管下沉至倾斜岩面顶，对上部土层段不良地层进行护壁，钻进过程中遇填石采用冲抓斗抓取，遇土层则采用旋挖钻斗直接取土；钻进至倾斜岩面后，在孔口套管安装搓管机、在套管顶连接RCD钻机，RCD钻机配备滚刀钻头在斜岩面钻进时，孔口的搓管机同步将套管跟管下沉，直至将套筒穿过斜岩面全断面进入完整中风化岩层内不少于80cm，保证套管隔绝外部不良地层，顺利解决了斜岩位置桩孔涌砂、涌泥问题；在桩身混凝土灌注过程中，利用孔口的搓管机配合起拔护壁套管，高效、可靠、经济地完成了灌注桩施工任务。

3.2.2 工艺特点

1. 钻进效率高

本工艺土层采用全套管全回转钻机下沉钢套管护壁，有效防止上部地层发生缩径、塌孔、偏孔；土层段采用旋挖钻斗直接取土，大大提高深孔钻进工效；硬岩采用RCD钻机滚刀钻头全断面钻进，提升了钻进速度；本工艺采用多种钻机组合钻进工艺，最大限度地发挥出了各自机械设备的优势，有效提升了施工效率。

2. 成桩质量好

本工艺采用全套管全回转钻机将套管下至斜岩面，避免了上部不良地层的塌孔、缩径；同时，确保了成孔的垂直度；在斜岩面采用搓管机与RCD钻机配合将套管嵌入中风化岩内，避免了从斜岩面处向套管内涌砂、涌泥而影响二次清孔效果；另外，二次清孔采用气举反循环工艺，并配置浆渣过滤系统对泥浆进行净化处理，清孔效果显著，成桩质量得到可靠保证。

3. 经济效益显著

本工艺利用全套管护壁，解决钻进时上部土层塌孔问题；孔口搓管机配合RCD钻机凿岩钻进，避免了由斜岩面引发的套管底部涌砂，同时缩短清孔时间；采用RCD滚刀全断面凿岩，一次性大直径磨岩钻进速度快；搓管机在灌注桩身混凝土时，同时承担套管起拔；本工艺采用成套组合钻进技术，一机多用，多机配合，有效避免了另行进场大型机械设备拔管，减少了机械使用量，整体经济效益显著。

3.2.3 适用范围

适用于套管深度不大于60m的全套管全回转灌注桩施工，适用于直径3000mm、硬岩灌注桩全断面滚刀钻头钻进，适用于基岩起伏较大的倾斜岩面灌注桩施工。

3.2.4 工艺原理

本工艺针对大直径灌注桩深厚不良地层、基岩岩面倾斜及硬岩钻进难题，采用全套管全回转、RCD和搓管机等成套组合工艺钻进，其关键技术主要包括以下四个部分：一是上部填海区不良地层深长大直径套管全回转钻机安放技术；二是大直径硬岩RCD钻机配置滚刀钻头凿岩及排渣技术；三是倾斜岩面RCD钻机凿岩钻进、搓管机下放套管组合嵌岩技术；四是搓管机灌注过程中配合起拔护壁套管技术。

1. 深长大直径套管全回转钻机安放技术

（1）全回转钻机安放钢套管

本工艺采用全套管全回转钻机安放钢套管作业，钻机通过动力装置对套管施加扭矩和垂直荷载，360°回转并下压，同时利用冲抓斗取出套管内土石；首节钢套管前端安装合金刀齿切削地层钻进，逐节接长套管，直至套管下沉至基岩顶面；钻进全过程采用全套管护壁，有效避免塌孔、缩颈现象，确保成孔质量。

（2）抓斗、旋挖钻机与全套管全回转钻机配合钻进

本工艺针对直径大、桩孔深的特点，为保证超长套管的垂直度，本工艺采用全套管全回转钻机下沉钢套管；为提高深长套管下沉效率，钻进时遇块石采用起重机释放抓斗落入套管内抓取，土层段则采用旋挖钻机筒状钻头取土，加快套管下沉和成孔速度。抓斗、旋挖钻机与全套管全回转钻机配合，加快施工进度。块石层抓斗配合钻进见图3.2-1，土层旋挖配合取土钻进见图3.2-2。

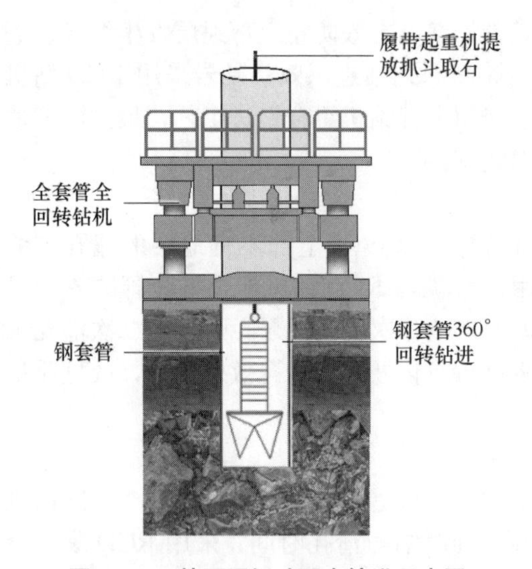

图3.2-1 块石层抓斗配合钻进示意图

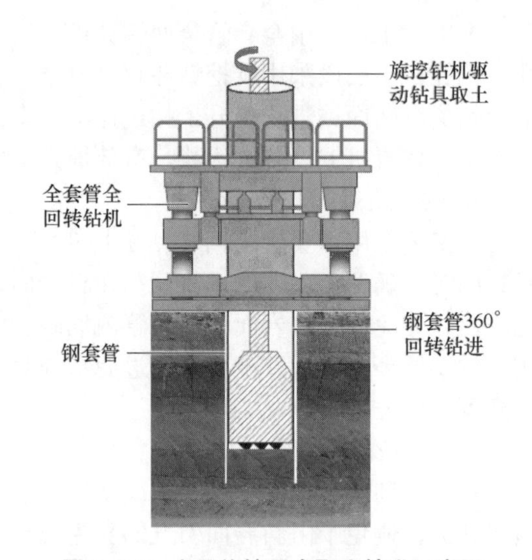

图3.2-2 土层旋挖配合取土钻进示意图

2. 大直径硬岩RCD钻机配置滚刀钻头凿岩及排渣技术

（1）RCD钻机全断面凿岩

RCD钻机通过液压夹安装于护壁的钢套管顶部（图3.2-3），并利用液压夹具将钻机与套管抱紧固定（图3.2-4）。RCD钻机液压加压旋转提供的扭矩及竖向压力，通过高强

合金钻杆传递至带有配重块的滚刀钻头，钻头直径为桩孔设计直径，钻头端部安装金刚石颗粒，钻头在钻孔内回转时，镶有金刚石颗粒的钻头在轴向力、水平力和扭矩的作用下，连续研磨、刻划、犁削岩层，钻凿硬岩能力强，整体破岩钻进效率高。RCD钻机钻进示意具体见图3.2-5。

图3.2-3　起重机将RCD钻机吊放于套管口

图3.2-4　RCD钻机液压夹具抱紧套管并固定

（2）气举反循环排渣钻进

RCD钻机在钻进过程中，空压机产生的高风压通过RCD钻机顶部连接口沿通风管输送至孔内设定位置，空气与孔底泥浆混合导致液体密度变小，此时钻杆内压力小于外部压力形成压差，泥浆、空气、岩屑碎渣组成的三相流体经钻头底部排渣孔进入钻杆内腔向上流动，并排出桩孔，再通过胶管引至沉淀箱净化分离，岩渣岩屑集中收集堆放，泥浆则通

图 3.2-5　RCD 钻机全断面滚刀钻头凿岩钻进

过泥浆管流入孔内，完成孔内钻渣循环排出。RCD 钻机气举反循环清排渣钻进见图 3.2-6、图 3.2-7。

图 3.2-6　RCD 钻机气举反循环孔内排渣、泥浆循环示意图

图 3.2-7　RCD 钻机气举反循环排渣、泥浆循环示意图

3. 倾斜岩面RCD钻机凿岩钻进、搓管机下放套管组合嵌岩技术

(1) 搓管机工作原理

本工艺护筒套管采用全套管全回转钻机下沉至倾斜岩面后，在孔口套管地面吊放搓管机就位，再在套管顶部安装RCD钻机就位（图3.2-8）；在RCD钻机向下研磨凿岩的同时，搓管机继续配合下沉套管，直至将套管下沉嵌入完整硬岩内。搓管机工作时，利用夹持装置（夹持油缸和上卡盘）夹持住护壁套管，通过两侧搓管油缸的交替伸缩，使夹持装置和套管在15°角内左右搓摆，同时压拔油缸将套管快速压入地层，RCD钻机钻进过程同步搓管作业见图3.2-9。

图3.2-8 RCD钻机吊至套管口固定就位

图3.2-9 RCD钻机钻进过程同步搓管作业

（2）RCD钻机、搓管机组合工作原理

在基岩面起伏较大的地层中，岩面倾斜坡度大，全套管全回转钻机下放套管遇岩面时，由于钻机扭矩及首节套管破岩能力的不足而难以进尺，套管底部无法完全隔离孔外地层。本工艺采用RCD钻机进行凿岩钻进的同时，安放在孔口套管外的搓管机同步进行钢套管下沉，直至将套管全断面进嵌入岩不少于0.8m，完全隔断外部易塌地层，RCD钻机、搓管机组合斜岩面钻进及下沉套管见图3.2-10。

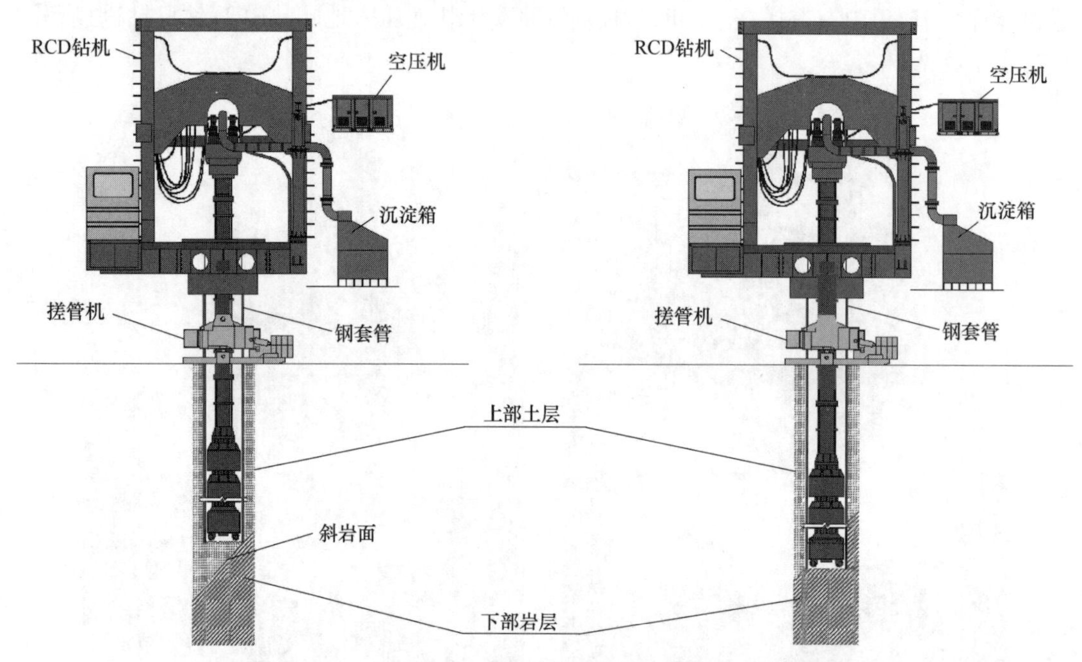

图3.2-10　RCD钻机、搓管机组合斜岩面钻进及下沉套管

4. 搓管机灌注过程中配合起拔护壁套管技术

在桩身混凝土灌注过程中，随着桩孔内混凝土面的上升，当套管埋深至一定高度后，按要求需要及时起拔护壁套管。本工艺充分利用套管口的搓管机，适时分节起拔套管，采用起拔套管与混凝土灌注交替进行，确保灌注的顺利进行。

3.2.5　施工工艺流程

填海区深长大直径斜岩面桩全套管、RCD钻机及搓管机成套钻进工序流程见图3.2-11。

3.2.6　工序操作要点

1. 施工准备

（1）收集设计图纸、勘察报告、测量控制点等资料，熟悉灌注桩技术和施工要求。

（2）采用挖机平整场地，保证施工区域内起重机、混凝土运输车等重型设备行走安全，修建洗车池、钢筋加工厂、材料堆放场等临时设施。

（3）组织人员、机械设备及材料进场，对施工人员进行安全教育及技术交底，设备及材料完成相关的进场报验工作。

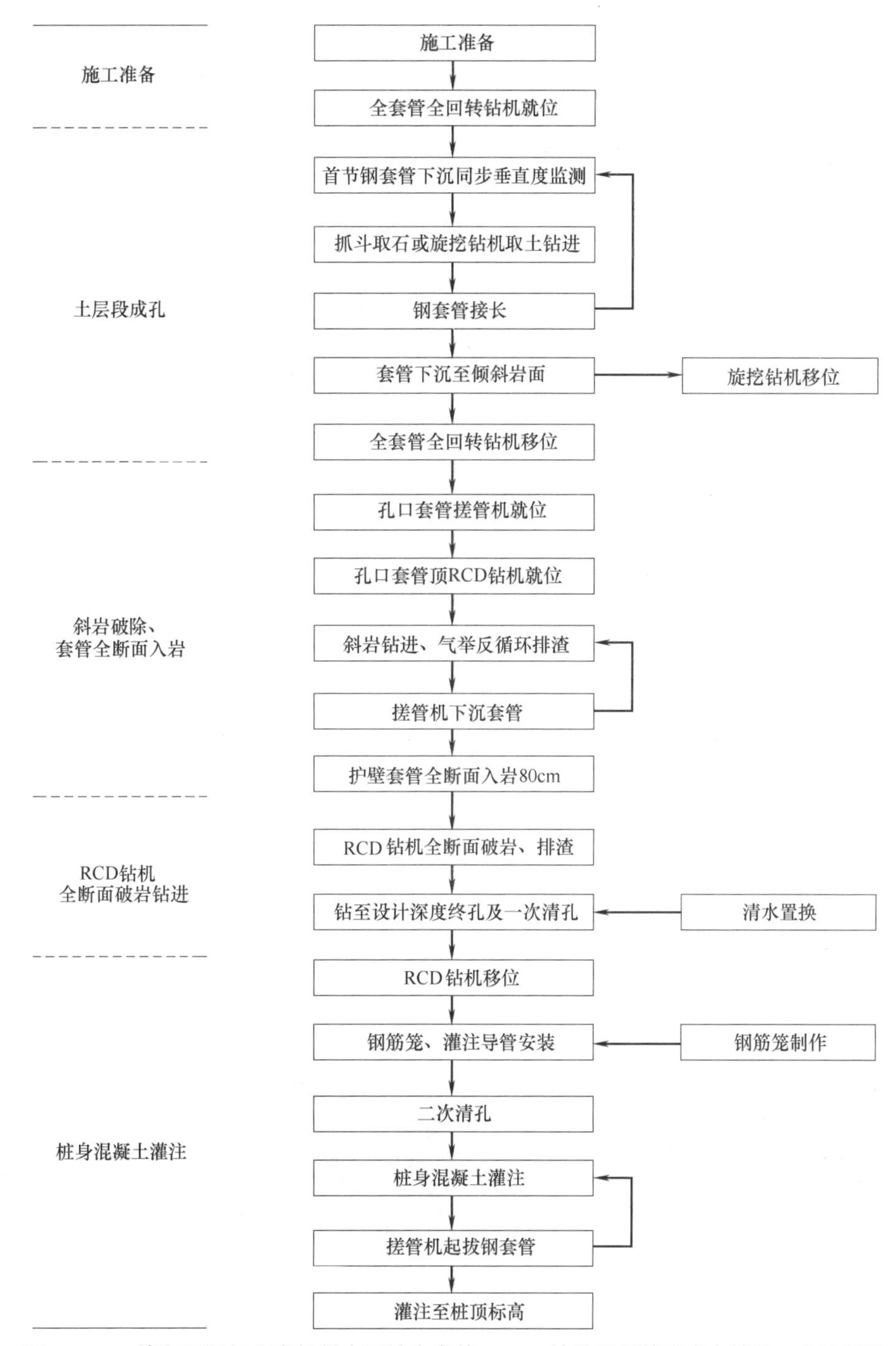

图 3.2-11 填海区深长大直径斜岩面桩全套管、RCD钻机及搓管机成套钻进工序流程图

2. 全套管全回转钻机就位

(1) 全套管全回转钻机采用景安重工 JAR-320H 施工，该钻机功率 608kW，回转扭矩 9080kN·m，最大套管下沉力 1100kN，最大成孔直径 3.2m，可满足本项目施工要求。

(2) 桩中心控制点采用全站仪测量放样，并拉十字交叉线对桩位进行保护。

(3) 桩位两侧平铺钢板，以增加地基承载力，防止施工过程中钻机下陷。

(4) 钻机定位基板安放在铺好的钢板上，在基板上根据十字交叉原理找出中心点位置，就位时使全套管全回转钻机基板中心点和桩位中心重合（图 3.2-12）；基板就位后，进行桩位复核和水平度检测，使基板处于水平状态。

(5) 基板上设有四个固定位置和尺寸的限位圆弧，将全套管全回转钻机吊放于基板上，使钻机中心、平台中心及桩中心“三点一线”重合，钻机就位具体见图 3.2-13。

图 3.2-12 安装全套管全回转钻机基板

图 3.2-13 全套管全回转钻机吊放及就位

3. 首节钢套管下沉同步垂直度监测

(1) 首节钢套管长度为 6m，套管底部加焊合金刃脚，其余钢套管节长 6m 或 8m，套管之间用销栓连接，钢套管及首节套管刃脚见图 3.2-14；起吊首节钢套管时，对准桩中心放入钻机回转机构内，利用楔形定位装置夹紧固定钢套管；首节套管固定后，进行平面位置及垂直度复测和精调工作，确保套管对位准确、管身垂直。

图 3.2-14 钢套管及首节套管刃脚

(2) 钻机就位满足要求后，启动全套管全回转钻机，钻机的回转油缸推动套管转动，并加压使首节钢套管一边旋转切割土体、一边下沉。

(3) 首节套管下压过程中，从两个互相垂直的方向吊线坠，利用测坠配合全站仪监测套管垂直度，若出现轻微偏斜现象，通过调整全套管全回转钻机支腿油缸处理；当偏斜超标时，则将套管拔出，进行桩孔回填后重新下沉。

4. 抓斗取石或旋挖钻机取土钻进

(1) 为加快钻进效率，遇旧基础、块石、填石时采用冲抓斗抓取，抓斗取石超前套管

0.5m左右钻进，全套管全回转钻机及时下压套管跟进，冲抓斗取石钻进见图3.2-15。

图3.2-15 冲抓斗取石钻进

(2) 在上部土层内钻进时，采用旋挖钻进配合取土，旋挖钻机采用SWDM550型，该旋挖钻机最大成孔直径3.5m，最大成孔深度135m，额定功率447kW，最大扭矩550kN·m。取土作业时，采用套管超前护壁，超前深度大于1.5m，以确保钻进时的孔壁稳定。套管内旋挖取土钻进具体见图3.2-16。

图3.2-16 旋挖套管内取土钻进

5. 钢套管接长

(1) 当一节钢套管下沉至全套管全回转操作平台之上0.5m左右时，及时接长钢套管。

(2) 钢套管间采用销轴连接，对接时将销轴插入套管上开设的锥形环内，使用六角扳手将其坚固，锁紧上下两节套管；对接完成后，复测套管垂直度，确保管身垂直。上一节套管吊装及孔口接长具体见图 3.2-17。

图 3.2-17　上一节套管吊装及孔口接长

（3）套管接长后继续压入，每压入 3m，采用全站仪对套管垂直度进行检测，如发生套管垂直度超标，则立即停止作业，采取措施及时调整纠偏。

6. 套管下沉至倾斜岩面

（1）完成第二节钢套管压入土层后，继续取土，重复以上取土钻进、接长套管、下沉钢套管等步骤，循环作业直至将套管压入至岩层顶面。

（2）此时根据桩孔的超前钻资料全套管全回转钻机下压套管时的工况，判断套管是否下沉至持力层岩面。

（3）当岩面起伏较大时，停止旋挖钻进，及时向孔内泵入优质泥浆进行护壁，防止因套管外侧砂土从岩面倾斜处涌进套管内。

7. 全套管全回转钻机移位

（1）套管下沉至斜岩面后，将全套管全回转钻机移位；钻机移位前，检查套管出露孔口高度，根据勘察资料中斜岩的情况，预留足够的高度，以便后期施工下压套管和 RCD 钻机就位。

（2）当孔内注入泥浆护壁工作完成后，将全套管全回转钻机吊离桩孔。

8. 孔口套管搓管机吊装就位

（1）全套管全回转钻机移位后，在孔口套管位置吊入搓管机；搓管机型号采用德国 LEFFER-VRM3000（图 3.2-18），该搓管机适用套管直径为 3000mm，可满足本项目施工需要。

（2）将搓管机吊运放置于孔口护筒地面上，搓管机就位方向充分考虑后续场地使用要求，便于后续工序操作。

（3）搓管机就位后，钳口张开置于套管最下端，钳口夹紧固定套管，搓管机就位见图 3.2-19。

9. 孔口套管顶 RCD 钻机安装就位

（1）搓管机就位后，在套管顶部吊入 RCD 钻机；RCD 钻机采用韩国三宝 SPD300 型

图 3.2-18 LEFFER-VRM3000 搓管机

图 3.2-19 搓管机就位

气举反循环液压钻机（图 3.2-20），其最大成孔直径 3.0m，最大成孔深度 135m，额定功率 447kW，动力头扭矩 360kN·m。钻机配备专用滚刀钻头，钻头底部均匀布置焊齿滚刀，以使滚刀对桩孔岩面实施全断面钻进。

图 3.2-20 SAMBO SPD300 型气举反循环液压钻机

(2) RCD 钻机就位时，采用履带起重机将钻机吊至钢套管顶部，钻机中心与钢套管中心重合，采用钻机液压夹将机架固定于钢套管顶部，RCD钻机吊装就位见图3.2-21，RCD钻机液压固定于套管顶见图3.2-22。

图3.2-21 RCD钻机吊装就位

图3.2-22 RCD钻机液压固定于套管顶

(3) 钻机吊装就位后，安装钻机高位平台上下扶梯、泥浆箱及循环管路等辅助设施，具体见图3.2-23。

图3.2-23 安装扶梯、泥浆箱

(4) 为提高破岩效率，钻机配备专用滚刀钻头，钻头底部均匀布置20个不同方向的焊齿滚刀，在钻头上部设置2～3块圆柱体配重块，每个配重块约2.5t，确保每个滚刀钻头钻压达到5t左右；除了为钻头提供竖向压力、加强研磨凿岩效果外，配重呈腰带状，同时起到钻进过程中的导向作用，有利于钻孔垂直度控制。配重块及滚刀凿岩钻头见图3.2-24。

10. RCD钻机斜岩钻进

(1) 根据桩孔的超前钻探孔资料，初步判断斜岩面的最高点和最低点位置，初步掌握

图 3.2-24 配重块及滚刀凿岩钻头

斜岩钻进过程中套管的跟进深度。

（2）钻进前，保持钻孔平台水平，钻杆连接螺栓拧紧，以防止钻杆接头漏水、漏气，现场见图 3.2-25。

图 3.2-25 螺栓连接钻杆

（3）斜岩段钻进过程中，利用钻杆、钻头及配重的重量提供竖向力，转速调整为正常转速的一半，缓速磨岩钻进，并全程观测钻杆的垂直度，发生偏位及时调整。

（4）随着套管全断面嵌入硬岩内，钻进过程中上返的钻渣逐渐减少，渣样成分更为单一，钻速变缓，现场依据以上综合判断套管底全断面入岩的状况。RCD 钻机倾斜岩钻进见图 3.2-26。

11. 气举反循环排渣

（1）斜岩面在滚刀齿的破碎、研磨作用下，不断把岩渣剥离硬质岩体，形成较为均匀的粒径为 2cm 左右的岩渣。

（2）RCD 钻机钻进时，泥浆携破碎岩屑经由中空钻杆被举升到沉淀箱，分离出气体和岩屑后流回至钻孔中实现循环。

（3）钻进过程中，采用在 RCD 钻机高位平台拉绳滤网袋低位出渣口捞渣取样方法，及时捞取基岩渣样。该方法通过在高位钻机平台与低位出浆口之间用绳子建立联系并传送滤网袋，工人在高位工作平台上拉绳将滤网袋送至出浆口取样，取样完成后反向拉动绳子将滤网袋收回，从而达到不用离开高位平台即可及时捞渣取样的效果。滤网平台取样操作具体见图3.2-27。

图3.2-26　RCD钻机倾斜岩钻进

图3.2-27　钻机高位平台拉绳滤网袋低位出渣口取样

12. 搓管机下沉套管

（1）在RCD钻机倾斜岩钻进过程中，启动搓管机配合同步跟进下沉套管。

（2）搓管机下沉护壁套管时，钳口夹紧套管，先开动搓管油缸左右推动动作，再开启下压机构，套管左右转动不大于10°。

（3）根据RCD钻机钻进深度，观察搓管机护壁套管跟进长度，如此循环进行直至套管嵌入完整硬岩内，搓管机配合下沉套管见图3.2-28。

图3.2-28　斜岩段破岩钻进、搓管机配合下沉套管

13. 套管进入全断面中风化岩80cm

（1）搓管机下沉套管过程中，根据超前钻和详勘报告，初步计算斜岩长度。

（2）RCD钻机入岩钻进时，观察压力表、钻杆受力、捞取的岩渣等情况，并根据进尺准确判断套管是否全断面入岩，通过钻杆长度测算进入全断面岩层不少于80cm。

14. RCD钻机全断面破岩机排渣

（1）完成斜岩段钻进后，RCD钻进正常在全断面岩层中液压钻进。

（2）钻进时，注意钻孔平台保持水平，以保证凿岩钻进的垂直度。

（3）升降钻具时，慢速平稳操作，尤其是当提升钻头至套管底端附近位置时，防止钻头钩挂套管。

（4）接长钻杆时，先停止钻进，将钻具提离孔底15～20cm，维持冲洗循环10min以上，以完全除净孔底钻渣并将管道内泥浆携带的岩屑排净，再停机进行钻杆接长操作，钻杆螺栓接长见图3.2-29。

图 3.2-29 RCD 钻机钻杆螺栓接长

(5) 钻杆采用定制钻杆，每节长 2.5～3.0m，每 12m 安装一节带有定位腰带的钻杆（图 3.2-30），以保证垂直度；接长采用起重机将钻杆吊至 RCD 钻机平台，钻杆连接时将螺栓拧紧，以防止钻杆接头漏水、漏气。

(6) 在破岩钻进过程中，认真观察进尺和排渣情况，钻孔深度通过钻杆长度进行测定，每次钻杆接长详细记录钻杆长度，并通过排出的碎屑岩样判断持力层入岩情况，现场测定钻孔深度见图 3.2-31。

图 3.2-30 RCD 钻机带定位腰带的钻杆接长

图 3.2-31 现场测定钻孔深度

15. RCD 钻机钻至设计入岩深度终孔及一次清孔

(1) 通过钻杆长度进行测算，完成入岩钻进至设计桩底标高，过程中观察排渣情况，确保持力层满足设计要求。

(2) 钻进终孔后，利用 RCD 钻机进行一次清孔；清孔时，维持气举反循环运行，将桩孔底部残留钻渣全部被循环带出钻孔。

(3) 完成清孔将钻杆提离出孔后，采用超声波钻孔检测仪 TS-K100CW 对钻孔进行垂直度检测。

（4）确认孔底沉渣、垂直度等满足要求后，将桩孔内的泥浆逐渐用清水置换，直至桩孔内循环流出为清水，并留取水样检测留存。

16. RCD钻机移位

（1）各终孔检验指标满足设计要求后，将RCD钻机组件拆除，采用履带起重机将RCD钻机吊离桩位。

（2）RCD钻机起吊前，将附属设施全部拆除后进行吊离，具体见图3.2-32。

图3.2-32　RCD钻机移位

17. 钢筋笼制作、吊放钢筋笼

（1）钢筋笼根据设计要求进行加工，钢筋笼做好保护层措施和声测管的安装，具体见图3.2-33、图3.2-34。

图3.2-33　钢筋笼底部和保护层安装

(2) 钢筋笼安放采用在套管口安放专用作业平台，并将其与套管固定，人员通过扶梯上下平台，平台设置安全护栏，套管孔口作业平台见图 3.2-35。

图 3.2-34 钢筋笼声测管安装

图 3.2-35 套管孔口作业平台

(3) 钢筋笼采用多点起吊，吊点合力作用点在钢筋笼重心的位置之上，并正确计算每根吊索的长度，使钢筋笼在吊装过程中施工始终保持稳定状态。

(4) 采用起重机吊运钢筋笼至孔口上端，并垂直入孔，钢筋笼吊装见图 3.2-36。

图 3.2-36 钢筋笼吊装

(5) 钢筋笼入孔后，观察笼体竖直度，将其扶正徐徐下放，下放过程中严禁笼体歪斜和碰撞孔壁。

(6) 下放至笼体上端最后一道加强箍筋接近套管顶沿时，使用 2 根型钢穿过加强箍筋的下方，将钢筋笼钩挂于套管上，进行孔口接长操作；钢筋笼接长根据设计要求，采用特制锁扣进行搭接连接，钢筋笼接长见图 3.2-37；完成钢筋笼孔口接长后，继续吊放笼体至孔底。

18. 安放导管及二次清孔

(1) 考虑到桩径大和桩孔深，水下灌注导管选用外径 450mm、内径 400mm、双密封圈厚壁 (10mm) 导管，具体见图 3.2-38。

图 3.2-37　钢筋笼接长连接

（2）安装灌注导管前，对灌注导管进行试拼装与试压，合格后投入使用；利用履带起重机安装，安装确保导管处于桩孔中部，灌注导管安装见图 3.2-39。

图 3.2-38　厚壁双密封圈灌注导管

图 3.2-39　灌注导管安装

（3）导管安装后，利用导管进行气举反循环二次清孔；清孔过程中往孔内注入足量循环清水，维持孔内水头高度。

（4）二次清孔完成后，立即报监理工程师检验复测，提取水样确认清孔质量、沉渣厚度达到要求后，随即拆除清孔头帽和高压风管，准备进行桩身混凝土灌注作业，气举反循环二次清孔见图 3.2-40。

19. 桩身混凝土灌注

（1）完成二次清孔后，安装灌注斗进行桩身混凝土灌注；混凝土坍落度 180～220mm，缓凝时间 24h。

（2）初灌采用孔口吊灌，在孔口安装灌注斗，灌注斗与导管连接，灌注斗容积 $8m^3$；

为满足初灌量要求，同时在灌注斗上方设置吊灌斗，吊灌斗容积 $6m^3$。

（3）灌注时，先在孔口灌注斗安放隔水球胆和提升盖板，再用清水湿润斗体后，向斗内灌入混凝土，并将装满混凝土的吊灌斗提升至灌注斗上方；当灌注斗提升底部盖板时，同步打开吊灌斗阀门，吊灌斗内混凝土进入孔口灌注斗，并持续灌入孔内。

（4）灌注过程中，每灌入一斗混凝土后即时测量孔深，测算孔内混凝土面上升高度和导管埋深，并及时拆卸导管，始终保持灌注导管在混凝土中的埋置深度为 2～6m。现场灌注桩身混凝土见图 3.2-41。

图 3.2-40 气举反循环二次清孔

图 3.2-41 灌注桩身混凝土

20. 搓管机起拔钢套管

（1）混凝土灌注面超过套管管底 12m 后，准备起拔套管，起拔套管时将搓管机钳口张开置于套管最下端，底盘底面完全接触于硬地面；钳口夹紧套管，先开动搓管机左右推动动作，再开启举升机构，将整套套管向上摆动顶起。

（2）每节套管拆卸完成后，将套管垂直上提，在采用措施将导管临时固定后，采用起重机将套管吊离孔口至指定位置集中堆放，再继续进行后续桩身混凝土的灌注。

（3）灌注与起拔交替进行，直至完成整个桩孔的灌注工作，搓管机起拔套管见图 3.2-42。

图 3.2-42 搓管机起拔套管

21. 灌注至设计桩顶并起拔全部套管

（1）混凝土灌注至桩顶设计标高位置后，计算混凝土灌注高度和套管起拔后的塌落高度，确保灌注桩顶标高的超灌不少于 80cm。

（2）搓管机将最后一节套管起拔、起重机吊出后，及时采取孔口回填措施。

3.2.7　机械设备配置

本工艺现场施工所涉及的主要机械设备见表 3.2-1。

主要机械设备配置表　　　　**表 3.2-1**

名称	型号	数量	备注
全套管全回转钻机	JAR-320H	1 台	钢套管下放
搓管机	VRM3000T1350RA	1 台	钢套管下放
旋挖钻机	SWDM50	1 台	钻孔土层取土
履带起重机	SCC1500	1 台	土层取土、吊装
RCD 钻机	SPD300	1 台	入岩成孔
空压机	141SCY-15B	1 台	气举反循环
旋挖钻头	直径 3000mm	2 个	套管内取土
滚刀钻头	直径 3000mm	2 个	全断面凿岩
冲抓斗	直径 1500mm	1 个	土层取填石
灌注斗	8m^3	1 个	初灌时孔口灌注混凝土
灌注吊斗	6m^3	1 个	吊灌混凝土斗
灌注导管	外径 450mm	100m	内径 400mm、壁厚 10cm
电焊机	NBC-250A	6 台	钢套管焊接、钢筋笼制作
超声波钻孔检测仪	TS-K100CW	1 台	成孔质量检测
全站仪	莱卡 TZ05	1 台	桩位测放
经纬仪	莱卡 TM6100A	2 台	垂直度监测

3.2.8　质量控制

1. 全套管全回转钻进成孔

（1）全套管全回转钻机定位基板对准桩位中心点，钻机就位前现场进行复核，复核结果满足要求后钻机吊放就位。

（2）全套管全回转钻机施工时，采用自动调节装置调整钻机水平，并在钻机旁设置相互呈 90°的两组铅垂线，派专人对护壁套管垂直度进行监测，保证成孔垂直度满足设计及相关规范要求。

（3）全套管全回转钻机钻进成孔时，根据地层情况采用不同的钻进工艺，遇填石时采用冲抓斗超前成孔、套管跟进，在土层时则采用旋挖取土、套管超前钻进。

（4）护壁套管加长时，采用螺栓销连接，采用初拧、复拧两种方式，保证连接牢固。

（5）如钻进过程中套管底部遇不明障碍物时，采用十字冲锤将障碍物破除后进行套管纠偏处理。

2. RCD 钻机破除斜岩及全断面凿岩

（1）RCD 钻机吊装至套管口，采用液压夹抱紧固定牢靠。

（2）斜岩段钻进过程中，转速调整为正常转速的一半，缓慢磨岩钻进，防止钻头偏斜。

（3）严格按照 RCD 钻机操作规程进行破岩钻进，成孔过程中随时观测钻杆垂直度，发现偏差及时调整。

（4）RCD 钻进破岩过程中，气举反循环抽吸排出的泥浆经沉淀处理后，保持足够的优质泥浆重新返回孔内，始终维持孔内液面高度，确保孔壁稳定。

（5）钻杆接长采用螺栓对接，要求螺栓紧固牢固，防止漏水、漏气。

（6）RCD 钻机累计破岩超过 3m 后，提起钻头检查焊齿滚刀的磨损情况，如发现严重磨损，及时换用新的焊齿滚刀，保持破岩钻进工效。

3. 钢筋笼制安及混凝土灌注

（1）吊装钢筋笼前，对全长笼体进行检查，检查内容包括钢筋规格、笼体长度、加工直径、保护层厚度是否满足要求等，检查合格后进行吊装操作。

（2）灌注导管使用前进行现场试压，试验合格后投入使用；本工程桩径大、桩孔深，采用双密封圈导管，确保导管灌注效果。

（3）灌注过程中，派专人定期测量套管内混凝土上升高度、导管埋管深度，并按要求及时拆卸导管和拔除套管。

3.2.9 安全措施

1. 全套管全回转钻进成孔

（1）抓斗在套管内钻进时，在指定地点卸渣，做好现场警示隔离，抓斗移动线路禁止无关人员进入。

（2）旋挖钻机在套管内配合取土钻进时，在旋挖钻机履带下铺设钢板，防止旋挖钻机下陷。

（3）在全套管全回转钻机上作业时，钻机平台四周设置安全防护栏，无关人员严禁登机。

2. RCD 钻机入岩钻进成孔

（1）RCD 钻机吊装就位后，安排带护栏的人行梯，便于施工人员上下作业平台。

（2）RCD 钻机滚刀钻头旋转破岩作业时，严禁提升钻杆。

（3）RCD 钻机施工前，全面检查其与泥浆沉淀箱之间泥浆管的连接情况，防止破岩钻进泥浆循环时产生的超大压力导致泥浆管松脱伤人。

（4）定期检查钻杆和连接螺栓的完好程度，发现裂痕及时更换，防止超强度钻进时发生钻杆断裂而出现孔内事故。

3. 搓管机下压及起拔套管

（1）搓管机钳口置于钢护筒最下端，底盘底面完全接触于地面。

（2）搓管机下压时控制套管左右转动范围。

（3）起拔套管拆卸上节套管时，下节套管处于搓管机钳口夹紧状态。

4. 钢筋笼制安及混凝土灌注

（1）钢筋笼制作时，作业人员做好安全防护。

（2）钢筋笼采用“双勾多点”方式缓慢起吊，吊运时防止扭转、弯曲。

（3）吊装钢筋笼时，吊装区域设置安全隔离带，无关人员撤离影响半径范围。

（4）灌注桩身混凝土时，采用套管口灌注斗和吊斗配合灌注，起吊全程由专人指挥。

（5）拆除的导管安放在专用架上，拔出的套管按指定位置堆放。

第 4 章　地下连续墙施工新技术

4.1　复杂边坡环境条件下格形地下连续墙支护综合施工技术

4.1.1　引言

“赖屋山边坡支护项目”位于深圳市龙华区布龙路阳台山地铁站西南侧，原场地为城中村。旧改过程中由于规划需要，与非拆除范围的场地之间形成较大高差。边坡场地主要土层为人工填土层、黏土、砂质黏土，下伏基岩依次为全风化—微风化花岗岩。填土层内含有大量孤石，岩面起伏极大（中风化岩以上土层厚度最大约 27m，最小仅 10m 左右）。西北侧边坡支护边线分布大量 5～14 层民房，建筑基础为人工挖孔桩，民房距离边坡支护位置最近约 15.3m，且周边分布大量管线，对边坡开挖造成的沉降变形等要求极高，且施工过程不能产生强烈振动。民房地面标高约为 97m，与拟规划道路高差约为 16m，形成了较大的支护高差，设计时内撑、抛撑多种支护形式难以实施，只能选择直立支护。而在常规直立支护手段中，悬臂桩、双排桩无法满足变形控制要求；考虑到该边坡围护结构一侧将修筑道路，项目支护需设计为永久性边坡支护形式。在充分对比双排桩、桩锚支护、人工挖孔桩等支护方式的基础上，项目组在双排桩支护形式基础上，考虑在中间增加隔墙，形成格形地下连续墙作为边坡的永久围护结构。格形地下连续墙由外纵墙、内纵墙以及中间增加的横隔墙组成。项目现场平面分布见图 4.1-1，格形地下连续墙支护示意图见图 4.1-2。

图 4.1-1　赖屋山边坡支护项目现场平面分布

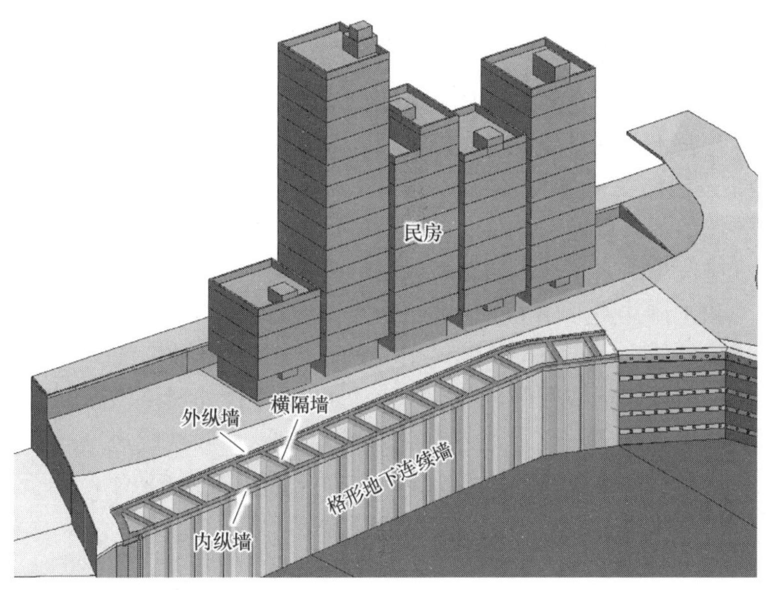

图 4.1-2 赖屋山边坡格形地下连续墙支护示意图

4.1.2 工艺特点

1. 施工质量可靠

本工艺通过优化工序设计，采用跳槽施工，成槽过程采用泥浆护壁，保证了施工过程中地层稳定；旋挖钻进引孔、双轮铣沿导孔铣槽，确保了成槽质量；铣孔的同时采用泥浆反循环排渣，确保孔底沉渣厚度满足设计要求。

2. 有效控制变形

本工艺针对复杂环境下的高边坡采用格形地下连续墙支护，其内外纵墙和横隔墙构成的格形结构和内部土体形成半重力式整体结构，内外纵墙与中隔墙间采用刚性十字接头连接，使格形地下连续墙整体性强、刚度大、抗渗性能好，且底部入岩 6m，有效控制基坑变形，对边坡形成永久性可靠支护。

3. 无需侧向支撑

本工艺采用的支护形式为自立式围护结构，通过在连续墙底嵌固一定的入岩深度和内外纵墙、横隔墙构成的格形结构，形成双排墙体钢筋混凝土自身较大的刚度共同控制边坡变形，整体围护结构无需设置侧向水平或斜向支撑。

4. 对周围环境影响小

本工艺采用的旋挖引孔和双轮铣成槽，现场作业时产生振动弱，对地层扰动小、噪声低，对周边环境影响轻微，保证了边坡周边建（构）筑物安全、可靠；施工所产生的泥浆经净化装置进行浆渣分离，大大减少了排放量，对周围环境影响小。

4.1.3 适用范围

适用于施工空间有限、对支护变形控制要求极高，且无法采用支撑支护的复杂边坡或基坑支护；适用于临时或永久性边坡、基坑支护。

4.1.4　工艺原理

本工艺施工过程中所涉及的关键技术主要包括四部分：一是格形墙支护技术；二是格形墙施工工序优化技术；三是旋挖与双轮铣综合成槽技术；四是格形墙接头连接技术。

1. 格形地下连续墙支护技术

格形地下连续墙由系列地下连续墙单元槽段连接形成，各槽段之间由接头连接。格形地下连续墙单元槽段均由内、外纵墙和横隔墙组成，横隔墙连接内、外纵墙构成的格形结构和其内部的原状土体共同形成半重力式结构，作为基坑的围护结构时可以仅靠自身承担基坑施工过程中坑外的水土压力，其墙体刚度大、支护稳定性好、抗渗性能强，墙体底部嵌入硬岩，能更好地限制基坑变形，且可以作为永久结构承担上部结构的竖向荷载。

格形地下连续墙单元槽段形式，包括 T 形槽段和一字形槽段，每一槽段单元由两个 T 形槽段和一个一字形槽段组成，格形地下连续墙支护三维视图见图 4.1-3，格形地下连续墙支护俯视图见图 4.1-4。

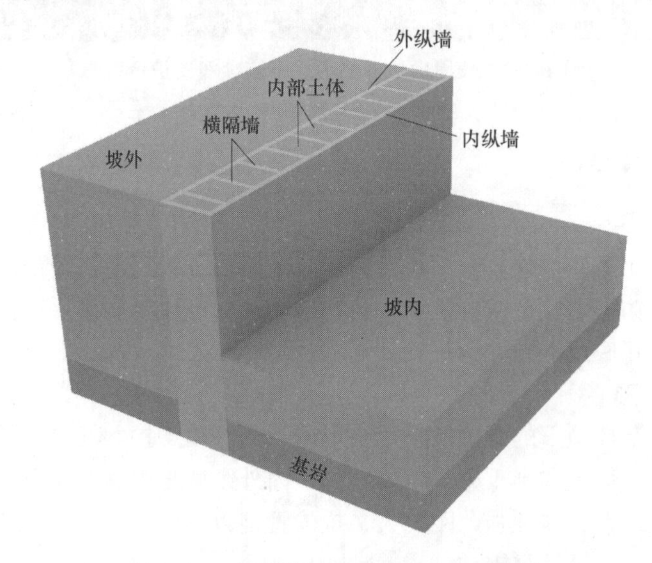

图 4.1-3　格形地下连续墙支护三维视图

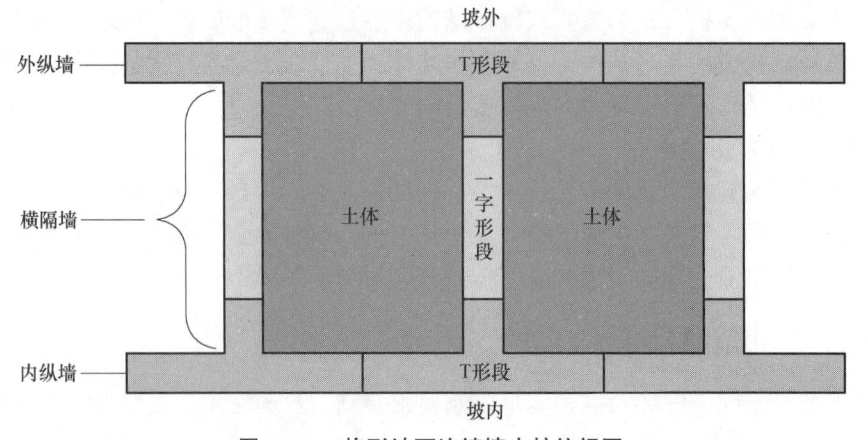

图 4.1-4　格形地下连续墙支护俯视图

2. 格形墙施工工序优化

为确保格形地下连续墙的施工质量和支护效果，提出了优化的格形地下连续墙跳槽施工顺序，对于一个完整单元槽段，如图 4.1-5 所示的格形地下连续墙段，先施作①、②号 T 形槽段，再施作③号一字形槽段；对于相邻槽段之间，①号 T 形槽段完成后，先施作④、⑤号 T 形槽段。如此跳槽段施工，有效保证新施作的混凝土墙达到一定强度后再进行相邻槽段的施工，最大限度地减少施工对周围土体和槽段混凝土的扰动；同时，为加快施工进度，多台机械同时施工时可保持一定的安全距离。

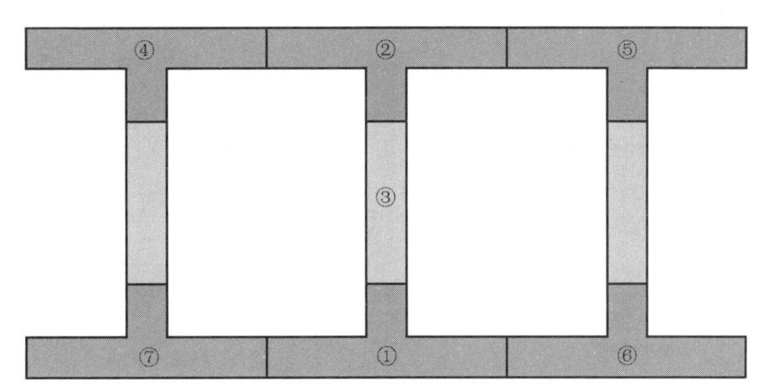

图 4.1-5 格形地下连续墙施工顺序示意图

3. 旋挖引孔与双轮铣综合成槽技术

本工艺在每个单元槽段施工时，先采用旋挖钻机在槽段内间隔引孔至设计深度，引孔完成后采用双轮铣泥浆护壁并同步反循环排渣成槽。

（1）旋挖钻机引孔

旋挖钻机引孔采用直径 1m 的钻头，每个 T 形槽段引 6 个孔，一字形槽段引 2 个孔，单元槽段尺寸及旋挖引孔位置分布见图 4.1-6。对槽段强风化岩及以上地层采用旋挖钻斗取土钻进，中风化及微风化岩层采用钻筒取芯钻进至设计深度。

（2）双轮铣分序成槽

旋挖钻机引孔后，采用双轮铣对槽段地层分序进行切割破碎成槽。双轮铣单次铣槽宽度为 2.8m，对于 T 形槽段，每幅分四序成槽，先铣两翼（1 序、2 序），再铣中部（3 序）及腹板处（4 序）；对于一字形槽，进行一序成槽，成槽顺序布置见图 4.1-7。双轮铣成槽施工时，两个铣轮呈相反方向低速转动，铣齿将地层围岩铣削破碎，中间液压马达驱动泥浆泵，通过铣轮中间的吸砂口将钻掘出的岩渣与泥浆混合物抽吸到地面泥浆站进行除砂处理，然后将净化后的泥浆注入槽段内护壁，如此往复循环，直至终孔成槽。铣槽反循环清渣原理见图 4.1-8。

4. 格形墙接头连接技术

格形地下连续墙的施工接头主要分为柔性接头和刚性接头两大类。柔性接头抗剪、抗弯能力较差，主要应用于承受较小剪切作用的内外纵墙之间；刚性接头承受地下连续墙接缝处的竖向剪切力，使相邻地下连续墙槽段形成整体结构以共同承担上部结构的竖向荷载，协调槽段间的不均匀沉降，同时具有良好的止水性能，常用于横隔墙处。

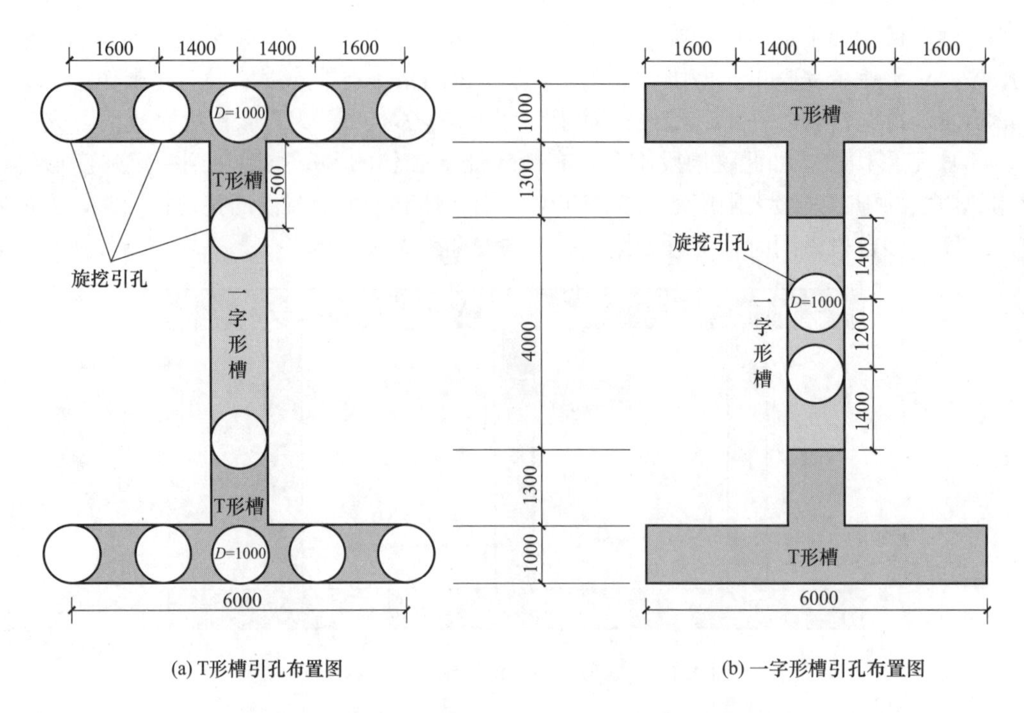

(a) T形槽引孔布置图　　(b) 一字形槽引孔布置图

图 4. 1-6　格形地下连续墙单元槽段尺寸及旋挖引孔布置图（单位：mm）

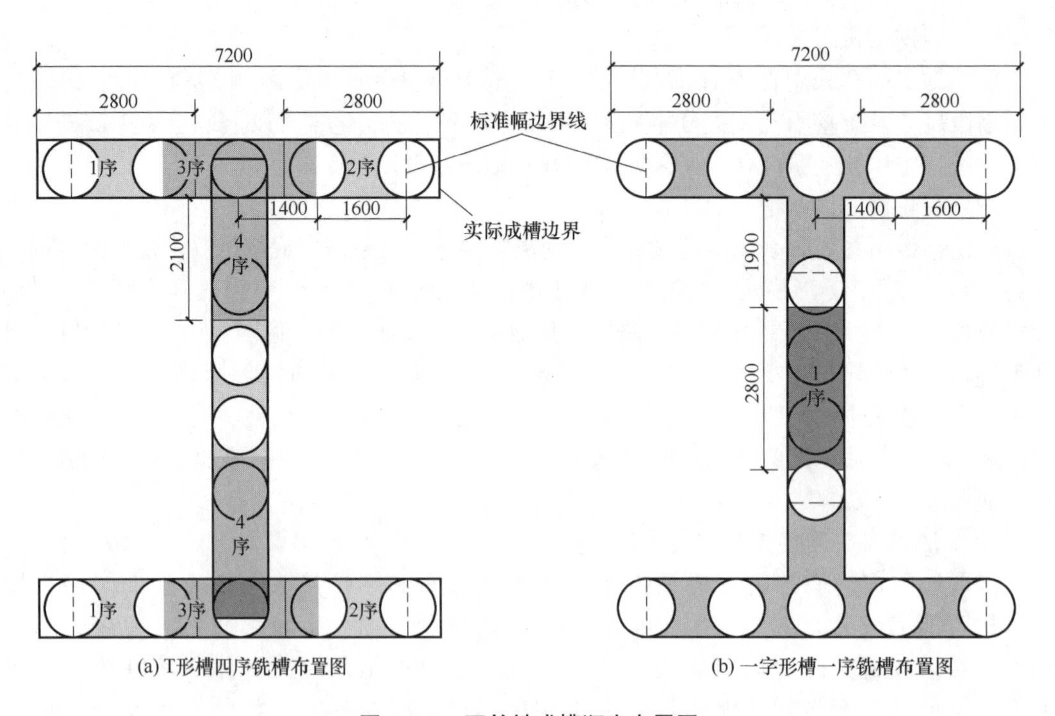

(a) T形槽四序铣槽布置图　　(b) 一字形槽一序铣槽布置图

图 4. 1-7　双轮铣成槽顺序布置图

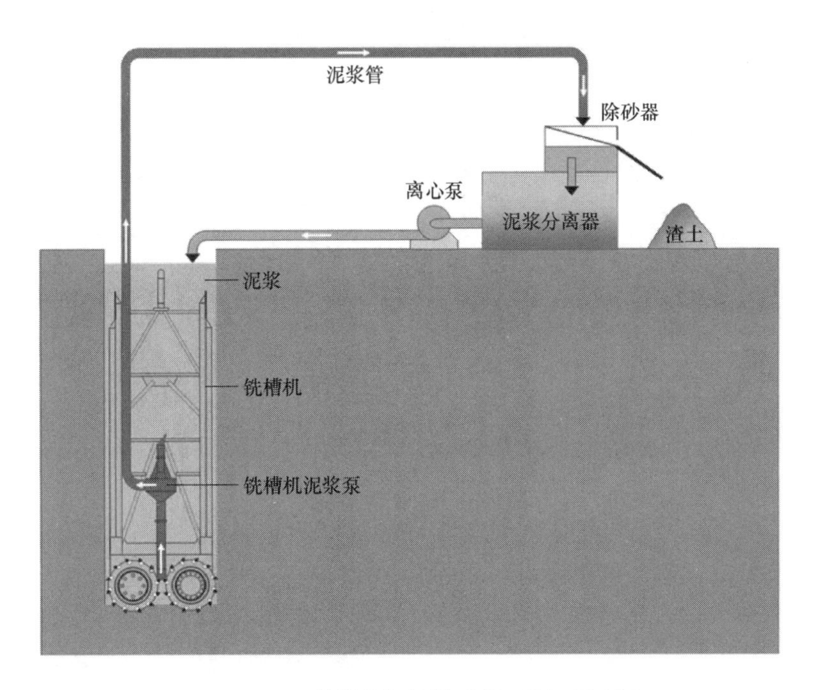

图 4.1-8 双轮铣槽机铣槽反循环清渣原理图

本工艺所采用的柔性接头为 916mm×450mm×8mm 的工字钢接头，用于内外纵墙的 T 形槽段之间，分别用于将内纵墙及外纵墙连为一体以承受侧向水土压力。所采用的刚性接头为十字接头，用于一字形槽段与 T 形槽段之间连接，其采用 20mm 厚钢板焊接而成。槽段间的工字钢接头与十字接头示意见图 4.1-9，其中十字接头沿一字形段方向的钢板为普通钢板，其位于 T 形段一侧两面满焊直径 25mm 的带肋钢筋，有效增加接头与混凝土的握裹作用；十字接头正立面（沿横隔墙方向）为穿孔钢板，穿孔钢板与两侧槽段混凝土起到嵌固咬合作用，承受地下连续墙垂直接缝上的剪力，并利于刷壁。格形地下连续墙工字钢接头和十字接头分别见图 4.1-10、图 4.1-11。

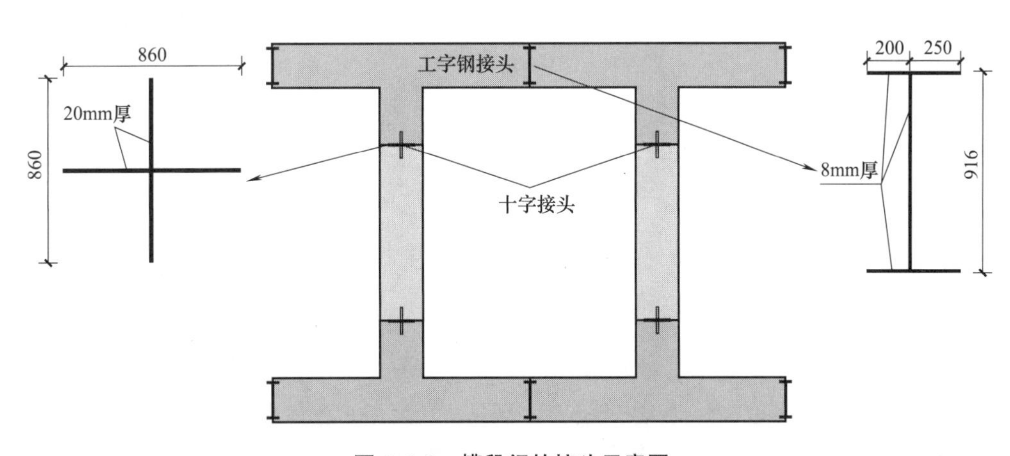

图 4.1-9 槽段间的接头示意图

图 4.1-10　工字钢接头

图 4.1-11　十字接头

4.1.5　施工工艺流程

复杂边坡环境条件下格形地下连续墙支护（单元槽段）综合施工工艺流程见图 4.1-12。

4.1.6　工序操作要点

1. 平整场地、开挖格形槽

(1) 测量放线，平整场地，清除成槽范围内的地面、地下障碍物。

(2) 格形槽导墙高度为 1.8m、厚度为 300mm，采用多槽段整体开挖，连续施工；实际开挖的净距大于地下连续墙设计尺寸 50mm。沟槽整体开挖见图 4.1-13。

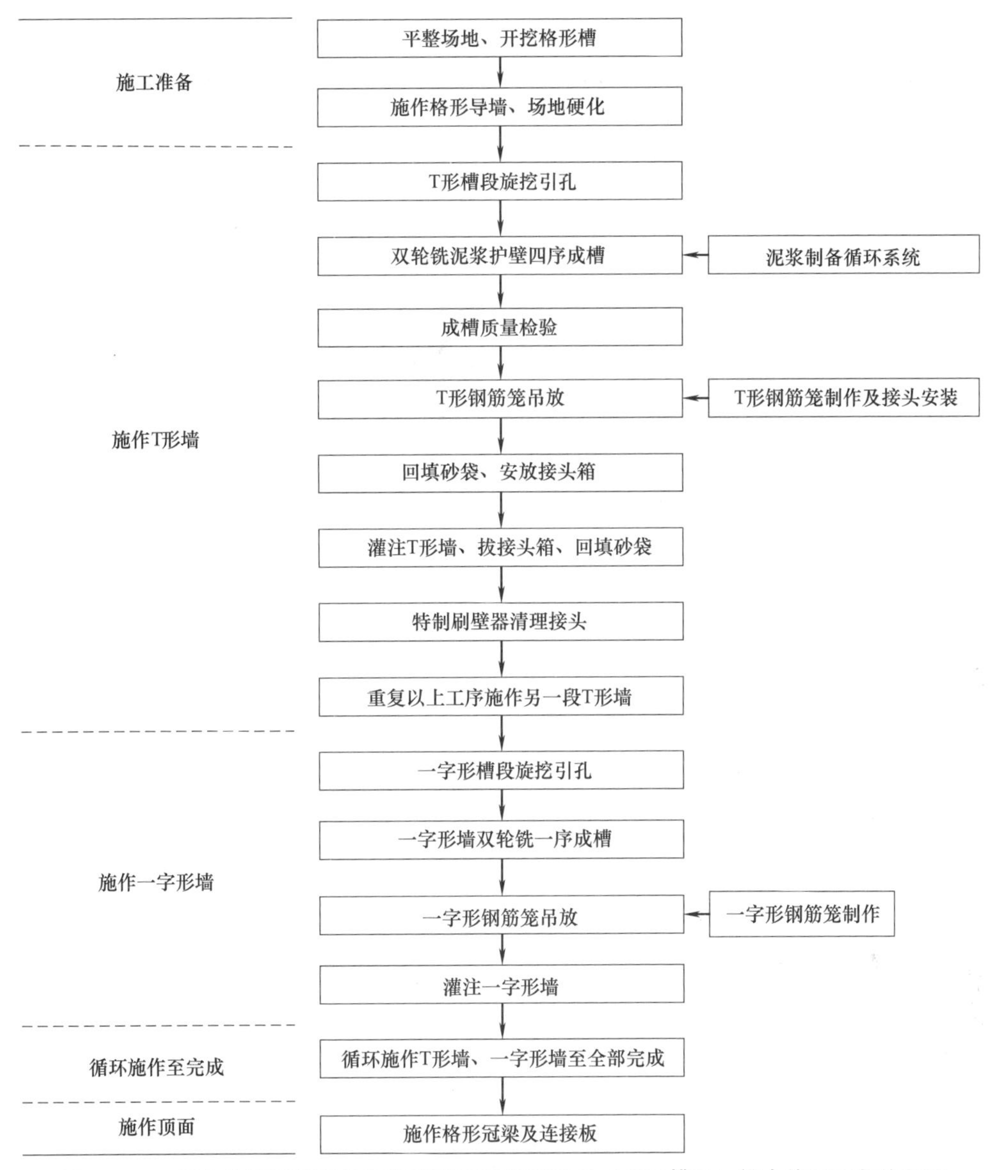

图 4.1-12　复杂边坡环境条件下格形地下连续墙支护（单元槽段）综合施工工艺流程图

图 4.1-13　格形沟槽整体开挖

2. 施作格形导墙、场地硬化

（1）按设计要求沿已开挖的沟槽绑扎导墙钢筋，并在导槽钢筋之间的施工面布置双向钢筋，导墙绑扎钢筋见图 4.1-14；采用 C30 混凝土浇筑导墙及导墙之间的施工面混凝土板，分层浇筑、同步振捣，导墙混凝土浇筑见图 4.1-15。

图 4.1-14　绑扎导墙及施工面钢筋

图 4.1-15　浇筑导墙及施工面混凝土

（2）导墙拆模后，沿其纵向每隔 2m 左右加设上下两道支撑，导墙混凝土强度未达到设计强度前，车辆、起重机、挖掘机等禁止靠近。施作好的部分格形地下连续墙导墙见图 4.1-16。

图 4.1-16　格形地下连续墙导墙

(3) 格形导墙按开挖、绑扎钢筋、支模、浇筑混凝土等工序实施流水施工，格形导槽流水作业见图 4.1-17。

图 4.1-17 格形导槽分段流水作业过程俯视图

(4) 每段导墙完成后，为了满足后继各槽段旋挖钻机引孔、铣槽机成槽等场地需求，有效保护导墙，对开挖修筑的导槽进行回填平整，回填平整完成的施工场地见图 4.1-18。

3. T 形槽段旋挖引孔

(1) 为有效保护导墙，以及施工时机械稳定及施工安全，在旋挖钻机履带下铺设钢板，具体见图 4.1-19。

图 4.1-18 平整完成的施工场地

图 4.1-19 旋挖钻机履带下铺设钢板

(2) 槽段旋挖引孔选择 SR425、SR465 大功率旋挖钻机，确保引孔垂直度和施工效率。

(3) 每个 T 形槽段的引孔数为 6 个，引孔位置按照设计要求分布。槽段上部土层旋挖钻进采用长度 1.8m 以上的捞渣钻斗、底部硬岩采用长度 2m 以上的牙轮筒钻取芯钻进，以保证引孔的垂直度。旋挖钻孔布置及现场引孔见图 4.1-20。

4. 双轮铣泥浆护壁四序成槽

(1) 旋挖钻进引孔后，进行双轮铣分序成槽，对于 T 形槽段分四序成槽，先铣两翼，

图 4.1-20　旋挖钻孔布置及现场引孔

再铣中部及腹板处。

（2）采用宝峨86型双轮铣成槽，双轮铣成槽时慢速掘进，掘进速度控制在1.0m/h左右，以防槽壁失稳；成槽过程中，运用成槽机上配备的自动纠偏系统监控垂直度，确保槽壁垂直度在1/300以内。

（3）成槽过程中，采用泥浆护壁，泥浆始终保持槽内泥浆面高于地下水位0.5m以上，通过铣槽机自带的泥浆泵进行反循环排渣，通过抽吸槽内泥浆至泥浆净化器，经除砂后将可重复利用的泥浆重新输送至槽内，产生的渣土定期采用自卸汽车运至临时堆土场。双轮铣泥浆护壁成槽见图4.1-21，泥浆净化系统见图4.1-22。

图 4.1-21　双轮铣泥浆护壁成槽

5. 成槽质量检验

（1）双轮铣成槽施工后，采用超声成孔成槽检测仪进行成槽垂直度检验。

图 4.1-22 泥浆净化系统

(2) 超声成孔成槽检测打印出检测结果，满足质量要求后进行下一步施工，超声成孔成槽检测仪见图 4.1-23，成槽质量现场检验见图 4.1-24。

图 4.1-23 超声成孔成槽检测仪

图 4.1-24 成槽质量检验

6. T 形钢筋笼制作及接头安装

(1) 现场专门设置钢筋笼加工棚，按设计要求加工制作 T 形钢筋笼。

(2) T 形钢筋笼两翼与工字钢接头相连，腹板位置与十字接头相连，接头处两侧设置白铁皮以防止灌注混凝土时漏浆。T 形钢筋笼及工字钢接头、十字接头安装见图 4.1-25。

图 4.1-25 钢筋笼及接头安装

7. T 形钢筋笼吊放

(1) T 形钢筋笼采用双机多点抬吊，以一台 320t 履带起重机作为主吊，一台150t履带起重机作为副吊，双机配合吊装钢筋笼。

（2）主吊机吊于钢筋笼顶端，副吊机吊于钢筋笼底端，使吊钩中心与钢筋笼中心线相重合，保证起吊平衡；先使双吊机配合将横置于地面的钢筋笼吊为竖直状态，然后使副吊机吊钩放松，由主吊机将钢筋笼缓慢移至T形槽段孔上方，钢筋笼及接头起吊见图4.1-26。

图4.1-26　钢筋笼及接头起吊

（3）钢筋笼下放时，保证T形钢筋笼对准T形槽，且不碰撞槽壁；钢筋笼入槽后，控制顶部标高位置满足设计要求，钢筋笼及接头下放见图4.1-27。

图4.1-27　钢筋笼及接头下放

8. 回填砂袋、安放接头箱

（1）钢筋笼下放到位后，再次检验槽底沉渣厚度确保满足设计要求，然后向接头处回填砂袋，砂袋回填高度为5～6m，砂袋填放后顶部至地面距离预留一节或两节接头箱的高度（单节接头箱长度为12m），具体视该处引孔深度而定。回填砂袋见图4.1-28。

（2）在接头处安放相应接头箱，接头箱放置于预先填放的砂袋上；工字钢接头处使用的接头箱为半圆形接头箱，其矩形面一端贴近工字钢安放；十字接头处使用的接头箱为一对外形截面尺寸400mm×450mm的矩形接头箱，分别安放于中间凸出钢板的两端。两种接头箱见图4.1-29、图4.1-30。

图 4.1-28 回填砂袋

图 4.1-29 半圆形接头箱（用于工字钢接头）

图 4.1-30 矩形接头箱（用于十字接头）

（3）接头箱起吊和下放保持缓慢平稳，下放时对准位置，避免碰撞槽壁和强行入槽，控制接头箱顶部标高，保证其沉入槽底。安放就位的接头箱见图 4.1-31。

图 4.1-31　半圆形接头箱（左）、矩形接头箱（右）安放就位

9. 灌注 T 形墙、拔接头箱、回填砂袋

（1）接头箱安放到位后，及时下入灌注导管；安装 3 套灌注导管，沿 T 形槽均匀分布，相互间距约 1.5m；3 套导管同时灌注，以满足水下混凝土扩散要求，保证灌注质量。

（2）钢筋笼入槽 4h 内开始混凝土灌注，采用 3 台罐车同时向初灌斗卸料，当初灌斗即将装满混凝土时，将 3 个料斗的底盖同时提起打开，并加大罐车卸料速度，使槽底混凝土一次埋至底部导管口以上不少于 0.8m；3 台混凝土罐车保持同步、连续灌注，上升高度控制在 3～5m/h，导管埋入混凝土的长度控制在 2～4m；采用混凝土面测定仪每隔 30min 测量一次混凝土面上升高度，测点均匀分布在槽内不同位置，以此保证槽内混凝土面的高差不大于 300mm。3 套导管同步灌注 T 形墙混凝土见图 4.1-32。

图 4.1-32　3 套导管同步灌注 T 形墙混凝土

（3）混凝土灌注 2～3h 后，开始使用起重机起拔接头箱，以后每 30min 提升一次，每次 5～10cm，直至终凝后全部拔出，接头箱起拔后及时清洗干净，然后在相应位置回填砂袋至导墙高度。

10. 特制刷壁器清理接头

(1) 槽段灌注混凝土 5h 左右，采用旋挖钻机钻杆连接特制刷壁器对接头钢板进行刷壁清理。

(2) 对于工字钢接头采用刮刷式多功能刷壁器，其带有斗齿与钢丝刷，先用斗齿铲除附着在工字钢的混凝土块，再采用钢丝刷进行刷壁；对于十字接头，由于接头面较窄，采用特制钢丝刷壁器，借助旋挖钻机带动刷壁器上下移动，有效清除接头面的混凝土块。两种刷壁器均采用旋挖钻机连接，工字钢接头刷壁器见图 4.1-33，十字接头刷壁器见图 4.1-34。

图 4.1-33 工字钢接头刷壁器

图 4.1-34 十字接头刷壁器

(3) 刷壁时，注意控制旋挖钻机的钻杆垂直度，实时纠正偏差，以确保槽壁效果，十字接头刷壁过程具体见图 4.1-35。

图 4.1-35 刷壁器清理十字接头

11. 重复以上工序施作下一段T形墙

（1）一段T形墙施作完成后，施作与该T形墙所属单元相邻槽段相对方向的T形墙。

（2）待相邻T形墙强度增加到设计要求，能够保持周围地层相对稳定后，再施作与之相邻的T形墙。

12. 一字形墙旋挖引孔、铣孔成槽

（1）格形地下连续墙的一字形墙待两侧T形墙混凝土灌注完成、强度达到80%以上后方可施工。

（2）每段一字形墙的旋挖引孔数量为2孔，引孔完成后采用双轮铣一序成槽。

（3）一字形墙旋挖引孔及双轮铣成槽施工要求与T形槽段相同。

13. 一字形钢筋笼制作与吊放

（1）在钢筋笼加工棚按设计要求及吊装方案绑扎一字形钢筋笼。

（2）采用主、副吊配合的方法起吊一字形钢筋笼，然后将其平稳吊至一字形槽内，确保其两端与T形钢筋笼的十字接头距离满足设计要求。一字形钢筋笼吊放见图4.1-36。

14. 灌注一字形墙

（1）钢筋笼入槽后及时下入灌注导管，2h内开始混凝土灌注；一字形墙灌注配备两套灌注导管，沿其长度方向均匀分布，相隔间距约1.5m。

（2）初灌时，将两个料斗的盖板同时打开，使初灌混凝土高度达到底部导管口以上不少于0.8m；两台混凝土罐车保持同步、连续灌注。现场两套导管同步灌注一字形墙混凝土见图4.1-37。

图4.1-36　一字形钢筋笼吊放

图4.1-37　一字形墙两套导管同步灌注

15. 施作格形冠梁及连接板

（1）待格形地下连续墙强度达到设计要求时，拆除导墙混凝土板；然后，在格形墙上方施作冠梁，冠梁高0.8m，宽度与格形墙相同。

（2）在格形冠梁间同步施作钢筋混凝土连板，连板厚度与冠梁相同。绑扎冠梁及连板钢筋见图4.1-38，施作完成的格形地下连续墙见图4.1-39。

图 4.1-38 绑扎冠梁及连板钢筋

图 4.1-39 施作完成的格形地下连续墙

4.1.7 机械设备配置

本工艺施工现场所涉及的主要机械设备见表 4.1-1。

主要机械设备配置表 表 4.1-1

名称	型号	备注
旋挖钻机	SR425、SR465	成孔、捞渣、入岩取芯、刷壁
双轮铣槽机	宝峨 86 型	铣槽
起重机	三一 320t、150t 履带起重机	起吊作业
捞渣钻头	直径 1m、高 1.8m 以上	成孔钻进
牙轮筒钻	直径 1m、高 2m 以上	入岩取芯
半圆形接头箱	单节长 12m，可接长	截面与工字钢接头相匹配
矩形接头箱	单节长 12m，可接长	截面与十字接头相匹配
斗齿刷壁器	自制	清理工字钢接头
钢丝刷壁器	自制	清理十字接头
料斗	$3m^3$	灌注槽段混凝土

续表

名称	型号	备注
导管	ϕ300	灌注槽段混凝土
焊机	功率 9kW	钢筋笼加工
断铁机	功率 3kW	钢筋笼加工
弯铁机	功率 3kW	钢筋笼加工
超声成孔成槽检测仪	TS-K 系列	成槽质量检验
泥浆净化器	YG-200	净化泥浆
泥浆泵	3PN，功率 22kW	输送泥浆

4.1.8　质量控制

1. 旋挖引孔及双轮铣成槽

(1) 严格控制旋挖引孔定位精度，重点检查钻头定位情况，保证孔位中心与地下连续墙设计中线位置偏差不超过限值。

(2) 严格控制引孔垂直度，采用垂直度监测装置实时监测钻杆垂直度，钻至岩石硬度变化交界面时适当减小钻压，发现偏差及时采取措施纠偏。

(3) 铣槽时确保双轮铣铣轮定位准确，铣槽过程同步使用泥浆护壁、清孔，确保成槽效率。

(4) 铣槽过程中，泥浆面始终保持在地下水位 0.5m 以上，且不低于导墙高度以下 1m，并确保泥浆质量符合规范要求。

(5) 双轮铣掘进速度控制在 1.0m/h 左右，铣槽时实时观察操作室内数字显示屏，了解铣轮的空间位置，确保成槽垂直度和位置偏差满足规范和设计要求。

2. 钢筋笼制作及吊装

(1) 严格按照槽段形状、尺寸制作钢筋笼，满足规范及设计要求，确保能顺利入槽。

(2) 带接头段的钢筋笼确保接头与钢筋笼固定牢靠，位置准确，接头两侧安装防止混凝土绕流的白铁皮，十字接头的双面焊钢筋焊接牢固。

(3) 钢筋笼具有严格的方向性，利用两台起重机配合吊装，确保钢筋笼能够快速准确进入槽段。

(4) 下笼前清孔，确保沉渣符合规范及设计要求；下放过程中钢筋笼保持竖直、稳定，避免触碰槽壁。

3. 灌注混凝土成槽

(1) 根据预留的导管位置下放导管，导管密封不漏水，导管下口离槽底距离控制在 0.3～0.5m。

(2) 混凝土坍落度符合要求，混凝土运输途中或等待时严禁任意加水。

(3) 多台同时灌注时，料斗下方盖板同时打开，混凝土初灌量保证导管底部一次性埋入混凝土内 0.8m 以上。

(4) 多台混凝土灌注速度保持同步，连续灌注，混凝土面上升速度控制在 3～5m/h，导管埋入混凝土的长度控制在 2～4m，导管间混凝土面高差不大于 30cm。

（5）混凝土浇筑过程中经常提动导管，起到振捣混凝土的作用，使混凝土密实，防止出现蜂窝、孔洞以及大面积湿迹和渗漏现象。

4.1.9 安全措施

1. 旋挖引孔及双轮铣成槽

（1）导墙施工完成后，及时回填素土夯实，并在导墙侧边设置防护围栏，防止大型机械设备进入发生导墙破坏，引发安全事故。

（2）大型旋挖机引孔、双轮铣成槽时尽可能远离导墙边，履带下铺设钢板，以减小机械自重对槽壁的破坏，引发机械沉陷或人员掉落。

（3）成槽过程中保持泥浆质量与液面高度，确保槽壁稳定。

（4）旋挖引孔、铣槽过程中及成槽后，对钻孔及导墙沟槽加铺钢筋防护网等硬性防护，并在导墙两侧设立警示标志，防止人员失足跌入沟槽和槽边重载引起槽壁坍塌。

2. 钢筋笼制作及吊装

（1）吊装前，编制钢筋笼吊装专项方案，按钢筋笼验收标准对钢筋笼加工质量进行检查验收，验收合格后的钢筋笼方可进行吊装，同时清理钢筋笼上的工具及杂物，以防起吊时坠落伤人。

（2）起吊过程中，对两台起重机进行统一指挥，使两台起重机动作协调相互配合，在整个起吊过程中，两台起重机的吊钩滑车组保持垂直状态，现场吊装作业派专业司索工指挥。

（3）吊装影响区域内设警戒区，做好临时围挡，派专人负责看守管理，无关人员撤离影响半径范围。

（4）钢筋笼入槽时，严禁起重臂摆动而使钢筋笼产生横向摆动，造成槽壁坍塌。如不能顺利入槽，则吊出钢筋笼，查明原因，不能强行插入。

3. 灌注混凝土成槽

（1）多台灌注设备同步灌注施工中，制订合理的作业程序和机械行走路线，现场设专人指挥、调度，并设立明显标志，防止相互干扰碰撞，机械之间留有足够的安全作业距离。

（2）灌注水下混凝土搭设作业平台、溜槽、导管及提升设备，施工前经全面检查确认安全。

（3）灌注料斗牢靠固定于孔口，禁止发生晃动、摇摆等现象；放料时，准确对准孔口料斗，防止混凝土溅落桩孔内。

4.2 地下连续墙工字钢接头旋挖刮刷式多功能刷壁技术

4.2.1 引言

地下连续墙成槽时，为了保证带有工字钢接头的钢筋笼顺利下放至施工槽段中，抓斗在槽段开挖时，槽段两端向外延伸超挖 100cm 左右；在灌注墙体混凝土前，采取向两侧超挖的工字钢接头处填充沙包，以防止灌注混凝土时发生绕渗。但是在实际施工过程中，混凝土无法避免会绕渗进入相邻的槽段内，并附黏在工字钢接头处。为此，在相邻槽段施工时，事先需要对工字钢接头进行刷壁处理。

地下连续墙工字钢接头清刷的质量，以及清刷效率，直接影响到地下连续墙的止水效果及施工进度。通常的刷壁方法多采用冲击型刷壁法，如在冲击方形钻头或方形重锤的侧面自制钢丝刷，冲击刷除工字钢槽内附着的混凝土，冲桩机方锤刷壁见图 4.2-1；或采用起重机吊放刷壁器上下反复冲刷，具体见图 4.2-2。然而，当钢丝刷遇到不规则分布的混凝土块时，悬吊的刷壁器容易发生顺层滑动；当遇到具有一定强度的混凝土时刷力不足，存在刷壁效果差、垂直度控制难等问题，导致刷壁耗时长、效率低，造成总体施工综合成本高。

图 4.2-1　冲桩机方锤刷壁

图 4.2-2　起重机吊放刷壁器刷壁

为了解决地下连续墙工字钢接头清刷面临的问题，项目组研发了一种旋挖刮刷式多功能刷壁器。本刷壁技术所述的刷壁器根据旋挖钻机钻杆与筒钻相连的原理（图 4.2-3），将筒钻改换为方筒，并在方筒的对称侧壁分别安装斗齿和钢丝刷（图 4.2-4），由旋挖钻机带动刷壁器上下，

图 4.2-3　旋挖钻机钻杆与筒钻连接

图 4.2-4　旋挖钻机钻杆与刷壁器连接

对地下连续墙工字钢接头面进行清洁刷壁。刷壁器斗齿为挖掘机上配置的锰钢齿，其刚度大，齿端锋利，能强制铲除附着在工字钢上的混凝土块；在斗齿刮铲后再利用刷壁器另一面配置的钢丝刷交替进行刷壁，确保了刷壁效果。

4.2.2 工艺特点

1. 刷壁效率高

本刷壁器采用旋挖钻机通用接头，安装拆卸快速便捷；旋挖钻机提升、下降操作快捷，刷壁频率高，借助旋挖钻机可进行快速刷壁，采用传统刷壁器平均每幅槽刷壁需要12h，采用新型刷壁器平均每幅槽刷壁仅需2h，刷壁效率显著提升。

2. 刷壁效果好

由于旋挖钻机的钻杆自身刚度大，刷壁器借助旋挖钻机刷壁冲刷力强，遇混凝土块时能强制清除混凝土块；同时，将钢丝刷焊接固定于钢板上，稳定性好、刚度大；另外，斗齿与钢丝刷交替刮刷，保证了刷壁的彻底性，刷壁效果好。

3. 刷壁成本低

本刷壁器利用现场的旋挖钻机与旋挖钻机钻杆连接固定，刷壁器可以重复使用，为项目节约了机械设备投入成本；同时，借助旋挖钻机运作的高效率，大大缩短刷壁工时，为项目节约了时间成本，总体刷壁成本降低。

4.2.3 适用范围

适用于地下连续墙工字钢渗漏混凝土刷壁。

4.2.4 装置整体组成

本技术所采用的刷壁器由接头方筒、斗齿和钢丝刷三部分组成，整体采用钢结构设计。

1. 结构形式之一

刷壁器结构见图4.2-5，刷壁器实物见图4.2-6。

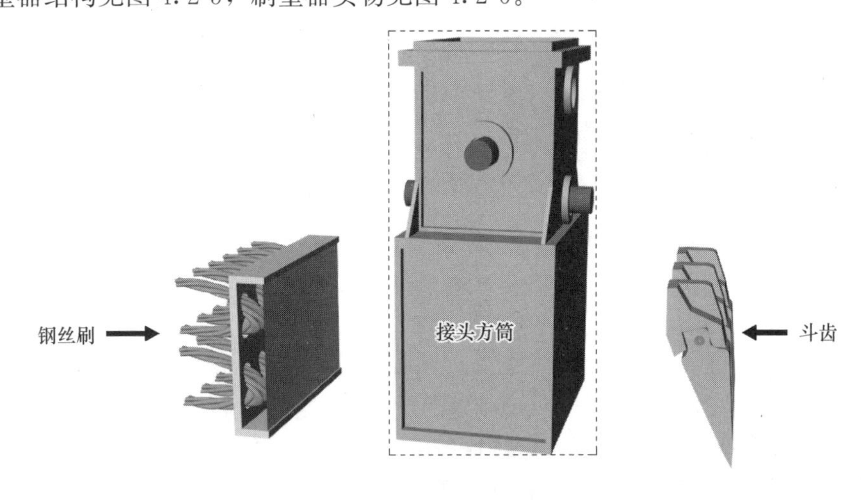

图4.2-5 刷壁器结构图

2. 结构形式之二

刷壁器实物见图 4.2-7～图 4.2-9。

图 4.2-6　刷壁器实物（一）

图 4.2-7　刷壁器实物（二）

图 4.2-8　钢丝绳刷壁装置

图 4.2-9　斗齿刷壁器装置

4.2.5　装置结构设计

以地下连续墙宽 700mm、工字钢宽 560mm 为例，以图 4.2-5 结构形式，对装置接头方筒、斗齿和钢丝刷三部分进行具体说明。

1. 接头方筒

刷壁器接头方筒整体采用耐磨钢板制作，由接头和刷壁筒两部分组成。

(1) 接头

接头尺寸采用旋挖钻机的通用规格，由连接接口和固定销轴的插销孔组成。接头用于连接旋挖钻机，将旋挖钻机钻杆插入接头的连接接口，再将销轴插入插销孔，最后插入保险销固定销轴即可将两者连接，以此借助旋挖钻机进行刷壁作业。

接头高420mm，主体部分外缘宽260mm，内缘宽200mm，销孔直径70mm；顶部宽350mm，顶部凸出部分高30mm，宽40mm。接头结构及尺寸见图4.2-10，刷壁器接头与钻杆连接见图4.2-11。

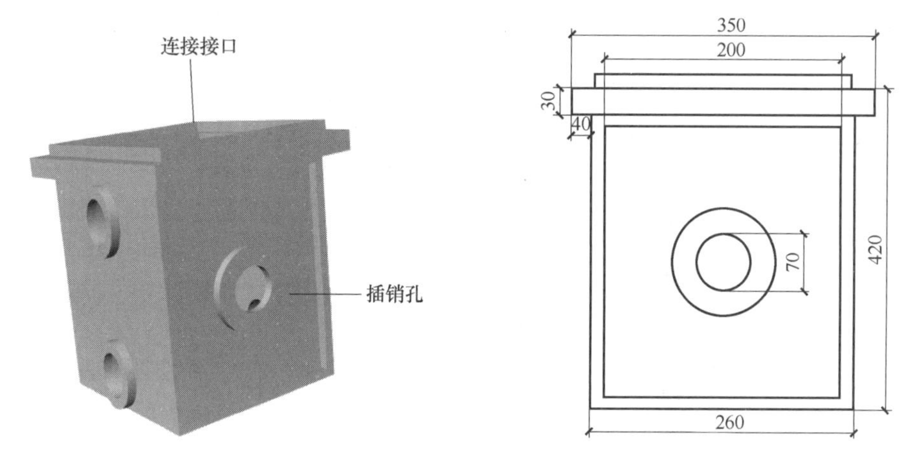

图4.2-10 接头结构及尺寸图

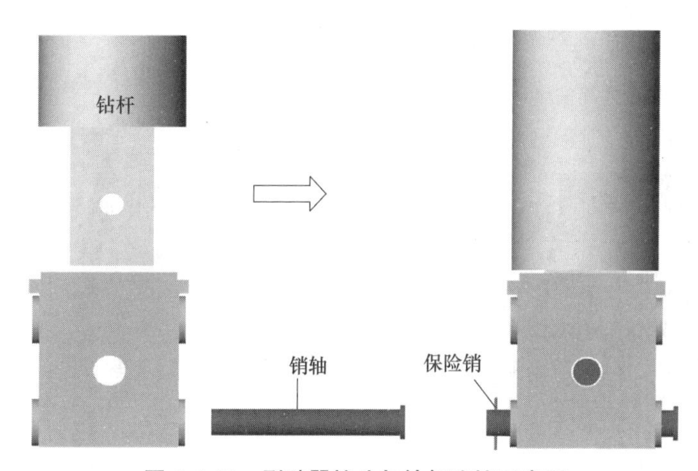

图4.2-11 刷壁器接头与钻杆连接示意图

(2) 刷壁筒

刷壁筒采用耐磨钢板制成，呈方形；钢板厚30mm，长为300mm、宽为560mm、高为430mm，刷壁筒尺寸见图4.2-12；刷壁筒两侧对称安装斗齿和钢丝刷，具体安装见图4.2-13。

(3) 接头方筒安装

接头与刷壁筒通过焊接及交界处的牛腿钢板连接固定。接头方筒安装见图4.2-14。

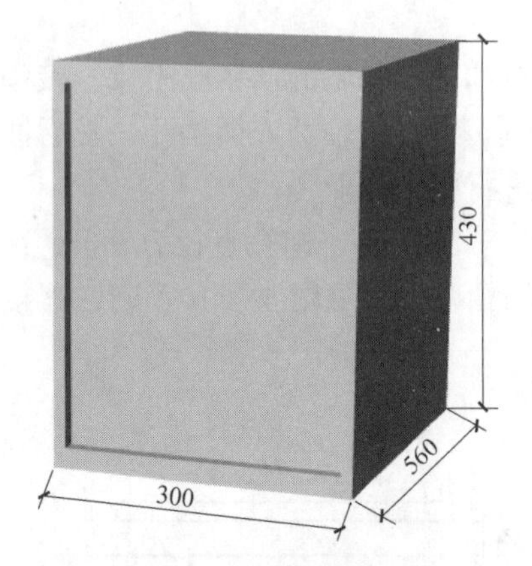

图 4.2-12 刷壁筒尺寸图

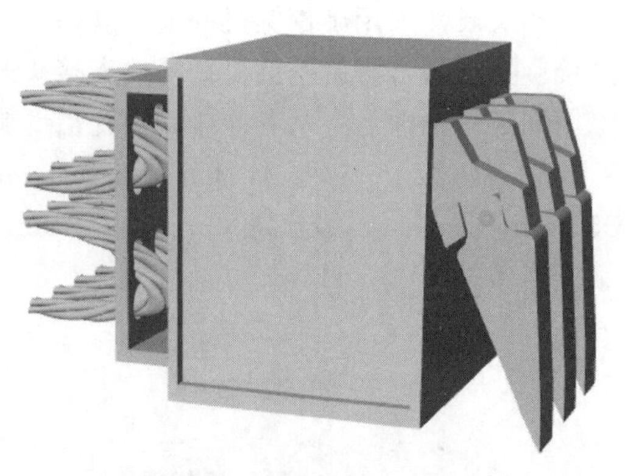

图 4.2-13 刷壁筒安装示意图

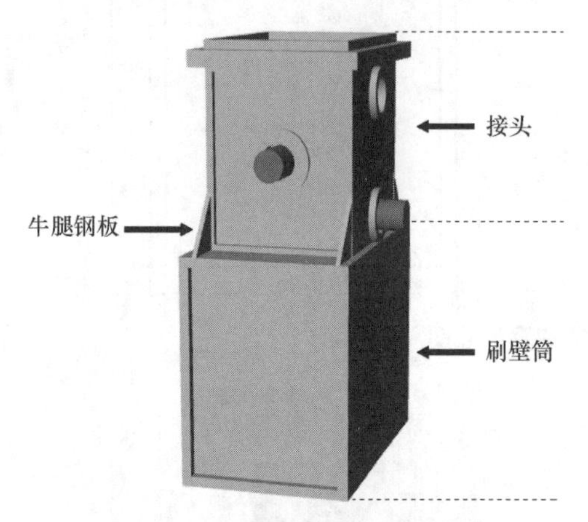

图 4.2-14 接头方筒安装示意图

2. 斗齿

(1) 品种及材质

斗齿使用挖掘机铲斗齿，由耐磨锰钢板制作，锰钢具有良好的韧性和塑性，同时对硬化层具有良好的耐磨性能，刚度大；斗齿尖部冲击力强，能轻便铲除工字钢面附着的混凝土块。

(2) 规格

斗齿安装高度为 390mm，斗齿端部宽 100mm，活动部分高 250mm，整体厚度为 90mm。斗齿尺寸见图 4.2-15。

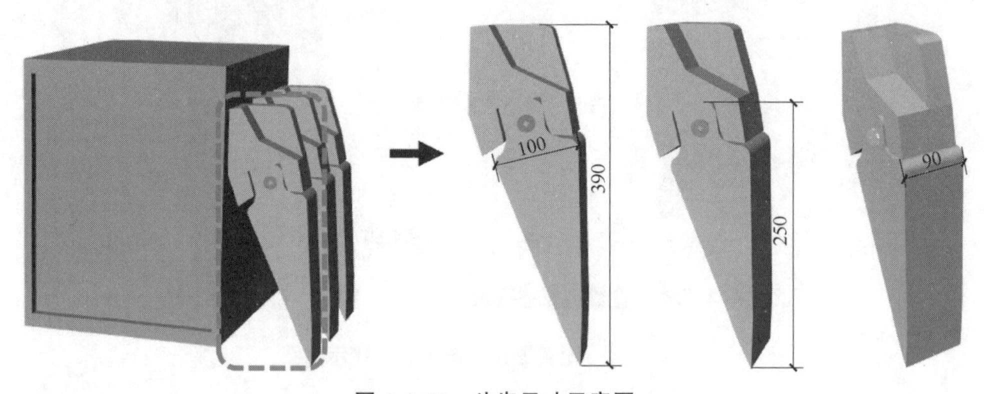

图 4.2-15 斗齿尺寸示意图

(3) 斗齿安装

斗齿焊接固定于刷壁筒侧壁，斗齿安装见图 4.2-16。

3. 钢丝刷

钢丝刷焊接固定于刷壁筒侧壁，由“匚”形钢板、钢丝绳和固定钢板三部分组成。

（1）“匚”形钢板

“匚”形钢板厚30mm，在钢板上每间隔7cm左右间距开设1个直径28～30mm钢丝绳安装孔；钢丝绳采用两孔对穿，按孔平行布设，共设4排，每排约6个孔。“匚”形钢板见图4.2-17。

（2）钢丝绳

钢丝绳选用6×19+FC（6股，每股19根丝）型，其每股外径25mm。安装时，钢丝绳外露“匚”形钢板长度25cm。钢丝绳布设见图4.2-18。

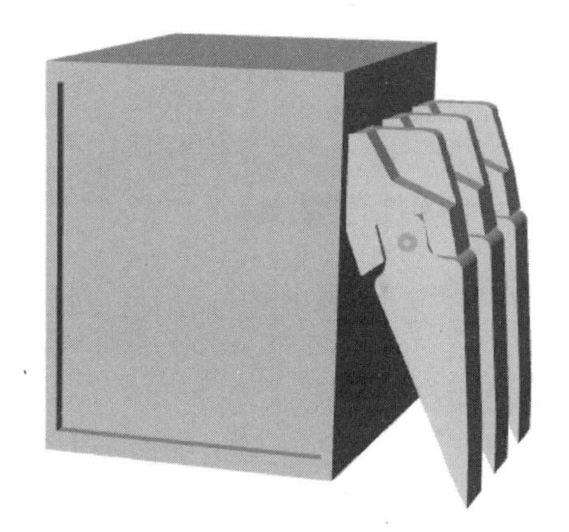

图4.2-16 斗齿安装示意图

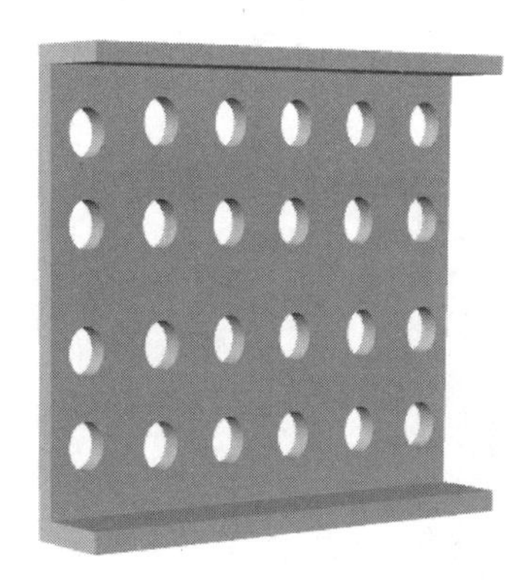

图4.2-17 “匚”形钢板示意图

（3）固定钢板

固定钢板焊接在“匚”形钢板内侧，采用耐磨钢板制作，厚15mm、长560mm、宽260mm。固定钢板尺寸见图4.2-19。

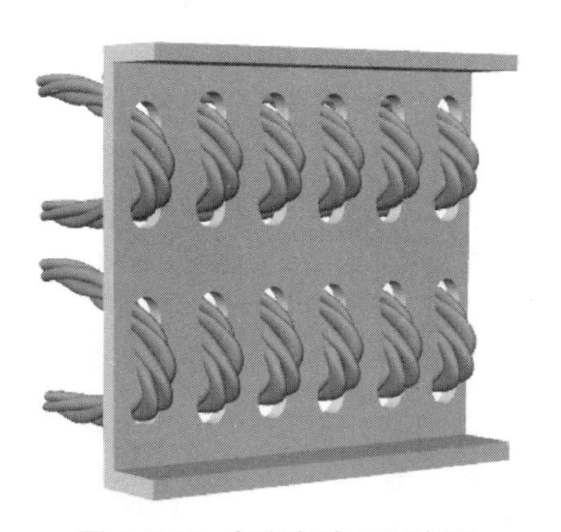

图4.2-18 钢丝绳布设示意图

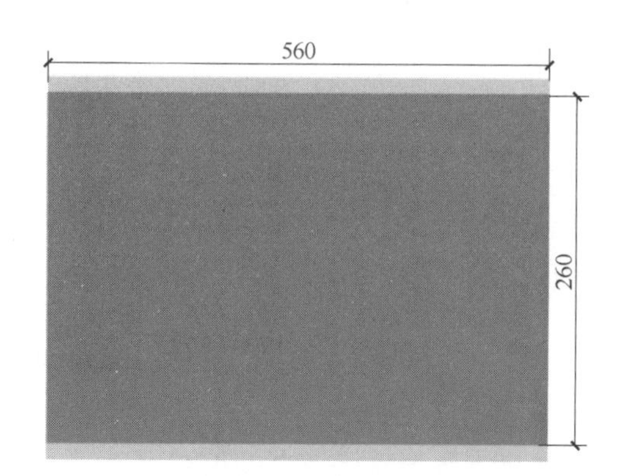

图4.2-19 固定钢板尺寸图

（4）钢丝刷组装及安装

两孔对穿后的钢丝绳内侧与固定钢板抵接（图4.2-20），固定钢板能有效避免刷壁过程中钢丝绳滑动错位及脱落，同时增强钢丝刷冲刷的刚度，组装完成后的钢丝刷焊接固定于刷壁筒侧壁。钢丝刷安装见图4.2-21。

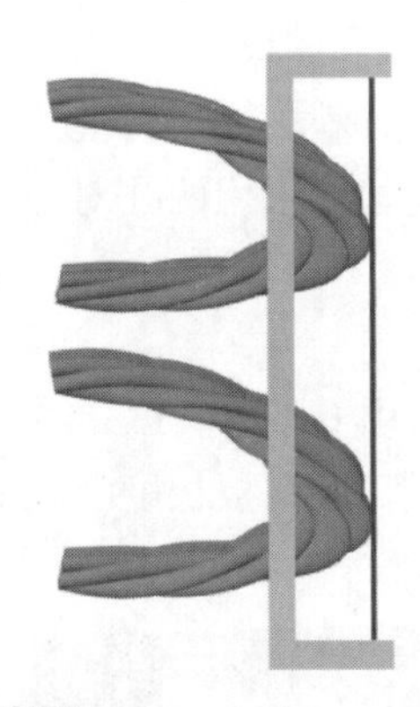

图 4.2-20　钢丝刷结构组装示意图

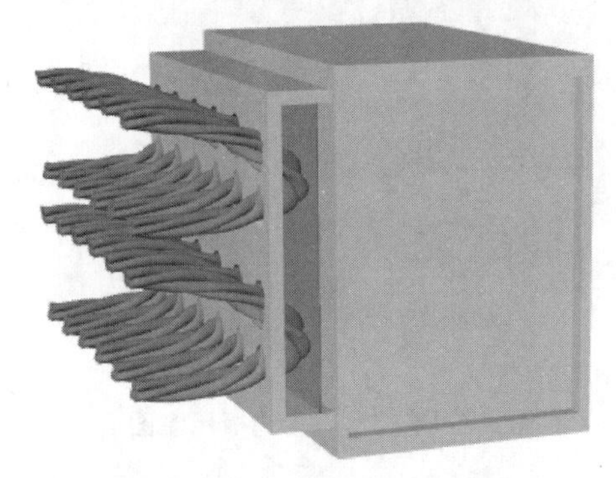

图 4.2-21　钢丝刷安装示意图

4.2.6　工序操作要点

1. 旋挖捞渣斗清渣

(1) 地下连续墙灌注混凝土初凝 5h 后，开始对工字钢进行刷壁。

(2) 先采用旋挖捞渣斗对工字钢接头处进行清挖，直至槽底标高位置。

2. 斗齿刷壁

(1) 工字钢接头处清挖完成后，将旋挖钻机钻杆与刷壁器接头进行连接，用销轴将刷壁器与钻杆连接紧固。

(2) 先采用斗齿刷壁，刷壁时斗齿在槽段口紧贴工字钢，并顺着工字钢接头由上至下；遇混凝土块时，用斗齿刮铲工字钢面混凝土块；由于斗齿间距影响，工字钢上留下条状混凝土块。斗齿刷壁流程见图 4.2-22。

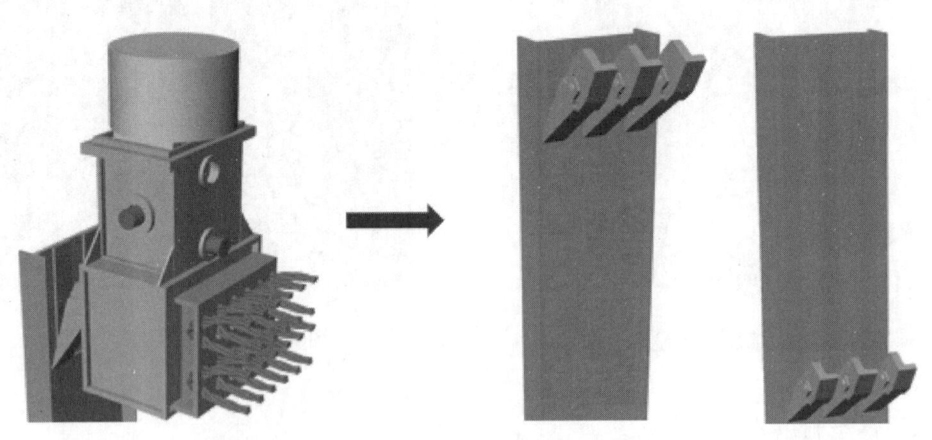

图 4.2-22　斗齿刷壁流程图

3. 钢丝刷刷壁

(1) 斗齿刷壁完成后，将刷壁器提出槽口，旋挖钻机调转刷壁器方向。

（2）利用钢丝刷一侧清刷刮壁后残留的条状混凝土块。钢丝刷刷壁流程见图 4.2-23。

（3）通过钢丝刷和斗齿交替反复刮铲刷壁，直至将工字钢上渗漏混凝土清除干净。

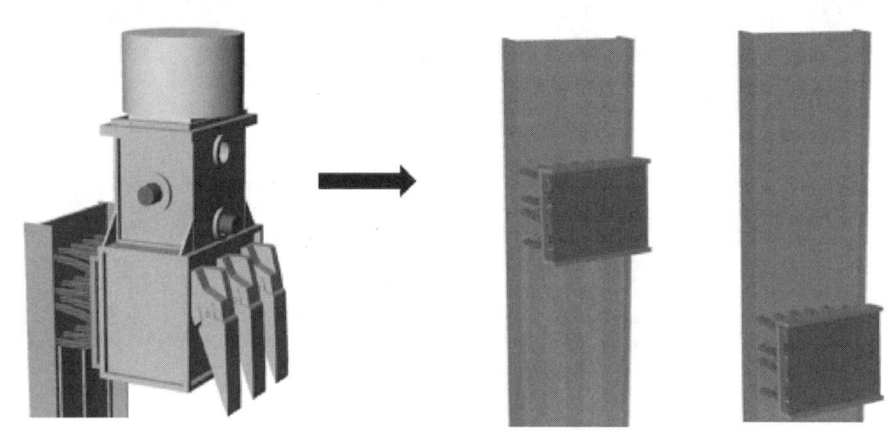

图 4.2-23 钢丝刷刷壁流程图

4.3 地下连续墙旋挖筒钻附着式刷壁器工字钢接头刷壁技术

4.3.1 引言

地下连续墙成槽时，抓斗在一序槽段开挖时向槽段两端向外延伸超约 100cm，以便带有工字钢接头的钢筋笼顺利安放；在灌注墙体混凝土前，采取向两侧工字钢外侧的超挖处回填砂袋，以防止灌注混凝土时发生绕渗。实际施工过程中，灌注成槽时难以避免混凝土绕渗进入相邻的槽段内，并附黏在工字钢接头段。为此，在相邻槽段施工时，需要对工字钢接头进行刷壁处理。

地下连续墙工字钢接头清刷质量，以及清刷效率，直接影响到地下连续墙的止水效果及施工进度。通常的刷壁方法多采用冲击刷壁法，如在冲击方形钻头或方形重锤的侧面自制钢丝刷，冲击刷除工字钢槽内附着的混凝土。刷壁时，通常做法是采用起重机吊放刷壁器上下反复冲刷，当钢丝刷遇到不规则分布的混凝土块时，悬吊的刷壁器容易发生顺层滑动，存在刷壁效果差、垂直度控制难，严重影响钢筋笼正常安放，刷壁耗时长、效率低，造成总体施工综合成本高。

为解决地下连续墙工字钢接头的清刷问题，通过将钢丝刷附着固定在旋挖筒钻钻身的侧壁，由旋挖钻机钻杆带动筒钻上下移动，钢丝刷上安装钢丝绳，钢丝绳对工字钢侧壁的混凝土块进行清刷，从而对地下连续墙工字钢接头面进行清理刷壁，旋挖钻机筒钻附着式工字钢接头刷壁器实物见图 4.3-1。由于旋挖钻机的钻杆和筒钻自身刚度大，钻杆上下移动筒钻时有足够的冲刷力，且可以进行垂直度控制，解决了工字钢接头清刷的质量问题，节省了刷壁时间，提高了施工效率，取得了显著成效。

4.3.2 适用范围

适用于地下连续墙工字钢接头混凝土刷壁。

图 4.3-1　旋挖钻机筒钻附着式工字钢接头刷壁器

4.3.3　附着式刷壁器结构

1. 结构组成

本技术所述的刷壁器是以旋挖筒钻作为主体，在旋挖钻机筒筒身的外侧焊接钢丝刷和牛腿钢板，钢丝刷分别与筒身和牛腿钢板焊接固定。钢丝刷由两块钢板和螺栓夹紧固定的钢丝绳组成，一个筒钻焊接两组钢丝刷，以上构件与旋挖钻机筒钻整体形成刷壁器，利用旋挖钻机钻杆带动筒钻上的钢丝刷上下移动，对地下连续墙工字钢接头混凝土面进行清理刷壁，具体结构组成详见图 4.3-2。

图 4.3-2　旋挖钻机筒钻附着式工字钢接头刷壁器

2. 工艺参数

本技术所述的附着式刷壁器结构由旋挖钻机筒钻和两组钢丝刷构成，详细构造尺寸见图 4.3-3～图 4.3-5。以地下连续墙宽 800mm 为例，工字钢宽为 720mm，其主要工艺参数如下：

（1）筒钻直径采用与地下连续墙同宽 800mm。

（2）钢丝刷采用的钢板尺寸为 680mm×500mm（长×宽），详见图 4.3-6。钢板采用耐磨钢板，钢板厚度 20mm，筒钻 1/4 周长的范围与钢板进行单面焊接。

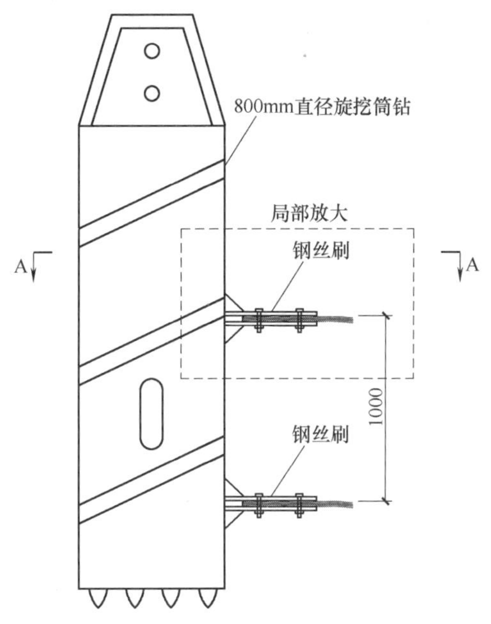

图 4.3-3　地下连续墙工字钢接头旋挖筒钻附着式刷壁器设计总图

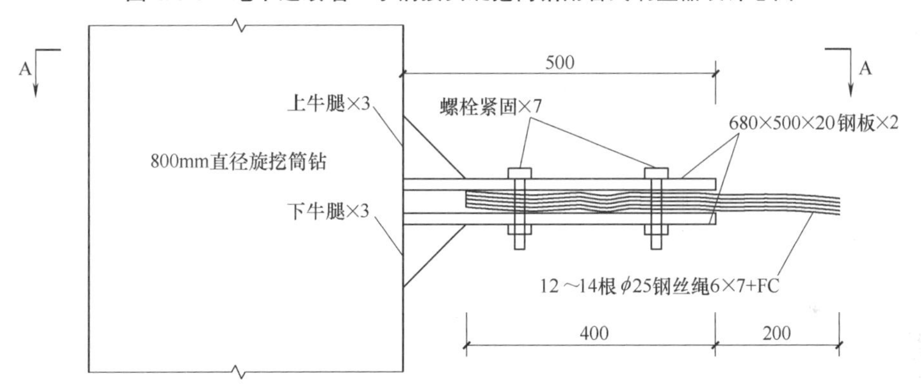

图 4.3-4　地下连续墙工字钢接头旋挖筒钻附着式刷壁器局部设计放大图

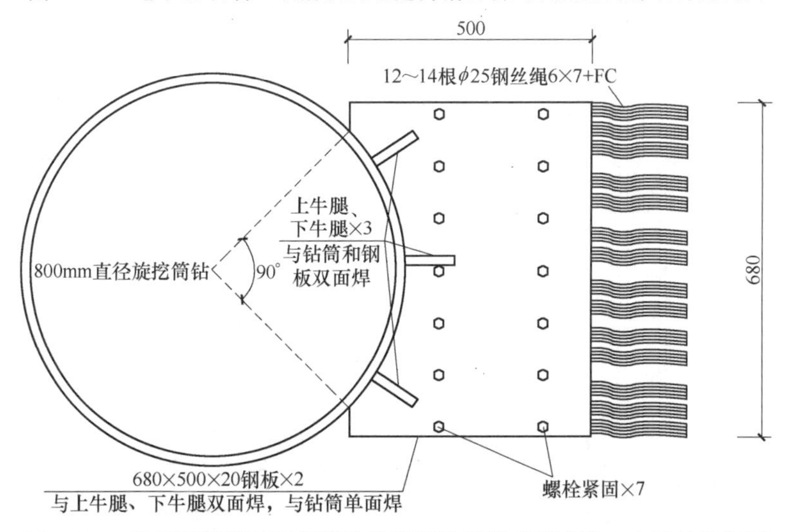

图 4.3-5　地下连续墙工字钢接头旋挖筒钻附着式刷壁器 A-A 设计俯视图

（3）牛腿钢板起到对钢丝刷的固定作用，呈三角形，尺寸为100mm×100mm，钢板厚度20mm。牛腿钢板尺寸详见图4.3-7。

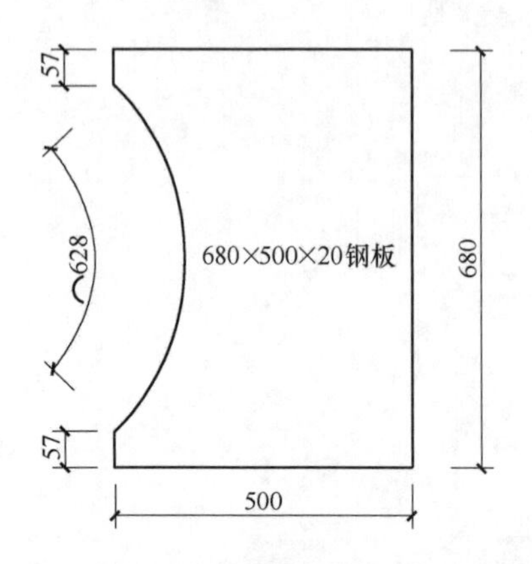

图4.3-6 钢丝刷采用钢板设计尺寸图

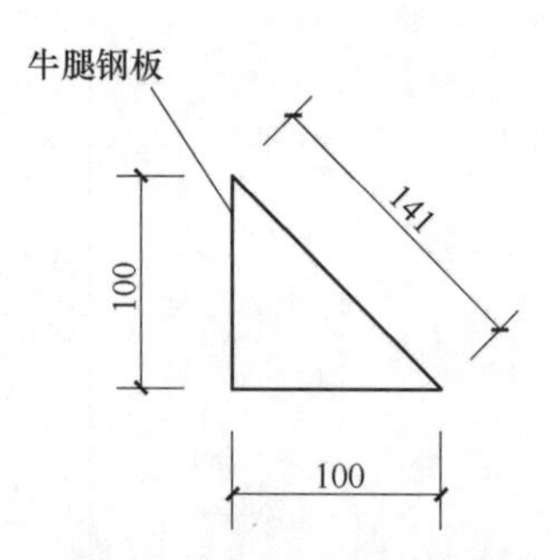

图4.3-7 牛腿钢板设计尺寸图

（4）钢丝绳采用硬质型，可利用施工现场废弃的钢丝绳裁剪使用，钢丝绳6×7+FC（6股，每股7根丝），外径25mm，总长度60cm，外露长度20cm，每根钢丝绳长度应一致，形成整齐的刷面（钢丝束长度=板内长度+板外长度）。

（5）为确保钢丝绳刷的刷壁效果，最大限度地提升其密度和刚度，使刷壁时能充分对工字钢进行冲刷。为此，钢丝绳应尽量在钢夹板间紧密布置，每根钢丝绳之间净距为2cm左右，可确保钢丝绳在刷壁时不仅有合适的刚度刷除混凝土块，而且同时具有一定的变形可紧贴工字钻表面，确保将工字钻侧壁清理干净。

（6）两块钢板之间采用2排螺栓固定（每排7个，螺栓孔直径20mm），为确保钢丝绳在刷壁过程中的稳定性，螺栓应尽量拧实，使钢板夹紧钢丝绳。

（7）一个筒钻焊接两组钢丝刷，钢丝刷之间的竖向间距为1m。

第 5 章　低净空灌注桩施工新技术

5.1　复杂地层深基坑栈桥板区支撑梁底低净空灌注桩综合成桩技术

5.1.1　引言

珠海横琴某大厦项目位于珠海十字门中央商务区横琴片区，项目用地面积 10000m^2，项目设计四层地下室，基坑开挖深度约 20m，采用灌注桩和三道钢筋混凝土支撑支护形式，第三道支撑梁至坑底的净空高度约 5m。由于现场作业条件受限，场地内基本上无可以利用的空地，设计将基坑中间首层对撑设置为栈桥板，作为基坑及基础施工时的临时堆场，同时也便于基坑垂直出土。项目基础工程桩设计为钻孔灌注桩，先期在基坑开挖前的地面上进行施工，在基坑开挖至坑底设计标高后，由于基础设计变更需增加直径 1.5m 的灌注桩 40 根，桩长为坑底以下约 65m，桩底入中风化花岗岩 3m，设计要求沉渣厚度不超过 5cm。项目场内地质条件复杂，坑底以下成孔范围内的不良地层主要为淤泥质黏土和粗砂，砂层较厚，平均厚度达 28.4m，最厚处 40m，且场地内还存在高承压水，承压水水头高出基坑底部约 14m。变更增加的工程桩需在基坑底施工，其中 6 根桩位于基坑栈桥板区域，施工除了受支撑梁和立柱桩的影响外，还受栈桥板的限制。

本项目深基坑栈桥板区支撑梁底实施灌注桩施工，属于低净空作业。传统的人工挖孔工艺可用于基坑底条件下施工，但其开挖深度一般不超过 30m，而且不适用于淤泥、砂层较厚的不良地层条件，挖孔桩工艺无法适用于本项目。如采用冲击成孔，通过对机架进行适当的改进，可满足低净空环境条件下的施工要求，但冲击成孔效率低，需要使用泥浆护壁，循环泥浆量大，且在坑底成孔承受坑壁高水头压力条件下易塌孔，成桩质量无法保证。此外，低净空旋挖钻机除机架高度受限外，低净空旋挖钻机的扭矩也难以满足深孔入岩要求，其成孔深度一般不大于 35m，也无法满足本项目超深桩钻进要求。

针对上述实际施工问题，项目组对“复杂地层深基坑栈桥板区支撑梁底低净空灌注桩综合成桩施工技术”进行了研究，将履带自行走式全套管全回转钻机在基坑底支撑梁下就位，通过在基坑顶栈桥板上静力切割开洞，并在栈桥板上实施护壁套管超前安放、套管内冲抓取土、冲击锤入岩钻进、吊放钢筋笼、气举反循环二次清孔、泵车灌注桩身混凝土等工序操作，解决了深基坑栈桥板区域坑底支撑梁底低净空条件下复杂地层成孔、支撑梁下低净空、栈桥区受限制的成桩难题，达到了施工便捷高效、质量安全可靠、综合成本经济的效果。

5.1.2 工艺特点

1. 施工便捷高效

本工艺在基坑底采用履带式全套管全回转钻机，钻机整机高度约4m，可满足在本项目支撑梁底5m的低净空条件下作业，钻机可自行在基坑底行走，方便在支撑梁下桩孔就位；同时，施工过程中除套管下沉由坑底钻机完成外，将护壁套管延伸至栈桥板面之上位置，冲抓斗取土、冲击锤入岩钻进、安放钢筋笼、二次清孔和灌注桩身混凝土等工序均安排在栈桥板上完成，整体施工通过坑底和坑顶的配合，实现了高效、便捷。

2. 质量安全可靠

本工艺施工前对基坑底进行硬化加固处理，确保全套管全回转钻机、大吨位起重机、空压机等重型设备的作业安全；同时，采用在基坑底搭设满堂脚手架对基坑栈桥板施工区进行支撑加固，提高栈桥板的承载能力，确保在栈桥板上的作业安全；对于桩孔位置的钢筋混凝土栈桥板，采用水磨钻钻孔、绳锯静力切割工艺开洞口，成桩后对板面重新浇筑钢筋混凝土进行恢复；另外，在成孔过程中，采用全孔全套管护壁，确保成孔质量；成孔后采用套管内的气举反循环二次清孔工艺，确保清孔效果。通过上述一系列质量技术和安全保证措施，确保作业全过程顺利进行。

3. 综合成本经济

本工艺采用将坑底全套管全回转钻机下沉的护壁套管延伸至基坑顶栈桥面上，冲抓斗从坑顶栈桥板起吊入套管内直接抓取土层，配合坑底全套管全回转钻机超前护壁钻进，避免成孔过程中不良地层的垮孔，成孔效率高。坑底全套管全回转钻机自行履带移位，行走就位快捷、高效、省时；套管内抓取的渣土在栈桥板上堆放，及时装载直接外运出场；混凝土灌注采用泵车在坑顶连续灌注，比料斗吊运效率更高，整体施工安排比在基坑底进行成桩操作大大降低综合施工成本。

5.1.3 适用范围

适用于基坑栈桥板区支撑梁底净空不小于5m且桩位处于支撑梁空隙中的灌注桩施工。

5.1.4 工艺原理

1. 基坑栈桥板区支撑梁下低净空作业施工原理

基坑栈桥板区支撑梁底低净空作业的关键，在于解决在基坑底支撑梁下的有限空间内，桩机如何在平面上快速移动，并保证在竖向净空高度下正常、安全作业的问题。本技术通过对传统全套管全回转设备进行加装履带改造，采用DTR2106HZ履带型自行走式钻机，解决了传统设备需要起重机辅助移动的问题，设备高4053mm，低于支撑梁底5m的净空高度，满足低净空条件下施工要求。此外，所使用设备的回转扭矩为3085kN·m，具有强大的钻进能力，最大成孔直径可达2100mm、孔深80m，完全可满足设计要求的大直径、超深桩施工。履带式全套管全回转钻机见图5.1-1。

图 5.1-1 履带式全套管全回转钻机

2. 全套管全回转钻机钻进原理

全套管全回转钻机依靠钻机强大的扭矩驱动钢套管 360°旋转钻进，通过套管底部的高强刀头对土体进行切削，并利用钻机下压功能将套管压入地层中，同步采用冲抓斗将套管内的土层抓取掏出；由于土质条件差且存在承压水，土层钻进时保持套管底超出开挖面不少于 6m，持续将套管钻进压入直至岩面，实现套管全过程钻进护壁，有效阻隔了钻孔过程中不良地质条件的影响，冲抓斗取土钻进见图 5.1-2。另外，由于套管壁厚刚度好，钻进时垂直度控制精度高。当钻进至持力层岩面时，采用冲锤在套管内冲击破岩，然后用冲抓斗捞渣清理，反复破碎、清理，直至设计桩底标高，岩层冲锤钻进见图 5.1-3。

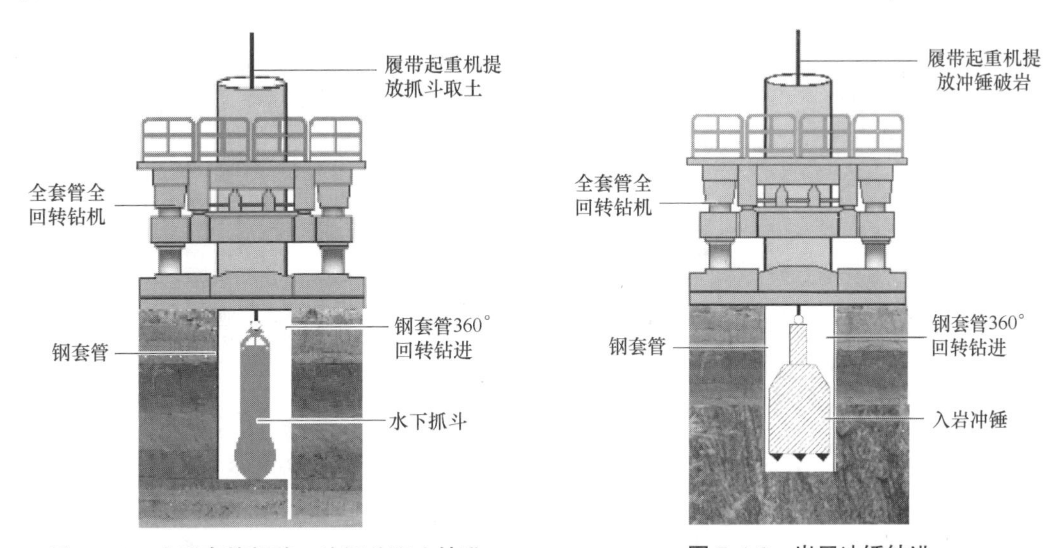

图 5.1-2 土层套管超前、冲抓斗取土钻进

图 5.1-3 岩层冲锤钻进

3. 基坑支撑栈桥板上竖向作业原理

由于受支撑梁和栈桥板的影响，本工艺对常规的全套管全回转钻机在同一平面作业工艺进行改进，将全套管全回转设备主机设置在坑底支撑梁下、履带起重机冲抓斗设置在栈桥板上，通过基坑顶栈桥板上，以及基坑底支撑梁下的相互配合进行钻进、成

图 5.1-4　全套管全回转钻机施工

桩作业，解决了空间受限问题的同时，大大提升了施工效率。全套管全回转钻机施工见图 5.1-4。

对于基坑支撑梁栈桥板上的竖向作业，主要通过优化调整灌注桩的位置，使其尽量位于对应栈桥板下支撑梁间的中心区域，然后在对栈桥板进行桩孔定位后，采用静力切割开孔洞，保证垂直方向上的空间畅通，成桩后再对洞口进行修复。全套管全回转钻机在基坑底栈桥板下钻进作业，钻机的钢套管通过栈桥板上的孔洞延伸至栈桥板面以上，履带起重机抓斗可在栈桥板上配合全回转钻机进行取土钻进。此外，安放钢筋笼、气举反循环二次清孔、灌注成桩等作业均在栈桥板上完成，竖向作业过程见图 5.1-5。

(a) 支撑梁下钻机就位

(b) 钢套管延伸至栈桥板上

(c) 栈桥板上抓斗取土

图 5.1-5　支撑梁下低净空全套管全回转钻机栈桥板上竖向作业

5.1.5　施工工艺流程

以珠海横琴大厦项目工程为例，复杂地层深基坑栈桥板区支撑梁底低净空灌注桩综合成桩施工工艺流程见图 5.1-6。

5.1.6　工序操作要点

1. 基坑安全性复核及加固

（1）为了减少大型履带起重机在灌注桩冲抓成孔施工对基坑支护结构的影响，根据栈桥板及立柱桩在原设计方案中的设计荷载，再结合灌注桩施工的实际工况，施工前由原基坑支护设计单位对栈桥板下的支撑梁、板以及基坑整体支护体系的安全稳定性进行复核，

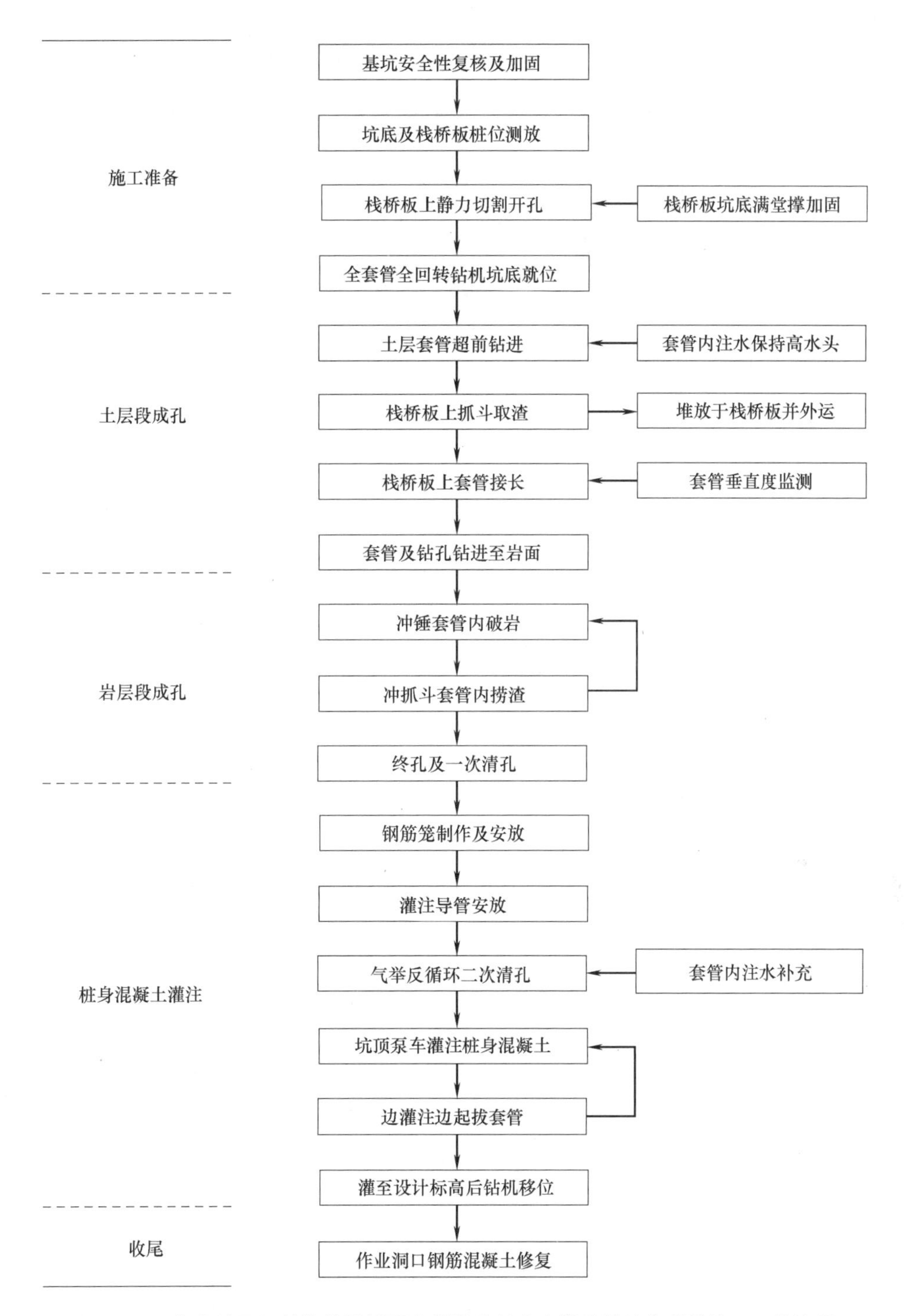

图 5.1-6 复杂地层深基坑栈桥板区支撑梁底低净空灌注桩综合成桩施工工艺流程

并提出基坑加固设计方案，确保基坑在灌注桩施工期间的安全。

(2) 根据基坑支护设计加固要求，对基坑底周边被动区基础底板先行施工，宽度 3～6m、厚度 1.5m，具体根据补桩位置综合考虑，基坑底钢筋混凝土板加固见图 5.1-7。

图 5.1-7　基坑底周边被动区钢筋混凝土底板加固

（3）由于坑底位于软土地层，为了保证机械施工安全，在坑底设置钢筋混凝土连续板，对基坑底施工场地进行硬化，基坑底场地硬化见图 5.1-8。

（4）对基坑顶部栈桥板上作业，采取铺设钢板、及时清运堆土等措施，严格按照要求控制临时附加荷载，最大附加荷载不超过 30kPa，减少施工作业对支护结构的影响，栈桥板上铺设钢板作业情况见图 5.1-9。

图 5.1-8　基坑底场地硬化

图 5.1-9　栈桥板上铺设钢板作业

2. 坑底及栈桥板桩位测放

（1）在基坑底用全站仪对桩中心位置进行测量放样，对桩中心做好标识采用十字交叉法设置 4 个护桩。

（2）将全套管全回转设备移动到桩位，然后复核调整钻机回转机构中心位置与桩中心的位置在一条垂线上。

（3）在基坑顶栈桥板上用全站仪放出桩中心位置，然后根据桩径适当外扩，定出需要切割的栈桥板桩位孔洞的边线，同时做好相应标记。

3. 栈桥板坑底满堂撑加固

（1）考虑到履带起重机在基坑栈桥板上施工作业的荷载较大，不仅包括履带起重机的自重、起重机冲抓作业的动荷载，还包括其他配套设备的荷载等，为了保证履带起重机在基坑栈桥板施工的安全，现场采取满堂架支撑的方式对基坑栈桥板施工作业区进行加固处理，加固方案经基坑设计单位复核后实施。

（2）按照加固方案，由专业的架子工进行满堂支撑架搭设，满堂支撑架见图 5.1-10；为了保证满堂支撑架的稳固，用钢管扣件将支撑架与支撑梁采用抱箍方式进行固定，支撑架与支撑梁连接见图 5.1-11。满堂脚手架搭设完成后，经组织验收并合格后，再实施栈桥板上作业，栈桥板支撑架上作业见图 5.1-12。

图 5.1-10 搭设满堂架支撑架

图 5.1-11 支撑架与支撑梁连接

图 5.1-12 栈桥板支撑架上作业

4. 栈桥板上静力切割开孔

（1）为了解决栈桥板对灌注桩竖向施工空间的影响，对施工桩孔范围的栈桥板进行切割开孔，以便于套管从基坑顶栈桥板上下放至基坑底配合全套管全回转钻机施工。

（2）为了减少对栈桥板结构的损坏及影响，采用水磨钻在待切割区域四个角位置进行取芯钻孔，然后利用在取芯孔内穿绳锯实施静力切割，开设作业孔洞直径比桩径大 300mm，栈桥板上开设洞口见图 5.1-13。

图 5.1-13 绳锯静力切割后的栈桥板及孔洞

（3）为了保证安全，在洞口四周按要求设置水平防护栏杆。同时，为了避免作业过程中高空坠物伤人，在洞口套管四周设置垂直防护措施。栈桥板洞口防护见图 5.1-14。

图 5.1-14　栈桥板洞口防护

5. 全套管全回转钻机坑底就位

（1）履带式全套管全回转钻机施工时配套机具主要包括：钻机主机、液压动力站、反力叉等，钻机工作装置连同液压动力站尺寸为 8709mm×4980mm×4503mm（长×宽×高）。

（2）将全套管全回转设备拆解后，吊至基坑底进行组装，拆解后单体质量不大于 25t，以保证基坑栈桥板的安全。钻机拆解后吊运及坑底组装见图 5.1-15。

图 5.1-15　钻机拆解后吊运及坑底组装

（3）设备就位前，采用全站仪对桩中心位置进行复核。

（4）利用行走无线遥控系统操控履带式全套管全回转钻机自动行走就位，钻机就位时提前考虑设备摆放的方位，安装并固定反力叉；同时，钻机移动至桩位后，用十字交叉法定出钻机套管中心位置，然后采用吊坠复核桩中心位置，适当调整移动钻机使套管中心与桩中心在同一垂线上，最后支撑起钻机底盘下的液压平衡支撑板，调整钻机处于水平状态，再次校核桩中心位置，坑底设备就位完成，全套管全回转钻机就位见图 5.1-16。

图 5.1-16　全套管全回转钻机就位

6. 土层套管超前钻进

（1）栈桥板上的起重机安放在栈桥板满堂支撑的加固区域，并在起重机摆放位置铺设钢板以确保安全。抓斗起重机就位见图 5.1-17。

图 5.1-17　抓斗起重机就位

图 5.1-18　坑底全回转钻机安放套管

（2）套管使用前，对套管垂直度进行检查和校正，套管检查校正完毕后，用全套管全回转钻机开始按套管编号分节安放钢套管（图 5.1-18）。

（3）压入底部钢套管时，用水平仪器检查其垂直度，钢套管压入一定深度（约 3m）后，对钢套管在 X、Y 两个方向使用线坠校核调整套管垂直度。

（4）由于施工地层存在深厚的砂层，并且含有承压水，钻进时加大套管超压深度，常规全套管工艺一般套管超深 2～3m，本工艺钻进时保持套管超压深度不小于 6m。

（5）考虑场地内存在承压水，在套管内注水保持高水头，以平衡地下水压力。

7. 栈桥板上抓斗取渣

（1）由于套管内带水作业，采用专门的水下抓斗进行取土钻进，确保取土和钻进效率，专用水下抓斗见图5.1-19。

（2）抓斗取出的渣土用装载机转运至栈桥板上的指定区域统一堆放，然后由挖掘机装车及时外运，栈桥板上渣土堆放见图5.1-20。

图5.1-19　专用水下抓斗

图5.1-20　栈桥板上渣土集中堆放

8. 栈桥板上套管接长

（1）本工艺安排履带起重机抓斗在栈桥板上作业，施工时先将套管接至栈桥板的作业面。

（2）通过栈桥板切割的作业孔，将钢套管下放至基坑底的全套管全回转钻机，然后在坑底通过全套管全回转钻机将套管压入土体。

图5.1-21　栈桥板上套管接长

（3）根据栈桥板作业面和坑底的距离，连续压入4节套管，然后再将套管上拔至栈桥板作业面，由此可以实现套管在栈桥板上的接长操作。每次套管露出栈桥板约0.5m时，在栈桥板上进行套管接长，栈桥板上套管接长见图5.1-21。

（4）在套管的接长和压入过程中按照前述要求对套管的垂直度进行监测。

9. 套管及钻孔钻进至岩面

（1）通过套管超前钻进，起到护壁作用，保证成孔过程不出现塌孔，采用水下冲抓斗取渣钻进，直到套管及钻孔钻进至岩面。

（2）套管钻进过程中，采用吊坠在相互垂直的两个方向监测套管的垂直度。

10. 冲锤套管内破岩

（1）钻进至持力层岩面后，开始更换破岩冲锤进行冲击破碎，破岩冲锤见图 5.1-22。

（2）遇倾斜岩面时，为了保证垂直度，冲锤采用小冲程破碎，至全断面入岩后确认岩面，并按设计的入岩深度完成冲击入岩施工。

图 5.1-22 破岩冲锤

11. 冲抓斗套管内捞渣

（1）冲锤破碎的岩渣采用冲抓斗在套管内捞渣清理，将清理出孔的岩渣统一堆放于栈桥板上外运处理。

（2）清理一段岩渣后，用破岩冲锤反复冲击破岩钻进，然后再用冲抓斗捞渣，如此循环作业，直至入岩深度满足设计要求。

12. 终孔及一次清孔

（1）钻至设计深度时，进行终孔测量和验收。

（2）终孔后，采用水下抓斗进行一次清孔，清孔完成后对孔底沉渣进行测量，确保孔底沉渣满足设计要求。

13. 钢筋笼制作与安放

（1）钢筋笼在基坑顶设置的加工场提前进行加工制作，安放前通知监理工程师进行隐蔽验收。

（2）清孔完成后及时安放钢筋笼，由于钢筋笼整体较长，采用起重机在基坑顶分段吊装、栈桥板套管孔口对接工艺安放钢筋笼。

（3）安放钢筋笼时，注意钢筋笼的吊点设置，以免造成钢筋笼变形。钢筋笼制作及吊装见图 5.1-23。

图 5.1-23 钢筋笼制作及吊装

14. 灌注导管安放

（1）钢筋笼安放到位后，及时安放灌注导管，栈桥板上灌注导管安放见图 5.1-24。

（2）导管材质选用壁厚 10mm、直径 300mm 的无缝钢管，接头为法兰连接。

（3）导管使用前进行试拼装并试压，试验压力不小于 0.6MPa；连接时，安置密封

图 5.1-24　栈桥板上灌注导管安放

圈，导管间连接紧密。

（4）导管安放完成后，保持导管底部距离孔底控制在 30～50cm。

15. 气举反循环二次清孔

（1）为了确保成桩质量，严格控制孔底沉渣厚度，钢筋笼安放完成后进行二次清孔。

（2）由于成孔深度较深，二次清孔采用气举反循环工艺，选用功率 55kW、额定排气压力 0.8MPa 的螺杆式空压机，结合 $1m^3$ 的储气罐提供安全稳定的高压气流，以保证良好的清孔效果，气举反循环设备见图 5.1-25。

（3）为了保证孔内浆液的正常循环，在进行二次清孔时，往套管内持续注水，保持套管内有充足的循环水，满足二次清孔作业。经过套管内反循环二次清孔后，量测孔底沉渣厚度。气举反循环二次清孔见图 5.1-26。

图 5.1-25　气举反循环设备

图 5.1-26　气举反循环二次清孔

（4）清孔完成后，会同监理工程师对沉渣厚度进行测量验收。

16. 坑顶泵车灌注桩身混凝土

（1）二次清孔完成后，及时灌注桩身混凝土。

（2）由于每根桩的混凝土超过 $100m^3$，初灌量较大，采用料斗吊运的效率较低，单根桩的灌注时间长达 18h 左右。因此，采用缓凝混凝土，初凝时间不小于 20h。

（3）桩身混凝土采用泵车在栈桥板上进行灌注，采用天泵灌注混凝土提高灌注混凝土的效率。

（4）初灌采用 $3m^3$ 大料斗灌注，灌注前用清水湿润料斗。采用球胆作为隔水塞，初灌前将隔水塞放入导管内，压上灌注斗内底口的盖板，然后通过基坑顶的泵车向料斗内泵入混凝土。待灌注料斗内混凝土满足初灌量时，提起料斗的塞板，此时混凝土即压住球胆冲入孔底。基坑栈桥板天泵灌注桩身混凝土见图 5.1-27。

图 5.1-27 基坑栈桥板天泵灌注桩身混凝土

（5）正常灌注时，为便于拔管操作，更换为小料斗，通过泵车料管持续进行混凝土灌注。灌注过程中定期测量混凝土面位置，及时进行拔管、拆管，导管埋深控制在 2～4m。

（6）最后灌注完成时，确保桩顶超灌高度满足设计要求。

17. 边灌注边起拔套管

（1）混凝土灌注过程中，分段拔出钢套管。

（2）考虑到砂层等不良地层的影响，为了保证顺利成桩，过程中加大套管内混凝土超过钢套管底的高度，一般控制在不小于 20m。

（3）边灌注边提拔套管，直至灌注完成后拔出全部钢套管。

18. 灌至设计标高后钻机移位

（1）灌至设计标高后，拔出全部钢套管。

（2）收起底盘液压平衡支撑板，恢复履带行走状态。

（3）拆除反力叉，当主机和动力站集成一体时，利用行走无线遥控系统直接操控履带式全套管全回转钻机直接移位至下一桩孔位置；否则，需要拆除动力站的液压油管系统后方可移动全套管全回转钻机。

19. 作业洞口钢筋混凝土修复

（1）灌注桩施工完毕后，尽快对栈桥板作业洞口的钢筋混凝土进行修复。

（2）先支洞口底模板，利用螺杆和工字钢对底模进行固定，底模固定见图 5.1-28。

（3）最后绑扎钢筋，采用提高一个强度等级的混凝土浇筑洞口混凝土进行修复。

图 5.1-28 栈桥板洞口底模固定

5.1.7　机械设备配置

本工艺现场施工所涉及的主要机械设备见表 5.1-1。

主要机械设备配置表　　表 5.1-1

名称	型号	数量	备注
自行走式全套管全回转钻机	DTR2106HZ	1 台	回转、下沉套管
履带起重机	YTQU75B	1 台	起吊
冲抓斗	直径 1200	2 套	土层、砂层二种冲抓斗
冲锤	直径 1200	1 套	岩层冲击钻进
装载机	ZL-12	1 台	转运桩孔渣土
螺杆式空压机	55SCF+-8B	1 台	清孔
储气罐	J2020-A0641	1 台	清孔
挖掘机	PC200	1 台	平整出土
水磨钻	5.5W	1 台套	栈桥板桩位处开设绳锯洞口
绳锯	22kW	1 台套	栈桥板桩位处开设洞口

5.1.8　质量控制

1. 履带式全套管全回转钻机成孔

(1) 套管使用前，对套管垂直度进行检查和校正，对各节套管编号，做好标记，按序拼装。

(2) 在下沉底部钢套管时，用水平仪器检查其垂直度，待底部套管被压入一定深度(约 3m) 后，检查一次套管垂直度。

(3) 钢套管下沉过程中，在 X、Y 两个方向使用线坠校核调整套管垂直度。

(4) 考虑深厚砂层以及承压水的不利影响，成孔过程中保持钢套管底部低于冲抓斗取土面不少于 6m，同时保持套管内的水位处于高水位状态。

(5) 由于套管内水位较高，采用专门的水下冲抓斗进行取土作业，对于入岩段更换冲锤进行破碎。如果遇到倾斜岩面，为了保证垂直度，采用小冲程冲击、慢速钻进。

(6) 采用气举反循环工艺在套管内进行清孔，提高清孔作业效率。

(7) 每根桩施工完毕后，对首节钢套管底部的刀头进行检查，发现磨损比较严重时及时更换。

2. 钢筋笼吊装

(1) 由于钢筋笼整体较长，采用分段吊装、孔口对接工艺安放钢筋笼。

(2) 钢筋笼安放过程中，做好声测管的保护。

3. 灌注桩身混凝土

(1) 灌注桩身混凝土前，进行孔底沉渣的测量，如沉渣厚度超标，则采用气举反循环清孔。

(2) 为了保证混凝土灌注质量，在混凝土中添加缓凝剂，混凝土缓凝时间不小于 20h。

（3）混凝土灌注时，导管安放到位，采用大方量灌注斗进行初灌，以保证初灌时的埋管深度。

（4）混凝土灌注过程中，始终保证导管的埋管深度在 2～4m。

（5）为了避免砂层等不良地层的影响，混凝土灌注过程中，保证钢套管底部距离混凝土面不少于 20m。

（6）灌注完成时确保桩顶有足够超灌高度，超灌不小于 0.8m。

5.1.9　安全措施

1. 履带式全套管全回转钻机成孔

（1）施工前，对场地进行硬化处理，确保全套管全回转设备、履带起重机等大型机械作业时的安全。

（2）采用满堂脚手架对履带起重机摆放的区域进行加固，同时在栈桥板上履带起重机的位置铺设钢板，保证栈桥板上的作业安全。

（3）满堂支撑架搭设前，编制安全专项方案施工，并按审批的方案施工。

（4）为了保证满堂支撑架的整体稳定，将支撑立杆与支撑梁采取抱箍连接的方式进行加固。

（5）拆卸动力站液压系统的油管前，先进行泄压操作，确保安全后再拆管。

（6）全套管全回转钻机移位时，安排专人指挥，防止碰撞支撑立柱。

（7）安放套管、抓斗取土等竖向作业时，避免碰撞损坏栈桥板。

（8）为了保证基坑底与栈桥板间的配合作业，将钢套管延伸至栈桥板作业面。采用全套管全回转钻机先一次性压入基坑底土层中 3～4 根套管，然后再拔出至栈桥板面的方法解决，严禁在高空对接套管。

（9）履带起重机抓斗在栈桥板上取土作业时，在设备回转作业范围内设置警示范围，严禁人员进入。

2. 钢筋笼吊装

（1）钢筋笼在栈桥板外的加工场集中加工，采用分段制作工艺，安放时由起重机转运至栈桥板上。

（2）吊装作业由专业的信号司索工进行指挥，作业时起重机回转半径内人员全部撤离至安全范围内。

（3）吊装时，采用多点匀称起吊，慢速移动，避免发生钢筋笼变形。

3. 灌注桩身混凝土

（1）为了减少栈桥板上的荷载，采用泵车布料机输送混凝土，泵车、混凝土罐车摆放在靠近基坑边的安全位置。

（2）当护壁钢套管离出地面时，灌注时做好高处作业安全防护工作。

5.2　高压线下低净空灌注桩电力封网安全防护施工技术

5.2.1　引言

随着城市化建设加速发展，市政基础设施的规划建设与城市内外架空电力线路之间的空间位置冲突越来越多，在高压线保护范围内从事基础工程施工，不仅威胁高压电力线路的安全运行，还将直接威胁施工人员安全。因此，确保在高压线下，尤其是低净空高压线下的施工安全可靠至关重要。

“某水质净化厂及3号调蓄池配套工程”项目位于深圳市南山区大沙河与北环大道交汇处远期规划公园内，其北侧为北环大道，南侧为白石洲排洪渠，西侧为北环立交及大沙河，总占地面积约54050m^2，项目场地地层分布有人工填土、粉质黏土、淤泥质土、砂层，下伏基岩为全风化、强风化、中风化花岗岩，基坑长约560m、宽约103m，基坑支护采用钻孔咬合桩，咬合桩荤桩直径1.4m，素桩直径1.2m，荤桩与素桩间咬合0.3m，平均桩长约24m。现场北侧上空架设有一组110kV高压线，与支护桩桩位斜交；高压线最低点与地面垂直距离为18m，根据相关条例及电力部门要求，在高压线保护范围内施工需在垂直和水平方向保留不小于6m的安全控制距离，并在高压边导线投影外扩10m处场地设置警戒线。因此，在此范围内支护桩安全施工高度为12m，影响近256根荤桩、256根素桩的施工，存在灌注桩成孔、钢筋笼吊装、混凝土灌注等活动高度受限、施工安全风险大的问题。

在低净空下进行灌注桩施工，通常采用的旋挖钻机机架太高，无法满足安全控制距离的要求；人工挖孔工艺在淤泥、砂层等不良地层中成孔困难，开挖过程还涉及降水，影响道路周边各类管线的运行，安全风险高；冲孔钻机经改进机架后可满足低净空环境条件下的施工，但冲击成孔效率低，使用循环泥浆量大，施工效率低。回转钻机桩架较低，可满足现场施工，但由于其采用泥浆循环钻进成孔，泥浆使用量大，不利于现场文明施工。

为解决高压线下低净空施工的难题，通过现场试验、不断完善工艺，总结出“高压线下低净空灌注桩电力封网安全防护施工技术”，即：在110kV高压线下设定垂直和水平安全防控区域，形成电力安全运营的低净空施工条件下的电力封网及管控体系，严禁设定区内的任何机械超越垂直方向设置的封网，以及超出封网高度的任何机械进入水平方向的封网区。为满足高压线的正常运营以及低净空条件下桩基正常施工，在高压线下及高压边导线投影外扩6m的场地内，且沿桩位走向立两排与高压线垂距为6m的格构柱于桩位两侧，并在柱顶拉限高绳、绑彩条旗，形成垂直封网；在高压边导线投影外扩10m外的场地设立一排警示杆，经绑扎彩条旗形成水平封网，或设置一排水平围挡，垂直封网区与水平围挡之间设置泥浆池、钢筋笼堆放区、临时运输通道等功能区。施工时，封网区域采用低净空多节钻杆旋挖钻机、分短节制作钢筋笼、起重机低趴角度吊装钢筋笼等技术进行低净空工序施工。本工艺通过施工场地安全区域的设定、施工机械的优选、施工工艺的优化等，加强了高压线下基坑支护桩施工的安全防控，保证了高压线的安全运行，达到了保障施工进度、综合成本经济的效果。

5.2.2　工艺特点

1. 安全防护可靠

本工艺施工前，编制高压线下电力封网施工方案，在上报电力管理部门审批后组织施工；现场封网施工后，经电力部门验收合格后进行施工；彩旗绑扎而成的封网范围醒目，起到良好的警示作用；灌注桩施工人员进场前严格进行安全技术交底及风险告知，作业期间安排专职安全员全过程旁站，及时发现和纠正违章行为；高压电塔上设置监控摄像头同步监控，一旦机械越界，将及时发现并制止。

2. 施工安全可控

本工艺灌注桩成孔采用低净空旋挖钻机，通过降低钻机桅杆高度，配置多节伸缩式钻杆钻进；灌注桩钢筋笼分短节制作，现场分段对接；起重吊装使用汽车起重机，作业时限定起吊角度，采用低趴角操作，控制吊臂最高点不超越垂直方向的封网；施工期间现场安排专职人员现场巡视巡查，监督现场低净空作业，及时制止和纠正可能的侵网行为。

3. 综合成本经济

本工艺避免了因触电导致城市电网断电而产生的重大经济损失和社会不良影响，也保证了现场生命财产的安全和正常施工；采用低净空多节钻杆旋挖钻机、分短节制作钢筋笼、低趴角度吊装等有效措施进行封网内施工，保障了工程进度；构成电力封网的格构柱、迪尼玛绳、彩条旗等材料价格经济，且封网安装便捷、维护成本低、可重复利用，整体成本经济。

5.2.3 适用范围

适用于与地面垂直距离为 16～18m 的高压线下低净空灌注桩施工，适用于直径不大于 1500mm、孔深不大于 30m 的低净空旋挖灌注桩施工。

5.2.4 工艺原理

本工艺对高压线下低净空灌注桩电力封网安全防护施工技术进行了研究，通过施工场地安全防控区域的设定、施工机械的优选、施工工艺的优化等，解决了高压线下低净空灌注桩施工的技术和安全控制难题，关键技术包括高压线下安全施工电力封网、低净空灌注桩钻进成桩技术等。

1. 高压线下安全施工电力封网

1）电力封网防护设计

（1）安全控制距离

该项目北侧 110kV 高压线与基坑支护桩桩位斜交，高压线最低点与地面垂距 18m，根据《电力设施保护条例》第十条规定，110kV 架空电力线路保护区为高压边导线垂直投影向外延伸 10m 区域；《施工现场临时用电安全技术规范》JGJ 46—2005 中第 4.1.4 条规定，起重机与架空电力线路边线的最小安全控制距离应符合垂直方向不小于 5m、水平方向不小于 4m。

根据以上条例和规范的要求，本工艺设计高压线附近施工机械设备与架空电力线路边线的安全控制距离为“最小安全控制距离＋额外安全控制距离”，即垂直和水平方向安全控制距离不小于 6m，并在高压边导线投影外扩 10m 处场地设置安全警戒线。

（2）封网防护设计

高压线最低点与地面垂直距离最小为 18m，施工遵循安全控制距离原则，则施工净空高度确定为 12m。因此，本工艺设计在高压边导线投影外扩 6m 的场地范围内，沿桩位走向，在桩位上空设置高 12m 的垂直方向封网；同时，在高压边导线投影外扩 10m 处的场地设置一排高 12m 的水平方向封网，并挂高压线安全施工警示牌，具体设置见图 5.2-1、图 5.2-2。

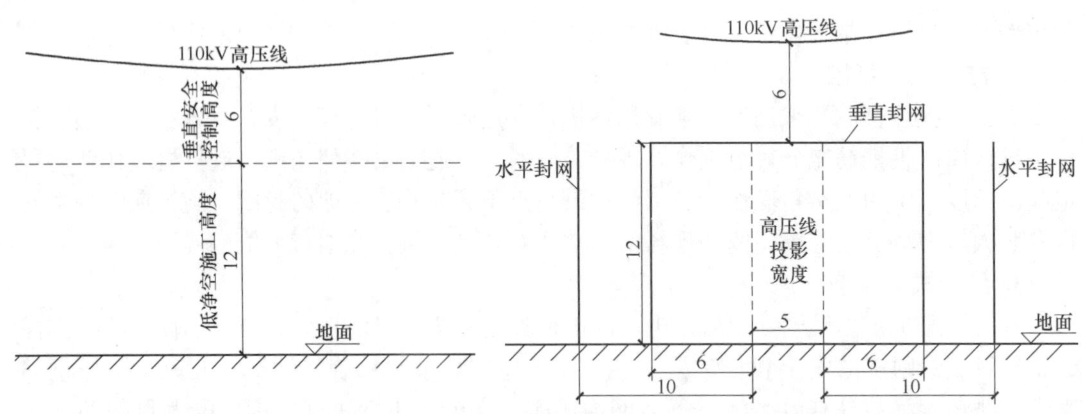

图 5.2-1 高压线下垂直安全控制高度设计剖面图（单位：m）

图 5.2-2 高压线下电力封网设计剖面图（单位：m）

2）现场电力封网实际布置

高压线影响场地北侧咬合桩的施工，现场电力封网布置包括垂直方向封网和水平方向封网的安装。

（1）在场地的西北侧（A-A_1 剖面附近），由于工地围墙与桩位的间距较小，仅在靠近围墙一侧的高压边导线投影外扩 1.5m 处，以及靠近场地一侧的高压边导线投影外扩 6m 处，沿桩位走向，在桩位两侧分别进行封网立柱基础中心线测量放样；并开挖立柱基础、浇筑钢筋混凝土基础，固定第一节格构柱；再以螺栓连接方式逐节连接短节格构柱，形成 12m 高的立柱，每间隔 20m 立一根，呈两排立于桩位两侧；最后由专业人员登上高空作业车在柱顶拉限高绳、绑彩条旗，形成纵横交错状的垂直封网，垂直封网见图 5.2-3、图 5.2-4。

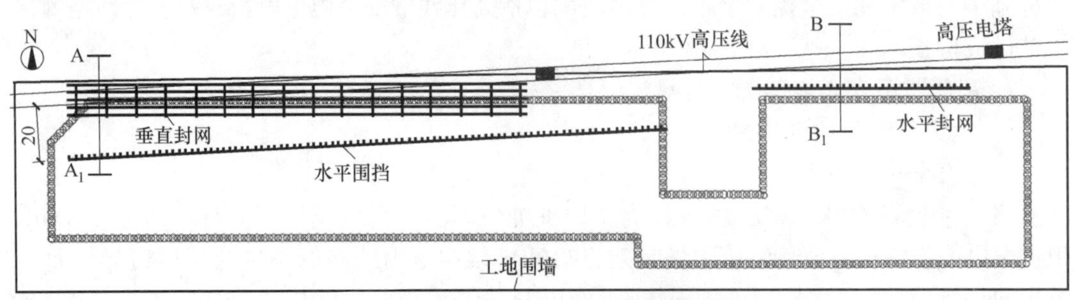

图 5.2-3 高压线下电力封网设计俯视图（单位：m）

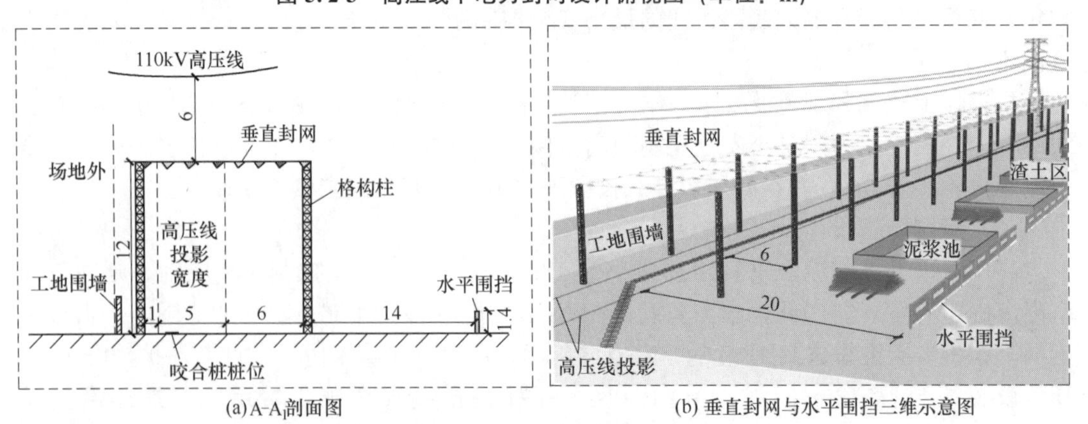

(a) A-A_1剖面图

(b) 垂直封网与水平围挡三维示意图

图 5.2-4 A-A_1 剖面封网设计示意图（单位：m）

（2）为方便场地西北侧（A-A_1 剖面附近）的咬合桩施工，在靠近场地一侧的高压边导线投影外扩约 20m 处的场地设置一排水平围挡，垂直封网区与水平围挡之间设置泥浆池、钢筋笼堆放区、渣土堆放区、临时运输通道，围挡上间隔悬挂高压线安全施工警示牌，防止大型机械、车辆进入高压线附近，电力封网设计见图 5.2-3、图 5.2-4。

（3）由于场地东北侧（B-B_1 剖面附近）的桩位与靠近场地的高压边导线投影的距离不足 10m，沿桩位走向，在桩位附近安装一排高 4m、间隔 20m 的警示杆，警示杆之间绑彩条旗形成水平封网，禁止超出垂直封网高度的大型机械、车辆驶出水平封网，防止触碰高压线，电力封网设计见图 5.2-5。

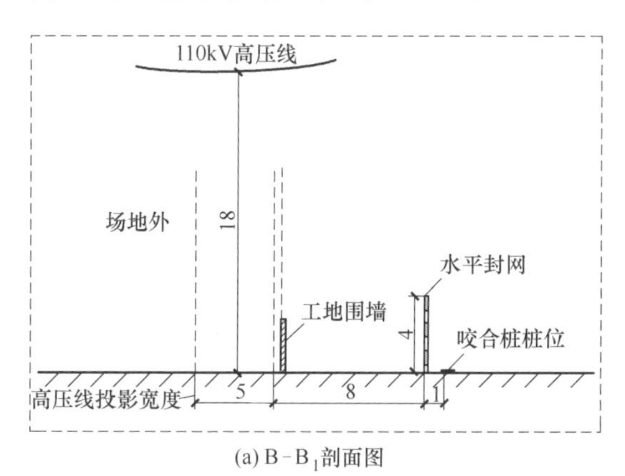

(a) B-B_1剖面图

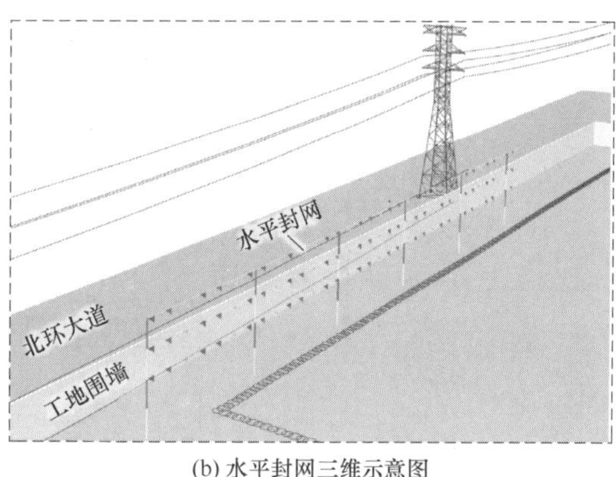

(b) 水平封网三维示意图

图 5.2-5　B-B_1 剖面封网设计示意图（单位：m）

2. 低净空灌注桩钻进成桩

1）低净空施工方案

本项目基坑支护桩平均桩长约 24m，电力封网限高 12m，为保证高压线下施工的安全控制距离，本工艺采用以下低净空施工技术：

（1）选用设备作业高度不高于 12m、输出扭矩不小于 300kN·m 的低净空旋挖钻机，满足限高 12m、钻深 24m 的高压线下桩孔需要；

（2）分短节制作钢筋笼，共分 4 节，每节长度约 6m，分节吊至孔口，采用直螺纹套筒连接方式进行节段间钢筋现场连接；

（3）灌注导管每节 3m，分节吊至孔口连接；

（4）汽车起重机起吊钢筋笼、灌注导管、灌注料斗等吊装作业时，设置低趴角度，控制吊臂最高点不超越垂直方向的封网。

2）低净空施工

电力封网下灌注桩施工示意具体见图 5.2-6。

5.2.5　施工工艺流程

高压线下低净空灌注桩电力封网安全防护施工工艺流程见图 5.2-7。

5.2.6　工序操作要点

1. 场地整平、测放桩位

（1）施工前，清除高压线下封网场地的地表杂物，对场地进行平整压实，采用全站仪

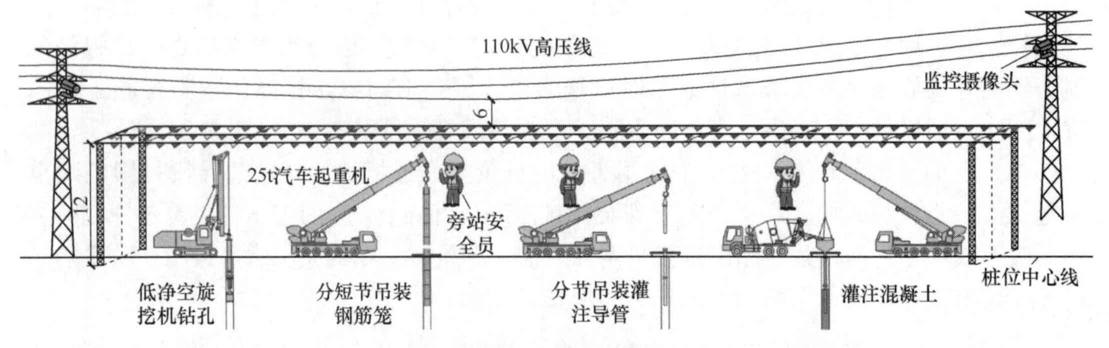

图 5.2-6　电力封网下灌注桩施工（单位：m）

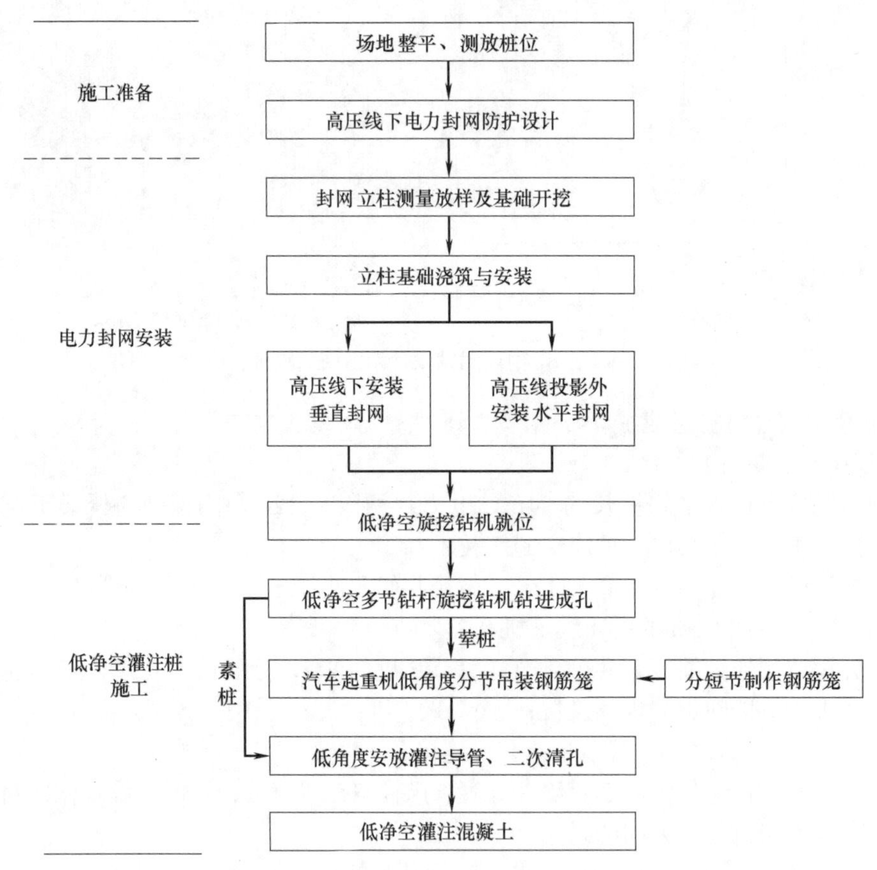

图 5.2-7　高压线下低净空灌注桩电力封网安全防护施工工艺流程图

测量高压线最低点与地面的垂距。

（2）根据设计图纸提供的坐标以及地面导线控制点测放桩位轴线，用钢筋及白灰作好标记，作为咬合桩导墙施工的控制中线和高压线下电力封网施工的位置参照线。

2. 高压线下电力封网防护设计

（1）根据相关条例，高压线附近施工机械设备与架空电力线路边线的安全控制距离需满足垂直方向和水平方向安全控制距离不小于 6m，并在高压边导线投影外扩 10m 处的场地设置警戒线，并据此作为设计依据。

（2）为确保高压线的正常运营以及支护桩基正常施工，设计在高压边导线投影外扩6m的场地范围内，沿桩位走向，在桩位上空安装限高12m的垂直方向封网；同时，在高压边导线投影外扩10m处的场地安装限高12m的水平方向封网，并挂高压线安全施工警示牌。

（3）根据相关条例、规范要求和工程特点，编制高压线下电力封网专项施工方案，并上报电力管理部门审批。

3. 封网立柱测量放样及基础开挖

（1）在桩位两侧进行格构柱立柱基础中心线测量放样，并作好标记。

（2）在场地的西北侧，由于工地围墙与桩位的间距较小，仅在靠近围墙一侧的高压边导线投影外扩1.5m处，以及靠近场地一侧的高压边导线投影外扩6m处，沿桩位走向，在桩位两侧分别进行立柱基础中心线测量放样。

（3）立柱基础中心放样后，进行1∶1放坡开挖；挖机开挖时，槽底预留20～30cm土层由人工开挖至设计标高。

4. 立柱基础浇筑与安装

（1）格构柱立柱基坑开挖后，绑扎基础钢筋骨架，并将第一节格构柱的底部固定在基础钢筋骨架上，四周支立模板；随后分层浇筑钢筋混凝土基础，并采用插入式振捣器振捣均匀，立柱基础见图5.2-8。

图5.2-8 立柱基础

（2）立柱基础达到强度后，竖直吊运下一节格构柱至第一节格构柱顶端，采用螺栓连接方式连接两节格构柱，逐节连接至12m高；每间隔20m立一根，呈两排立于桩位两侧。格构柱螺栓连接见图5.2-9。

5. 高压线下安装垂直封网

（1）立柱安装后，由专业人员登上徐工GKS26高空作业车，升高并移动至柱顶绑绝缘迪尼码绳，东西方向连接两排立柱，南北方向每间隔4m设置一道彩条旗，形成纵横交错状的垂直方向封网，安装垂直封网见图5.2-10。

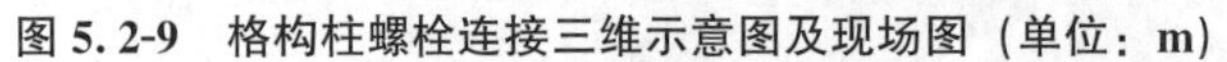

图 5.2-9　格构柱螺栓连接三维示意图及现场图（单位：m）

图 5.2-10　安装垂直封网

（2）垂直封网与高压线垂距 6m，延伸至高压边导线外 6m 宽度，垂直封网具体见图 5.2-11；垂直封网具有线下防护效果，严禁封网区内的任何机械超越垂直方向设置的封网。

图 5.2-11　垂直封网

6. 高压线投影外安装水平封网

（1）为方便场地西北侧的咬合桩施工，在靠近场地一侧的高压边导线投影外扩约 20m 处的场地设置一排水平围挡，垂直封网区与水平围挡之间设置泥浆池、钢筋笼堆放区、渣土堆放区、临时运输通道，围挡上间隔悬挂高压线安全施工警示牌，防止大型机械、车辆进入高压线附近，水平围挡见图 5.2-12。

图 5.2-12 水平围挡

(2) 由于场地东北侧的咬合桩桩位与靠近场地一侧的高压边导线投影的距离不足 10m，沿桩位走向，在靠高压边导线一侧的桩位附近安装一排高 4m、间隔 20m 的警示杆，警示杆之间绑扎彩条旗形成水平方向封网，禁止超出垂直封网高度的大型机械、车辆驶出水平封网，防止触碰高压线，水平封网见图 5.2-13。

图 5.2-13 水平封网

7. 低净空旋挖钻机就位

(1) 电力封网安装后，修筑导墙，设计导墙宽 3.75m、厚 50cm。采用人工配合机械开挖导墙沟槽、浇筑垫层、测放导槽轴线。

(2) 按设计图纸绑扎导槽钢筋、固定钢模板、两边对称交替浇筑混凝土，施工完成的导墙见图 5.2-14。导墙修筑后，低净空旋挖钻机就位，进行调平对中、安放平稳，低净空旋挖钻机就位见图 5.2-15。

图 5.2-14 封网下咬合桩导墙施工

图 5.2-15 低净空旋挖钻机就位

8. 低净空多节钻杆旋挖钻机钻进成孔

（1）咬合桩由旋挖钻机旋挖成孔，素混凝土桩直径 1.2m，钢筋混凝土荤桩直径 1.4m，平均桩长约 24m。

（2）旋挖钻机采用由徐工 XR360 改装成的低净空旋挖钻机和山河智能 300HL 低净空旋挖钻机，徐工 XR360 低净空旋挖钻机最大输出扭矩 360kN·m，桅杆高 7.66m，配置 5 节钻杆，每节钻杆长 6m；山河智能 300HL 低净空旋挖钻机高 11.5m，最大输出扭矩 320kN·m，最大钻孔深 43m。

（3）为防止钻进过程塌孔，施工素桩时，孔口埋设 3m 长钢护筒；上部土层采用旋挖钻斗从护筒内钻进取土，进入硬岩时采用旋挖筒钻切割取芯钻进。

（4）施工荤桩时，钻孔采用泥浆护壁，控制泥浆液面高于地下水位 0.5m 以上；同时，注意严格控制旋挖筒钻切割素混凝土钻速，防止咬合钻进时偏孔。

（5）电力封网下，低净空旋挖钻机钻孔通过伸缩式短节钻杆钻进，钻筒取出的钻渣直接堆放在桩孔边的地面位置，安排专人及时清理至指定位置堆放，并集中外运，低净空旋挖钻进见图 5.2-16。

（6）钻进至设计标高后，采用捞渣斗进行一次清孔；清孔后，对孔深、孔径、垂直度等进行检验后，将钻机移开桩孔。

9. 汽车起重机低角度分节吊装钢筋笼

（1）荤桩钢筋笼平均长度 24m，分短节制作钢筋笼，共分 4 节，每节长度约 6m，短节钢筋笼见图 5.2-17。

（2）采用中联重科 QY25H 汽车起重机进行钢筋笼分节吊装，起重臂以低角度起吊，确保其顶端与高压线的垂直距离大于 6m。低角度分节吊装钢筋笼见图 5.2-18。

（3）吊装时，先将上节钢筋笼横穿型钢临时支撑于导墙，再起吊下节钢筋笼至孔口上方，使上下两节钢筋笼位于同一直线上，然后进行孔口直螺纹套筒连接；全部接头连接完成，缠绕箍筋后下放入孔，直至所有钢筋笼连接完毕。

图 5.2-16 低净空旋挖钻机钻孔

图 5.2-17 短节钢筋笼

10. 低角度安放灌注导管、二次清孔

（1）咬合桩采用水下混凝土回顶法进行灌注，导管选择内径 300mm，壁厚 4mm 的钢管，标准每节长 3m。

（2）利用中联重科 ZCT300V5 汽车起重机低角度依次起吊单节导管至孔口，并逐节进行孔口连接，下放于距桩孔底 30～50cm 的位置。低角度吊放灌注导管见图 5.2-19。

（3）灌注混凝土前，测量孔底沉渣厚度，如超出设计要求则采用气举反循环进行二次清孔，通过优质泥浆循环将孔底部沉渣置换出孔。

11. 低净空灌注混凝土

（1）二次清孔满足要求后，汽车起重机低角度抬升起重臂，起吊灌注料斗至导管上方进行灌注斗安装。低角度吊装灌注料斗见图 5.2-20。

图 5.2-18　低角度分节吊装钢筋笼

图 5.2-19　低角度吊放灌注导管

（2）灌注混凝土时，定期测量孔内混凝土面高度，控制埋管深度在 2～4m；灌注结束后，拆卸灌注料斗、导管，以及起拔钢护筒过程中，严防起重机械超越封网。灌注桩身混凝土见图 5.2-21。

图 5.2-20　低角度吊装灌注料斗

图 5.2-21　汽车起重机配合灌注桩身混凝土

5.2.7　机械设备配套

本工艺施工现场所涉及的主要机械设备见表 5.2-1。

主要机械设备配置表　　表 5.2-1

名称	型号参数	备注
旋挖钻机	徐工 XR360、山河智能 300HL	取土、入岩、成孔
旋挖钻斗	直径 1.2m、直径 1.4m	土层取土
钢护筒	直径 1.3m	孔口护壁
旋挖筒钻	直径 1.2m、直径 1.4m	硬岩钻进、切割混凝土
捞渣斗	直径 1.2m、直径 1.4m	捞渣清孔
汽车起重机	中联重科 QY25H、中联重科 ZCT300V5	吊装作业
高空作业车	徐工 GKS26	高空作业
灌注导管	直径 300mm，标准节长 3m	灌注混凝土
灌注料斗	容积 $2m^3$	灌注混凝土

5.2.8 质量控制

1. 电力封网安装

(1) 格构柱、警示杆安装时，测量人员利用全站仪精确调整其位置垂直、水平，并使用扳手和扭力扳手安装螺栓、垫圈和螺母将其固定。

(2) 格构柱之间绑扎迪尼玛绳、彩条旗时，封网的每一处结点与主绳绑扎牢固。

(3) 定期巡查防护封网、格构柱立柱，发现绑扎节点、螺栓、格构柱出现松动、损坏，及时拉线重新收紧、恢复；定期检查监控报警系统是否及时上传高压线下施工情况，确保系统正常运行。

2. 低净空旋挖钻进成孔

(1) 旋挖钻进过程中，控制泥浆液面高度高过地下水位线 0.5m 以上，保证护壁效果，预防塌孔；同时，旋挖钻机手观察操作室测斜仪变化，检查钻孔直径和垂直度，及时纠偏，严格控制垂直精度。

(2) 低净空旋挖钻机扭矩较小，荤桩成孔时，严格控制切割素混凝土的钻速，慢速钻进，防止偏孔。

(3) 钻进取土时，保持钻斗装渣量控制在 70%左右，防止过满造成出渣困难。

3. 低角度分节吊装钢筋笼

(1) 采用汽车起重机进行吊装，钢筋笼采用双钩多点起吊，缓慢移动作，避免扭转、弯曲。

(2) 分节吊装钢筋笼时，先将上节钢筋笼横穿型钢临时支撑于导墙，再起吊下节钢筋笼至孔口上方，使上下两节钢筋笼中心对准，然后在孔口连接。

4. 低净空灌注混凝土

(1) 由于施工高度受限，混凝土灌注效率较低，灌注时，保持混凝土灌注的连续性，并及时进行拔管、拆管。

(2) 灌注过程中，定期检查汽车起重机吊索具，保持良好工况，确保灌注顺利进行。

5.2.9　安全措施

1. 电力封网安装

（1）安装封网时，吊装、登高作业人员严格遵守吊装施工和高空安全操作规程，由安全员全程监督，控制起重臂伸展高度以及立柱等不超出安全距离。

（2）登高绑扎迪尼玛绳、彩条旗时，随车吊支腿处严格进行整平夯实。

（3）高压边导线外扩 10m 的水平封网处设置明显的安全警示标志，起重设备操作人员、电工等特种和关键工种人员进入封网区施工需配备绝缘手套、绝缘鞋，严禁无防护设施进行施工。

（4）定期对防护封网、格构柱立柱进行检查，发现彩条旗、螺栓等出现松动、损坏，及时更换。

2. 低净空旋挖钻机钻进成孔

（1）低净空旋挖钻机就位时，在履带下铺设钢板，防止压塌导墙。

（2）成孔后，及时在孔口加盖或设安全标识，防止人员坠入。

3. 低角度分节吊装钢筋笼

（1）吊装前，检查汽车起重机的变幅指示器、力矩限制器、行程限位开关等安全保护装置，确保其灵敏、可靠；同时，检查钢丝绳是否开裂，防止钢丝绳突然断裂引起反弹而碰触高压线。

（2）汽车起重机低净空作业前，对杆长幅度、起重能力、提升高度以及吊装起止点进行详细验算，检查悬吊及捆绑情况；吊装时，在司索工指挥下，设置低趴角度，控制吊臂最高点不超越垂直方向的封网。

4. 低净空灌注混凝土

（1）灌注混凝土时，控制吊臂高度，确保最高点始终处于安全范围内并与封网保持安全距离。

（2）混凝土灌注结束后，桩顶混凝土低于现状地面时，及时进行回填处理，设置围挡和安全标志。

第6章　潜孔锤灌注桩施工新技术

6.1　深厚填石层灌注桩双动力潜孔锤跟管钻进成桩综合施工技术

6.1.1　引言

合生时代城小学项目桩基础工程位于广东省惠州市大亚湾区西区响水河、石化大道南侧，现场地势起伏较大，场地处于两座山的峡谷间，根据勘察孔揭露场地自上而下主要分布素填土（平均层厚2m）、填石（平均层厚16m）、粉质黏土（平均层厚3m）、全风化或强风化砂砾岩（平均层厚3m）和中风化砂砾岩。项目桩基础设计为钻孔灌注桩，桩径800mm，桩端持力层为中风化砂砾岩，平均桩长25m。在试桩期间，成孔采用旋挖钻进工艺，但由于填石层厚度大，最深可达22.5m，导致护筒压入困难，且填石层块石粒径0.15～2.00m，密实性、均匀性和分散性差，填石间空隙大、渗透性强，造成严重漏浆、塌孔，严重影响桩基础正常施工。

为了解决上述深厚填石层灌注桩施工难题，针对项目现场条件、设计要求，结合实际工程项目实践，项目组对“深厚填石层灌注桩双动力潜孔锤跟管钻进成桩综合施工技术”进行了研究，利用多功能钻机内侧动力头驱动潜孔锤冲击凿岩钻进，发挥潜孔锤高效破岩的优势，快速超前穿越填石层；利用多功能钻机外侧动力头通过特制接驳器驱动套管跟进护壁，有效避免了塌孔。同时，在潜孔锤高压气输送管路增设支管输入液态水，液态水被高压气流雾化后，与粉尘快速结合并湿润渣粒，在高风压作用下裹挟孔内岩渣排出孔外，避免扬尘造成环境污染；另外，当终孔后跟管套管顶部处于地面以上较高位置时，采用互嵌式作业平台吊装固定在高位套管口，为作业人员提供吊放钢筋笼、安放灌注导管、灌注桩身混凝土等工序的安全作业平台，避免了高位套管口作业的安全隐患，达到了施工高效、质量可靠、安全可控、绿色环保的效果。

6.1.2　工艺特点

1. 施工高效

本工艺利用多功能钻机内侧动力头驱动潜孔锤冲击成孔，一径到底，破岩效率高，对填石层可实现快速穿越；同时，外侧动力头通过特制接驳器驱动套管跟进护壁，避免成孔时出现塌孔、漏浆等；另外，配备空压机组提供高风压连续将破碎的岩渣吹出孔外，减少孔内岩渣重复破碎，实现高效破岩钻进。

2. 质量可靠

本工艺采用潜孔锤套管跟管钻进，上部土层段完全由套管护壁，有效避免了潜孔锤冲击成孔过程中高风压对孔壁稳定的影响，孔壁形状规整，钻孔垂直精度高；终孔后采用潜孔锤高风压、高水压清孔，有效将孔底岩渣携带至地面，孔底可实现零沉渣，灌注成桩质量可靠。

3. 安全可控

本工艺选用SWSD3612型多功能钻机施工，钻机配备了大直径高强度立柱、铰接三点支撑和高稳定性步履式底盘，内外侧动力头转矩相反、相互抵消、自行平衡，保证了钻进过程的整体稳定性；同时，在套管顶部处于地面上较高位置时，使用互嵌式高处作业平台，保障了作业人员的操作安全。

4. 绿色环保

本工艺采用潜孔锤破岩及土层跟管钻进工艺，钻进过程不使用泥浆护壁，提升了现场文明施工水平；同时，在传统潜孔锤油雾管路中增设液态水输入，液态水在高压气流作用下直接与破碎的岩渣、尘粒混合，并通过钻杆和套管间的空隙上返排出孔外，避免了高风压携带渣粒出孔四处飘散产生粉尘污染。

6.1.3　适用范围

适用于填石、抛石、卵石、漂石地层及中、微风化等坚硬岩层的灌注桩工程，适用于钻孔直径600～1200mm灌注桩潜孔锤跟管成孔施工，适用于套管顶互嵌式作业平台的作业高度不大于5m。

6.1.4　工艺原理

本工艺采用深厚填石层灌注桩双动力潜孔锤跟管钻进技术成桩，其关键技术包括四个方面：一是潜孔锤高效破岩快速穿越深厚填石层钻进成孔；二是采用多功能钻机双动力头同步实现潜孔锤钻进和套管护壁；三是利用气液降尘系统降低出渣扬尘污染；四是在高位套管顶采用互嵌式作业平台完成高处吊放钢筋笼、导管以及灌注桩身混凝土等。

1. 潜孔锤穿越深厚填石层钻进原理

潜孔锤以压缩空气作为动力，压缩空气由空气压缩机提供，经钻杆内腔进入潜孔锤冲击器，推动潜孔锤超高频工作，并利用潜孔锤的往复冲击作用达到破岩的目的，被破碎的岩屑随潜孔锤高风压携带至地表。由于冲击频率高、低冲程，使得破碎的岩屑颗粒小，便于压缩空气携带，岩屑在钻杆与套管间的间隙中上升的过程不容易形成堵塞，孔底干净。多功能钻机潜孔锤施工示意见图6.1-1。

2. 多功能钻机双动力头钻进原理

1）双动力头潜孔锤跟管钻进

本工艺选用的SWSD3612型多功能钻机配备内侧、外侧动力头（图6.1-2），内侧动力头与外侧动力头分别驱动内侧钻杆、潜孔锤和外侧套管钻孔，同步实现潜孔锤钻进和套管护壁。

（1）内侧动力头

多功能钻机内侧动力头驱动套管内的潜孔锤振动，并按顺时针方向钻进。潜孔锤钻杆顶部外接高风压动力装置，输送压缩空气作为动力，冲击器在高压空气作用下产生超高频振动，并带动钻头对岩石进行直接冲击破碎，破碎的岩渣在超高压气流作用下，沿潜孔锤钻杆与套管间的空隙被液态水雾裹挟直接带至地面。施工现场多功能钻机内侧动力头驱动钻杆作业见图 6.1-3。

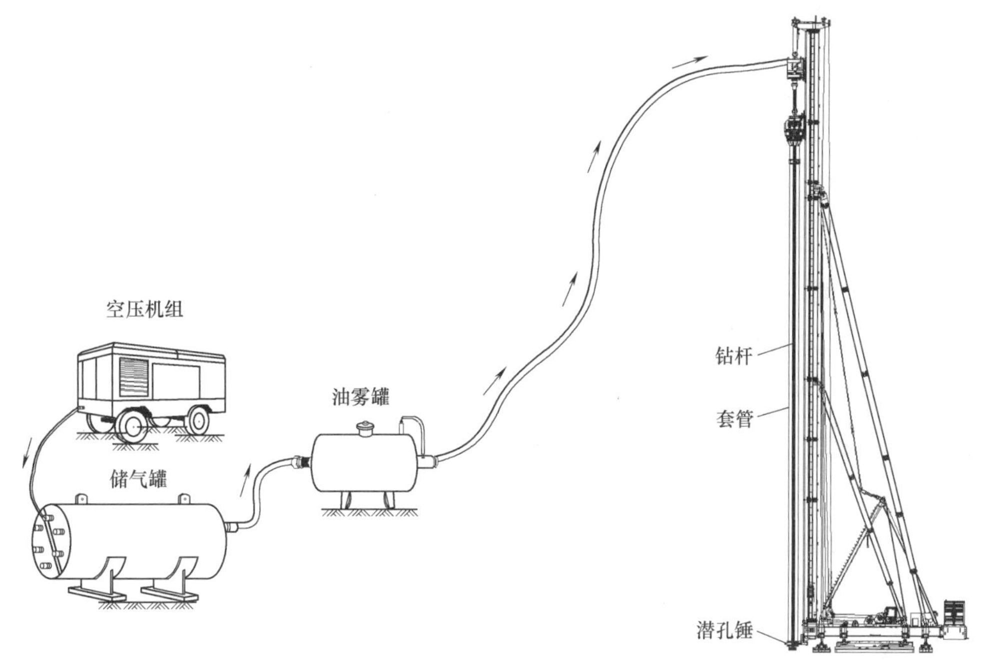

图 6.1-1 多功能钻机潜孔锤施工示意图

图 6.1-2 多功能钻机

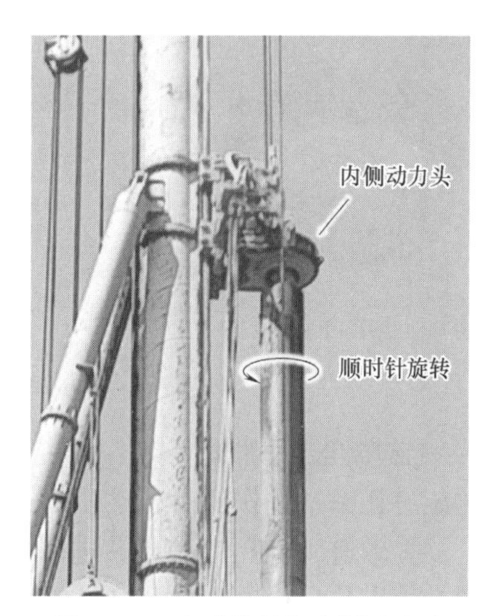

图 6.1-3 多功能钻机内侧动力头

（2）外侧动力头

多功能钻机外侧动力头驱动护壁套管作业，并按逆时针方向钻进。工作时动力头通过特制的接驳器与套管连接，套管长度根据不同桩位进行工厂订制及一体化成型，其底端装有合金切削刀头；在多功能钻机外侧动力头的驱动下，套管对地层进行强力切削。施工现场多功能钻机外侧动力头驱动套管作业见图 6.1-4。

（3）内侧、外侧动力头配合钻进

钻进上部土层时，套管在钻机液压作用下超前环钻护壁，潜孔锤在套管内冲击钻进；钻进遇填石、孤石、硬质岩层时，套管无法压入，则改换潜孔锤超前冲孔钻进，套管同前

图 6.1-4　多功能钻机外侧动力头

跟进护壁，直至将套管压入至持力岩层顶面，潜孔锤则持续破岩至终孔。

2）外侧动力头与套管接驳原理

本工艺采用特制接驳器将钻机外侧动力头与套管连接，即在外侧动力头设有母接头结构，在套管顶部设有公接头结构。为确保套管筒体受力均衡，在母接头内壁环向均匀设有4个“L”形接驳凹槽，并在外侧焊接弧形钢板加强凹槽处的整体刚度，而公接头外壁相应位置处设有4个凸出卡扣。连接时，转动外侧动力头使母接头位置对准公接头，缓慢下放使公接头外壁的卡扣插入母接头内壁的凹槽内；然后逆时针旋转母接头，卡扣便卡在凹槽内，公母接头耦合连接完成，并在外侧动力头母接头凹槽的孔洞用条形卡销固定，避免接驳器与外侧动力头脱开。接驳结构公母接头耦合连接原理见图6.1-5。

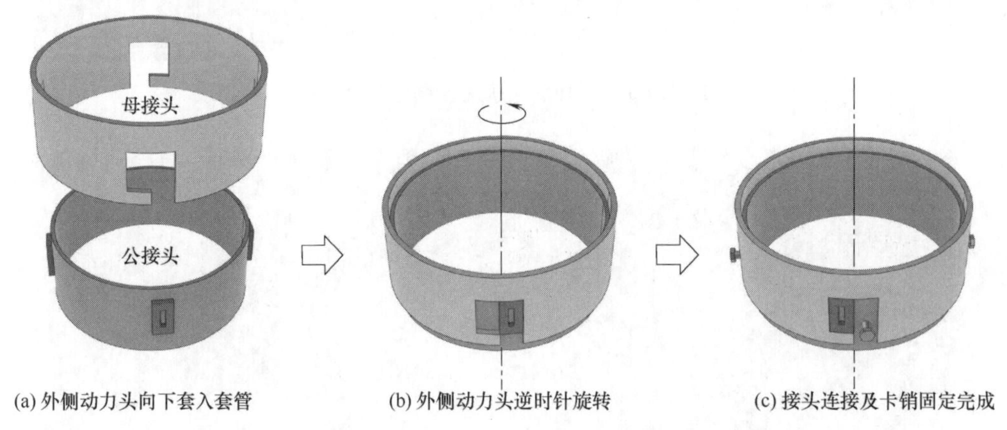

(a) 外侧动力头向下套入套管　(b) 外侧动力头逆时针旋转　(c) 接头连接及卡销固定完成

图 6.1-5　接驳结构公母接头耦合连接原理示意图

3. 气液降尘工作原理

传统潜孔锤钻进作业时，空压机产生的高风压经过储气罐、油雾罐进入潜孔锤完成钻进破岩，高风压将被破碎的岩屑携带出孔，粉尘、灰尘散布在孔口（图6.1-6）。

为了避免现场粉尘污染，本工艺在上述管线和设施布置中，在油雾罐的出口处增设了一条支管，支管由一台高压泵输入液态水。空压机产生的高速气流，通过高压气管汇集于储气罐中，继而输送至油雾罐将润滑油和液态水雾化，三相物质共同输送至潜孔锤钻杆，并顺着钻杆输送至冲击器和潜孔锤锤头。由于从潜孔锤头高压喷出的水雾会携带较高的正负电荷，通过扩散的综合作用，水雾快速与空气中悬浮的粉尘颗粒结合，同时湿润体积较大的岩渣及

图 6.1-6　潜孔锤岩层段钻进喷出的岩屑粉尘

土屑，最后在高风压作用下裹挟尘渣通过钻杆和套管的间隙上返至孔口，避免了扬尘造成环境污染。潜孔锤气液钻进管路布设模型见图 6.1-7。

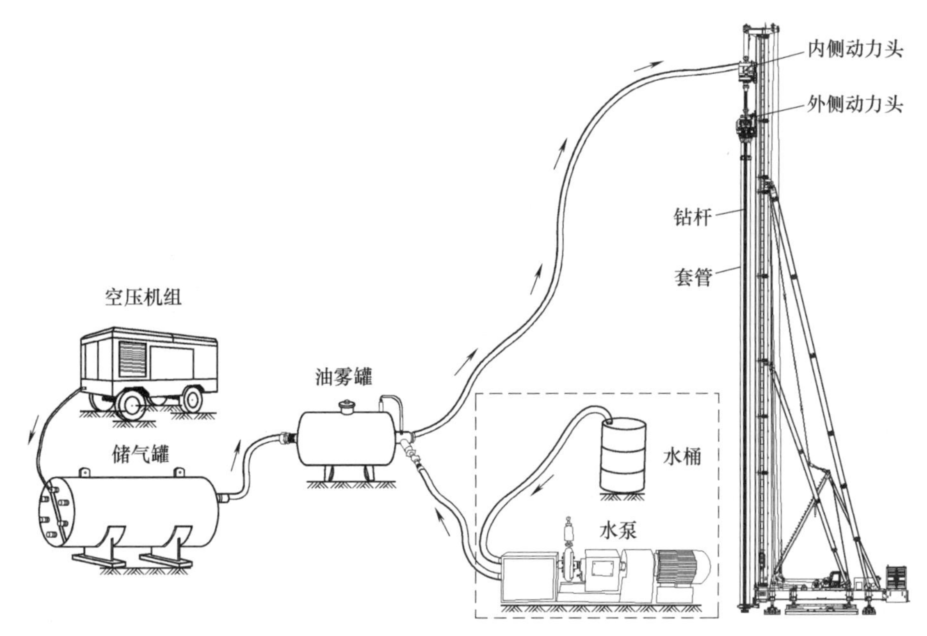

图 6.1-7　多功能钻机潜孔锤气液钻进管路布设

4. 高位套管互嵌式作业平台灌注工艺原理

由于场地桩端持力层起伏大，终孔后易出现套管顶部处于地面上较高位置的情况。为了避免切割套管导致材料和工时浪费，本工艺采用在套管顶架设互嵌式作业平台进行桩身混凝土灌注作业。

（1）互嵌式作业平台设计

互嵌式作业平台由固定套筒、作业平台两部分构成，具体见图 6.1-8。

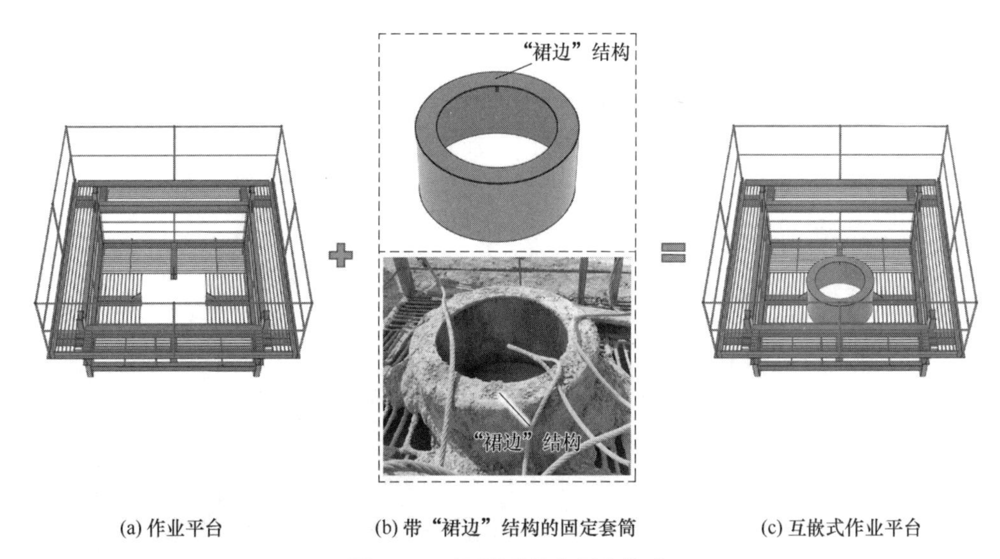

(a) 作业平台　(b) 带“裙边”结构的固定套筒　(c) 互嵌式作业平台

图 6.1-8　互嵌式作业平台构成

(2) 互嵌式作业平台施工

互嵌式作业平台采用整体制作、整体吊装，并固定在套管的管口位置，其不受套管管口标高位置影响。起重机将互嵌式作业平台水平吊至套管顶部位置，使固定套筒中心点对准套管中心点后，缓慢下放平台，使套管嵌入套筒内，并利用套筒顶部的“裙边”结构将作业平台限位并固定在套管顶。由于套筒和套管具有较好的贴合性，使得平台稳固在套管顶上，消除了作业人员在高位套管顶进行作业时产生的安全隐患。平台固定完成后，在平台套筒顶部安放灌注导管和灌注料斗，并在沉渣检测合格后，采用吊灌的方式灌注桩身混凝土。套管嵌入平台固定套筒三维示意见图 6.1-9，互嵌式作业平台吊灌混凝土三维示意和现场施工情况见图 6.1-10、图 6.1-11。

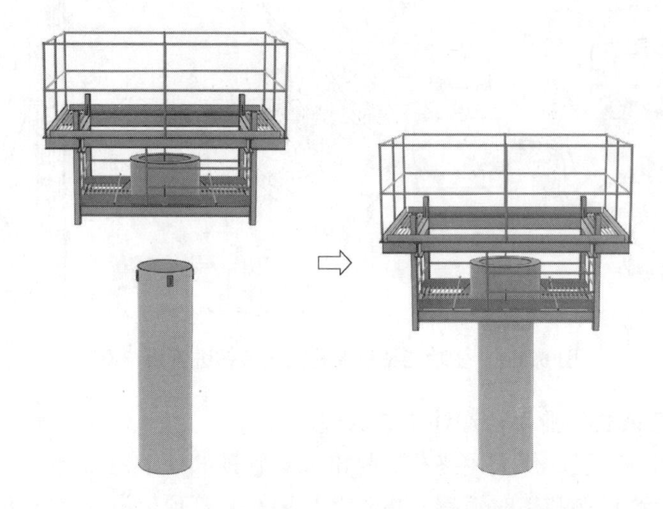

图 6.1-9　套管嵌入平台固定套筒三维示意图

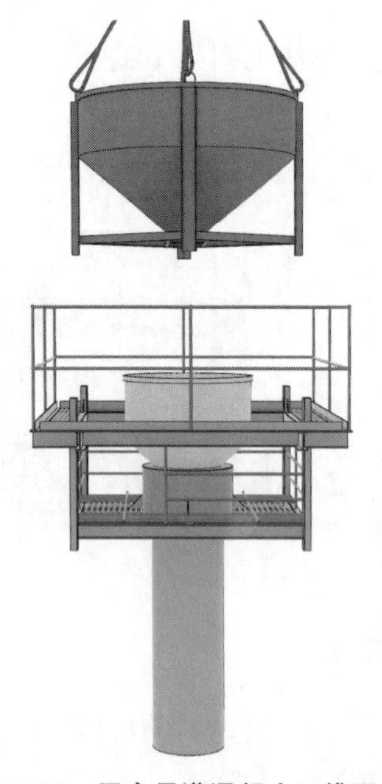

图 6.1-10　平台吊灌混凝土三维示意图

图 6.1-11　平台吊灌混凝土现场

6.1.5 施工工艺流程

以惠州合生时代城小学项目桩基础工程 44 号孔位的钻孔施工为例，说明施工工艺流程及操作要点。该孔位根据钻探揭露场地内钻孔涉及的地层自上而下主要为：素填土层 2.42m，填石层厚 17.26m，全风化砂砾岩层厚 2.38m，中风化砂砾岩层厚 1.09m，工程桩桩径 800mm，桩长 23.15m。

深厚填石层灌注桩双动力潜孔锤跟管钻进成桩综合施工工艺流程见图 6.1-12，主要工序操作示意见图 6.1-13。

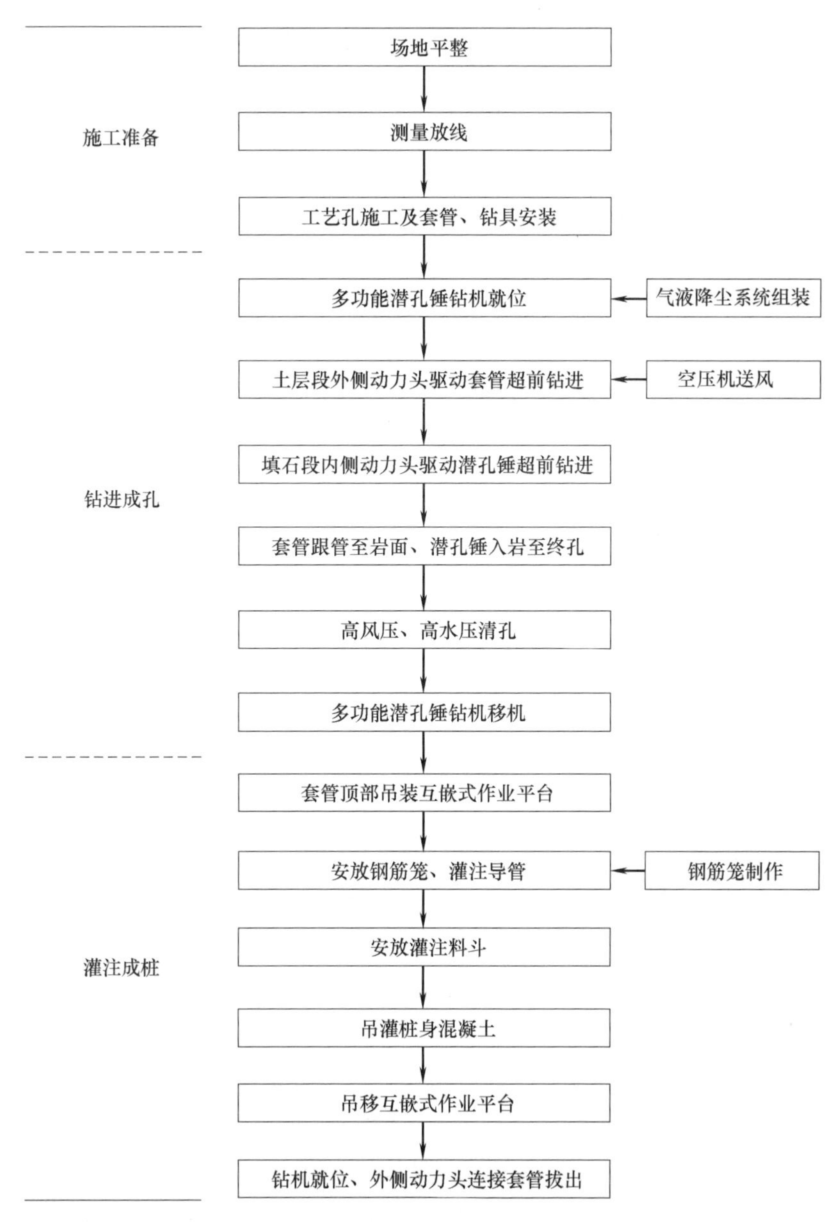

图 6.1-12 深厚填石层灌注桩双动力潜孔锤跟管钻进成桩综合施工工艺流程图

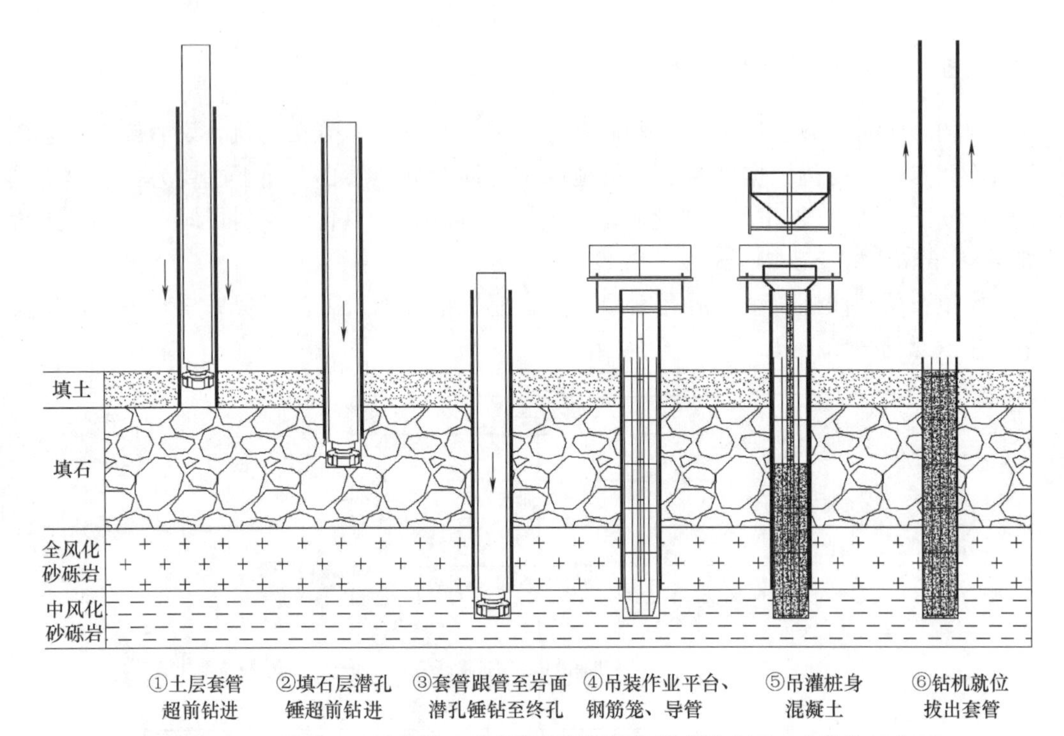

图 6.1-13　深厚填石层灌注桩双动力潜孔锤跟管钻进成桩主要工序操作示意图

6.1.6　工序操作要点

1. 场地平整

（1）考虑到多功能钻机整机尺寸较大，步履行走对场地要求高，在施工前对施工场地进行平整，确保钻机就位和行走安全。

（2）平整场地时，对钻机行走区内的局部软弱部位进行换填、压实，确保多功能钻机作业时产生振动后不发生偏斜。

图 6.1-14　桩位放样

2. 测量放线

（1）依据施工图复核桩位轴线控制网和高程基准点，在场地内布置定位轴线，以便施工过程中部分桩位标记被扰动后，快速重新确定桩位。

（2）根据桩位平面布置图，采用 RTK 测量仪和全站仪对桩位中心点进行现场放样，使用木桩标记桩位；根据放样桩位张拉十字交叉线，线端处设置 4 个控制桩作为定位点以便桩位复核，桩位放样见图 6.1-14。

3. 工艺孔施工及套管、钻具安装

（1）由于钻杆和套管长度大且为一次性连续钻进，受桩架高度影响，正式施工前先在施工现场钻挖直径 1000mm、孔深 25m 的工艺孔；工艺孔设置在桩位孔附近，采用本工艺成孔，将直径 1000mm 的套管钻入

至预定孔深后，随即将钻杆提离出孔，套管保持孔内护壁。

（2）工艺孔施工完成后，将直径 800mm 的套管吊放入工艺孔内，再调整钻机桩架位置使潜孔锤钻杆对准工艺孔，自上而下伸入套管内；套管顶部与外侧动力头通过预设的接驳器连接，回转卡紧，随后将套管和钻杆同时提离出孔。

4. 多功能潜孔锤钻机就位

（1）本工艺选用 SWSD3612 型双动力多功能钻机施工，该钻机额定功率为 400kW，动力头输出扭矩为 600/360kN·m，最大提升力为 800kN。

（2）钻机利用自身液压系统、行走机构移动至孔位，在桩位中心点复核无误后，调整钻机位置使套管对中；移位过程中，派专人指挥，定位完成后将钻机固定，多功能钻机套管对中见图 6.1-15。

5. 气液降尘系统组装

（1）潜孔锤钻进的供气装置由两台 S100D 空压机供气，总供气量 $62m^3/min$；配备一台储气罐，及相应连接高压气管，现场布置与连接见图 6.1-16。

图 6.1-15　多功能钻机套管对中

图 6.1-16　S100D 空压机组现场布置与连接

（2）油雾罐进气端与储气罐连接，送气端与多功能钻机气管连接并外接高压水支路；高压气体由两台空压机输送至储气罐汇合后，经高压气管输送至油雾罐，随后油、气、水三相汇合输送至多功能钻机钻头，现场布置及连接见图 6.1-17、图 6.1-18。

图 6.1-17　气液降尘系统连接

图 6.1-18　油雾罐接口连接

（3）高压水泵的进水管与蓄水桶相连，水泵的输水管与油雾罐送气端的高压气管连接，液态水在水泵压力作用下被输送至高压气管中与高压气体混合，高压水泵和蓄水桶连接见图 6.1-19。

图 6.1-19　高压水泵和蓄水桶连接

6. 土层段外侧动力头驱动套管超前钻进

（1）钻进采用直径为 730mm 潜孔锤钻头，跟管套管外径为 800mm，壁厚 15mm。开钻前，对桩位定位、套管垂直度进行复核检验，并将套管和潜孔锤钻头提离地面 20～30cm，启动空压机、内侧动力头和高压水泵，套管口出风正常时即可开始钻进作业。

（2）将套管轻轻下放至地面，在外侧动力头液压系统提供的加压和回转动力下，套管逆时针旋转，其底端的合金切削刀头对地层进行强力切削，并逐渐压入地层中。

（3）钻进上部土层时，采用“外侧动力头驱动套管超前钻进，内侧动力头同步驱动潜孔锤跟进”，以提高潜孔锤冲击钻进时的稳定性，保证上部土层套管的垂直度。

（4）套管超前旋转压入 1.0～1.5m 后，内侧动力头驱动潜孔锤轻轻下放至地面，在高压缩空气的动力驱动下，潜孔锤钻头往复冲击开始钻进作业；钻渣被液态水和水雾裹挟，在高风压作用下从套管与钻杆之间间隙上返至套管管口，并堆积在孔口附近。现场潜孔锤钻头见图 6.1-20，土层外侧动力头驱动套管钻进见图 6.1-21。

图 6.1-20　潜孔锤钻头

图 6.1-21　外侧动力头驱动套管钻进

7. 填石段内侧动力头驱动潜孔锤超前钻进

（1）当套管钻至填石层面时，套管钻进受阻，此时采用“内侧动力头驱动潜孔锤超前钻进，外侧动力头同步驱动套管跟管护壁”的方式施工。

（2）内侧动力头驱动潜孔锤连续冲击破岩直至超前套管底口，随即外侧动力头驱动套管快速跟进护壁，避免填石层块石移位导致重复破碎。

8. 套管跟管至岩面、潜孔锤入岩至终孔

（1）在全风化砂砾岩层钻进时，保持潜孔锤超前钻进，套管跟进护壁直至中风化持力层岩面。

（2）当需要接长钻杆时，松开动力头与套管和钻杆的连接，将潜孔锤钻杆吊至孔口，采用插销连接，并将钻杆与钻机动力头连接（图6.1-22），继续潜孔锤破岩至终孔。

（3）在钻进入岩过程中，每钻进 0.5m 时收集孔口上返岩渣，根据岩渣性状和前期勘探资料综合判断入岩情况，直至桩端进入持力层设计深度，现场终孔时留存岩样见图 6.1-23。

图 6.1-22 潜孔锤钻机孔口接长钻杆

图 6.1-23 44 号桩终孔岩样

（4）终孔后，拔出接驳器上的条形卡销，外侧动力头通过顺时针旋转退出公母接驳接头的耦合状态，缓慢上提钻机外侧动力头使母接驳接头和套管上的公接驳接头完全分离，（图 6.1-24）。

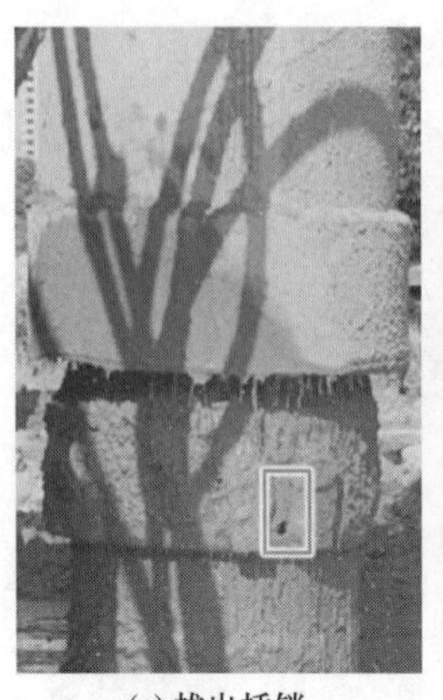

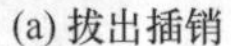

(a) 拔出插销

(b) 顺时针旋转退出耦合状态

(c) 上提外侧动力头

(d) 动力头与套管分离

图 6.1-24 钻机外侧动力头与套管分离过程

（5）外侧动力头与套管分离后，通过提升内侧动力头将潜孔锤钻头缓慢提离出孔，采用测绳量取终孔深度并记录。

9. 高风压、高水压清孔

（1）启动内侧动力头，再次将潜孔锤缓缓下放至孔底，启动空压机送风，并加大液态水的泵送量，采用高风压、高水压进行清孔。

（2）在清孔过程中，安排专人监控高压水泵水压情况及供水状态，保证清孔过程的泵水量，待排出孔口的浆液无粗颗粒时，确认为孔底沉渣清除干净。潜孔锤锤头喷射高压气流、高压水流见图 6.1-25，现场清孔见图 6.1-26。

图 6.1-25 潜孔锤锤头喷射高压气流、高压水流

图 6.1-26 清孔

10. 多功能潜孔锤钻机移机

（1）清孔完成后，关闭空压机组动力，将潜孔锤缓慢提离出孔，多功能钻机移位至下一桩位继续施工。

（2）移机过程中，安排专人指挥，并保证移机路线满足多功能钻机行走的平整度、压实度等要求。

11. 套管顶部吊装互嵌式作业平台

（1）终孔后，如出现套管口处于地面以上较高位置，此时采用互嵌式作业平台进行桩身混凝土灌注作业；利用起重机将互嵌式作业平台吊至套管管顶位置，缓慢平稳下放，使套管顶部嵌入套筒。

（2）吊装过程中，指派专人指挥，保证吊装范围内作业安全。

（3）平台吊装并校正完成后，由监理人员旁站，施工人员使用测绳进行孔底沉渣检测，作业平台上测量沉渣见图 6.1-27。

12. 钢筋笼制作

（1）本项目钢筋笼根据终孔后测量的桩长按一节在现场直接加工制作，安放时由起重机一次性吊装就位，以减少工序的等待时间。

（2）钢筋笼底部制作成楔尖形，以方便下入孔内；为保证主筋保护层厚度，钢筋笼每一周边间距设置混凝土保护块，现场制作完成的钢筋笼见图 6.1-28。

图 6.1-27　沉渣检测

图 6.1-28　现场制作完成的钢筋笼

13. 安放钢筋笼、灌注导管

（1）钢筋笼起吊时，采用专用吊钩多点起吊，并采取临时保护措施，保证钢筋笼吊放不变形。

（2）吊至孔口后，对准套管口，吊直扶稳，缓慢下放入孔；笼体下放至设计位置后，在孔口固定，防止钢筋笼在灌注混凝土时出现上浮下窜。钢筋笼现场吊运见图 6.1-29、图 6.1-30。

（3）混凝土灌注导管选择直径 220mm 导管，采用起重机将灌注导管分节吊至作业平台套筒口进行连接，施工人员在互嵌式作业平台套筒口利用灌注架对灌注导管进行固定和接长。

（4）灌注导管安装完毕后，再次测量孔底沉渣厚度（图 6.1-31），满足要求后则及时灌注桩身混凝土。

14. 安放灌注料斗

（1）灌注导管安装好后，起重机将孔口灌注斗吊至套筒顶部与导管连接固定。

（2）在孔口灌注斗底口处塞入灌注球胆，在料斗底口放置初灌提升盖板，灌注料斗安放见图 6.1-32。

图 6.1-29　钢筋笼起吊

图 6.1-30　钢筋笼吊入套管

图 6.1-31　平台上灌注前孔底沉渣测量

图 6.1-32　灌注料斗安放

15. 吊灌桩身混凝土

（1）桩身混凝土采用 C30 水下商品混凝土，坍落度 180～220mm；桩身混凝土通过混凝土罐车卸入容积为 $3m^3$ 的吊斗中，现场卸料至吊斗见图 6.1-33。

（2）采用起重机将装满混凝土的吊斗吊至容积为 $1m^3$ 孔口灌注斗上方，待吊斗平稳后，打开卸料口，吊斗内的混凝土卸入孔口灌注斗；当孔口灌注斗即将灌满混凝土时，采用副吊提出灌注斗底口的盖板，完成混凝土初灌，吊斗就位见图 6.1-34，吊灌桩身混凝土见图 6.1-35。

图 6.1-33 混凝土罐车卸料至吊斗

图 6.1-34 吊斗就位

图 6.1-35 吊灌桩身混凝土

（3）灌注过程中，定时测量套管内混凝土面上升高度；灌注至桩顶标高时，超灌足够的高度，既满足拔出套管后混凝土扩散量，还要满足桩顶起灌 80～100cm。

16. 吊移互嵌式作业平台

（1）桩身混凝土吊灌完成后，采用起重机将灌注导管、孔口灌注斗吊至地面。

（2）作业人员利用钢丝绳连接起重机主钩和平台卸扣后通过活动爬梯下至地面，起重机随后将互嵌式作业平台吊移。

17. 钻机就位、外侧动力头连接套管拔出

（1）多功能钻机移位至孔口，校准定位后外侧动力头利用接驳器与套管连接，通过钻机的液压系统逆时针旋转

图 6.1-36 钻机起拔套管

缓慢拔出套管，施工现场钻机起拔套管见图 6.1-36。

(2) 套管完全拔出后对混凝土灌注顶标高进行复测，确保满足设计要求。

6.1.7 机械设备配置

本工艺现场施工所涉及的主要机械设备见表 6.1-1。

主要机械设备配置表　　表 6.1-1

名称	型号	数量	备注
多功能钻机	SWSD3612	1台	成孔动力输出
潜孔锤头	直径 730mm	1套	破岩钻进
空压机	S100D	1组,2台	高压气体输出
储气罐	0.3m^3	1台	高压气体存储
油雾罐	35L	1台	输送润滑油
起重机	SR-50	1台	吊装钢筋笼、灌注混凝土
挖掘机	PC200-8	1台	平整场地、渣土转运、清理
高压水泵	Y160L-4	1台	泵送液态水
电焊机	NBC-250	1台	焊接、加工
RTK 测量仪	中海达 F91	1台	测量定位
全站仪	ES-600G	1台	桩位放样、垂直度观测
嵌入式作业平台	自制	1个	辅助灌注混凝土
灌注斗	1m^2	1个	孔口灌注混凝土
吊斗	3m^2	1个	吊运混凝土
灌注导管	直径 220mm	40m	灌注混凝土

6.1.8 质量控制

1. 双动力潜孔锤破岩成孔

(1) 多功能钻机设备底座尺寸大，钻机就位前将场地平整压实，就位后通过液压系统调节支腿始终保持平衡，确保施工过程中不发生倾斜和偏移，保证桩孔垂直度满足要求。

(2) 在填土层钻进时，采用套管超前钻进护壁，以保证钻孔垂直度；在填石层、硬岩层钻进时，采用潜孔锤超前钻进引孔，以避免套管歪斜；钻进过程中。对套管垂直度进行监测，若存在偏位，及时进行调整。

(3) 供气装置与多功能钻机的距离控制在 60m 范围内，以避免压力及气量下降而影响潜孔锤破岩和出渣效率；实际操作中，视套管顶返渣情况和破岩效率对空压机气压进行动态调节。

(4) 作业前，对空压机、储气罐、油雾罐、水泵等设备和管路中的接管法兰、气管接头、管口等进行全面检查，包括规格型号、密封性、裂痕、锈蚀等，及时处理缺陷，保证潜孔锤钻进和出渣正常。

2. 互嵌式作业平台制作与吊装

(1) 严格按照作业平台设计尺寸进行制作，确保套筒尺寸和套管相匹配，满足现场使用要求。

（2）作业平台吊装就位时，使套管中心点和平台套筒中心重合，并调整平台套筒肋板与套管顶部的公接驳接头错开，使套筒的“裙边”结构直接架在套管顶部，防止平台晃动。

3. 互嵌式作业平台灌注混凝土成桩

（1）沉渣检测合格后，尽快缩短灌注混凝土的准备时间，及时进行初灌，防止时间过长造成孔内沉渣超标；灌注采用吊灌方式施工，保持灌注过程连续紧凑，做好混凝土材料的及时供应。

（2）灌注导管经水密性试验合格后使用，防止漏气影响桩身灌注质量；灌注过程中，严禁将导管提离混凝土面，埋管深度控制在 2～4m，导管提升时避免碰撞钢筋笼和平台套筒的“裙边”结构。

（3）混凝土灌注时，提前预计外侧动力头将套管拔出后混凝土面下降的高度，灌注桩身混凝土时超灌足够高度，以保证有效桩长。

6.1.9 安全措施

1. 双动力潜孔锤破岩成孔

（1）作业前，检查机具的紧固性，不得在螺栓松动或缺失状态下启动；作业中，保持钻机液压系统处于良好的润滑状态。

（2）钻机移位时，采用钢丝绳将钻头固定，防止钻头晃动碰触造成安全隐患。

（3）对已施工完成的桩孔，及时采用孔口覆盖、回填等方式进行防护，防止钻机陷入发生机械倾覆。

（4）空压机、储气罐、水泵由专人操作与监控，非本岗人员严禁操作；作业前，检查储气罐、油雾罐、高压水泵及压力表、阀门等是否正常，保持各段气体输送管道通畅以及接头处的气密性。

（5）高压气管和空压机、油雾罐等连接处，采用钢丝绳分别连接高压气管口和设备接头，并利用钢丝绳扣拧紧固定，避免高压气管脱落甩动导致伤人。

2. 互嵌式作业平台制作与吊装

（1）氧气、乙炔罐分开放置，作业平台焊接、切割工作由持证专业人员进行，按要求佩戴专门的防护用具（防护罩、护目镜等），并按照相关操作规程进行焊接操作。

（2）平台竖向支撑顶部对称设置 4 个起吊孔，采用起重机吊装平台时，调整钢丝绳长度使平台水平起吊，并派专门的司索工指挥吊装作业，无关人员撤离影响半径范围，吊装区域设置安全隔离带。

（3）平台顶设置的安全护栏高度≥1.2m，防止作业人员跌落；在吊装钢筋笼、灌注导管和灌注料斗时，由专人统一管指挥，不得碰撞作业平台，避免引起平台倾覆。

（4）作业人员通过活动爬梯上下平台，作业时系好安全绳，现场派专人监护；平台上严禁超员、超负荷作业，最多不超过 5 人同时作业。

3. 互嵌式作业平台灌注混凝土成桩

（1）平台上严禁抛掷任何工具，灌注过程中拆卸的导管和灌注斗及时吊至地面堆放并清洗。

(2) 孔口料斗牢固固定于孔口，不得有晃动、摇摆等现象；吊灌混凝土时，吊斗放料人员准确对准孔口料斗下料。

(3) 在夜间吊灌桩身混凝土时，多方位布设照明灯，保证作业范围内光线充足。

6.2 潜孔锤气液钻进高压水泵降尘施工技术

6.2.1 引言

传统的潜孔锤气液钻进降尘工艺中，施工现场布置有潜孔锤钻机、油雾罐、储气罐、注浆泵和空压机组；高风压由空压机组输送至储气罐，随后经过油雾罐，在油雾罐的出口处增设了一个支管，支管由一台注浆泵输入液态水，高风压将水、润滑油雾化后，三相物质共同输送至潜孔锤钻杆，并顺着钻杆输送至潜孔锤锤头。该过程中，高风压携油雾、水雾驱动潜孔锤用于破岩并将岩渣携带出孔，油雾起到润滑潜孔锤冲击炮的作用，水雾起到捕获尘粒的作用，实现大范围有效降尘。通常的潜孔锤气液钻进施工现场布置见图 6.2-1、图 6.2-2。

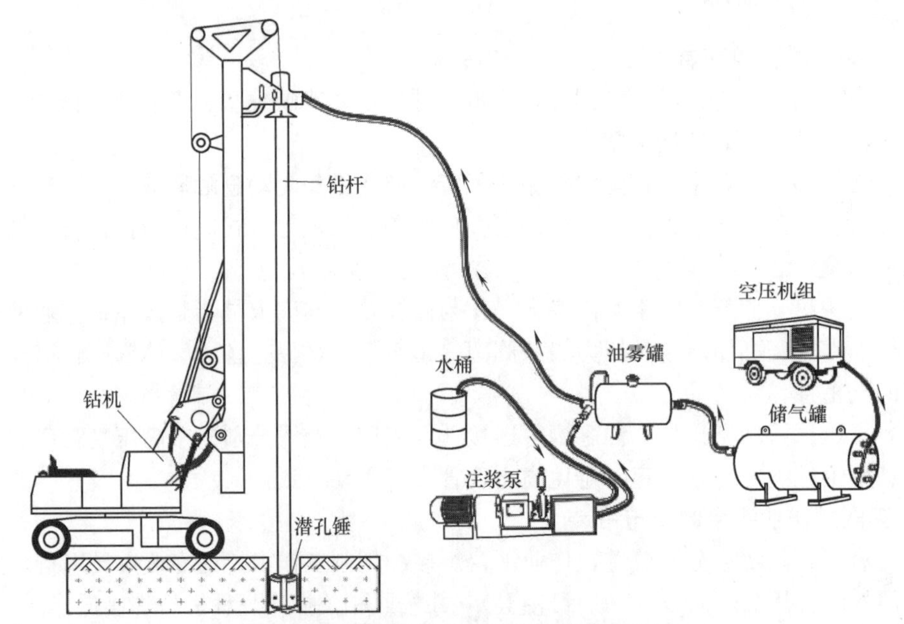

图 6.2-1 传统潜孔锤气液钻进设备布设图

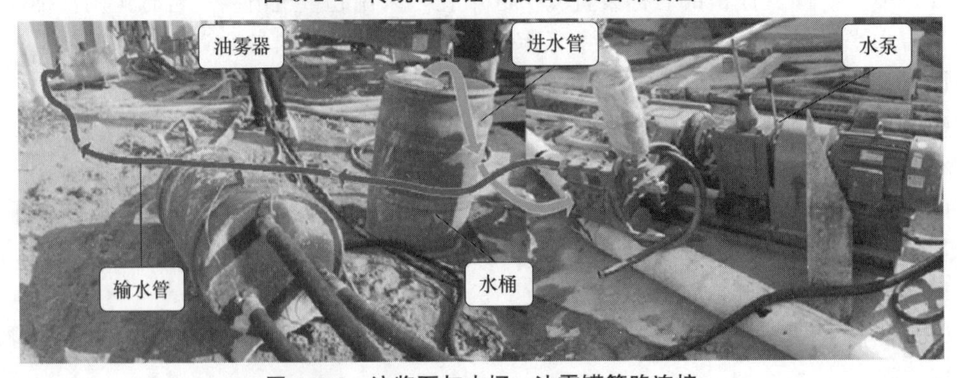

图 6.2-2 注浆泵与水桶、油雾罐管路连接

一般现场液态水输入使用 DDTK150 注浆泵，其长、宽、高分别为 1840mm、795mm、995mm，质量达 516kg，泵体尺寸宽、自重大，搬移、转运较为不便；所使用的水桶为塑料桶，转运和使用过程中较易损坏，注浆泵和塑料桶具体见图 6.2-3。

图 6.2-3 传统设备所用注浆泵和塑料桶

为解决以上问题，经过现场试验、工艺完善，采取缩小泵体尺寸和减轻重量的方案，改用可遥控的直联式高压水泵代替传统的 DDTK150 注浆泵，其占用空间少，且自带滚轮，搬移、转运更加方便，遥控开关操作更加安全和快捷；水桶使用由塑料桶和金属框架组合而成的集装桶，自带的金属外框保护桶身，避免磕碰损坏，并且更方便吊装、转运，高压水泵和集装桶见图 6.2-4、图 6.2-5。

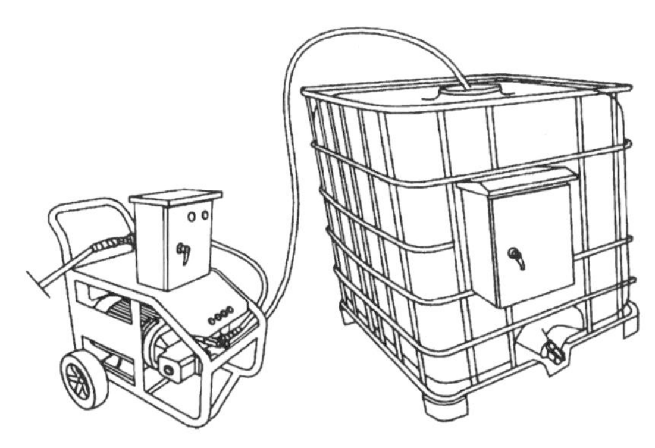

图 6.2-4 设备优化后所用水泵和集装桶示意图

图 6.2-5 设备优化后高压水泵和集装桶实物

6.2.2 工艺特点

1. 安装转运便利

相比传统气液降尘高压注浆泵，优化后的直联式高压泵尺寸更小、重量更轻，塑料桶和金属框架组合而成的集装桶坚固耐用，转运时可以码垛堆放，使用更为便利。

2. 操作使用便捷

直联式高压水泵连接系统进一步集成化，泵体增加了无线远程遥控开关控制电磁阀，可远程控制泵体的运行，泵体自带移动滚轮，移动更为便利。

6.2.3 适用范围

适用于灌注桩潜孔锤钻机钻进施工，尤其适合于施工现场处于城市中心、市政道路附近对粉尘控制要求高的项目。

6.2.4 工艺原理

1. 泵体组成

本工艺所指的高压水泵送设备主要包括水泵、集装桶，现场布设及连接具体见图6.2-6。

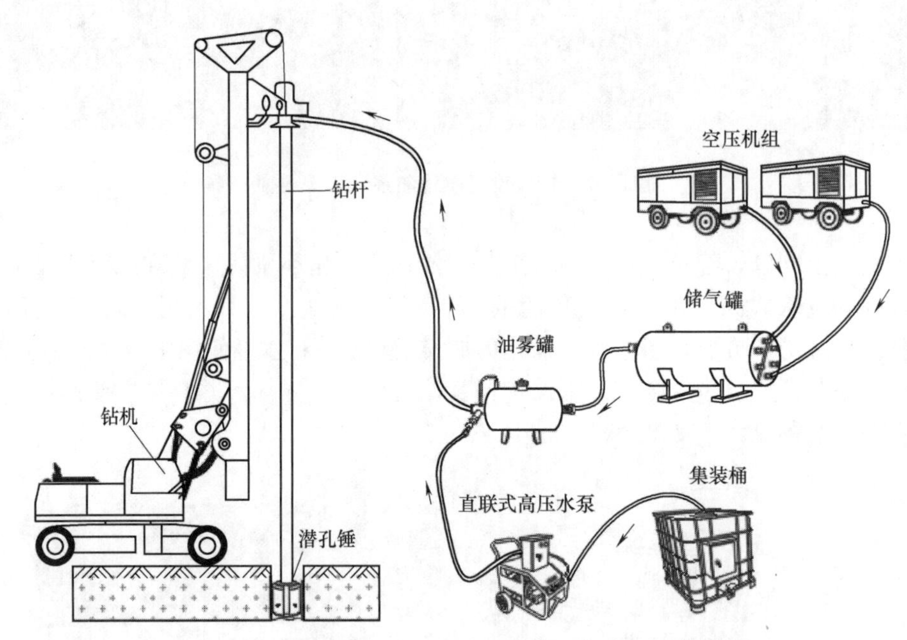

图6.2-6　潜孔锤气液降尘钻进高压水泵送设备布设图

2. 泵体整体设计

1）水泵

现场选用佳捷仕J5500S直联式高压水泵，其与传统使用的注浆泵参数对比情况见表6.2-1。

佳捷仕J5500S直联式高压水泵与DDTK150注浆泵参数对比　　表6.2-1

参数	佳捷仕J5500S直联式高压水泵	DDTK150注浆泵
体积	790mm×400mm×820mm	1840mm×795mm×995mm
质量	45～50kg	500～560kg
工作压力	15168kPa	1800～7000kPa
功率	5.5kW	7.5kW
输入速度	1450r/min	1500r/min
流量	15L/min	32L/min

（1）现场选用捷仕 J5500S 直联式高压水泵（图 6.2-7），其与传统使用的高压注浆泵相比，体积更小、重量更轻、工作压力更大、功率更小；泵体自带移动滚轮，更适合在现场搬移和转场；输入速度和流量虽小，但能满足现场使用要求。

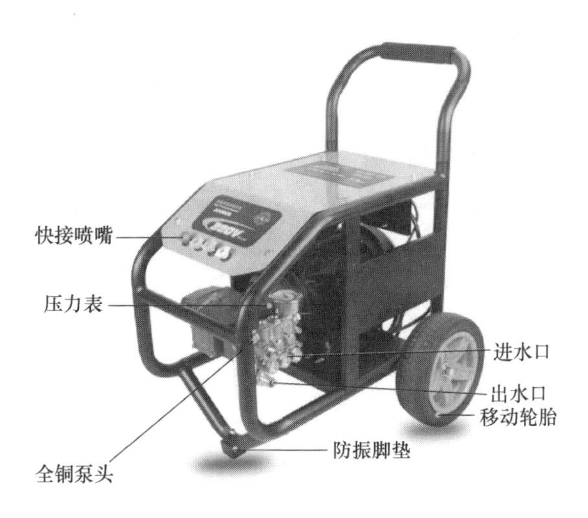

图 6.2-7 原版佳捷仕 J5500S 直联式高压水泵

（2）为方便高压泵现场使用，对 J5500S 直联式高压水泵连接系统进行了优化，在泵体顶部固定安装配电箱（图 6.2-8），配电箱内加装无线远程遥控开关和储蓄电池（图 6.2-9），在配电箱背面加装电磁阀（图 6.2-10）。电磁阀与高压水泵的输出端连接，通过无线远程遥控开关电路控制其开启和关闭高压水泵输出水，进而控制整套设备出水；储蓄电池为电磁阀和无线远程遥控开关供电，无线远程遥控开关最大控制距离为 50m。

图 6.2-8 加装配电箱

图 6.2-9 配电箱内遥控开关和电池

2）集装桶

（1）现场选用由塑料桶和金属框架组合而成的集装桶作为向高压水泵输水的水桶，现场集装桶具体见图 6.2-11。

图 6.2-10 配电箱背面安装电磁阀

图 6.2-11 集装桶

（2）塑料桶采用高密度聚乙烯吹塑成型，具有耐腐蚀，防泄漏、坚固厚实的特点，塑料桶具体见图 6.2-12；金属框架采用钢材质，由钢管框架、护角、托盘组成，金属框架具体见图 6.2-13。集装桶容积为 1000L，长、宽、高分别为 1200mm、1000mm、1145mm；桶顶设灌装口，灌装口直径 150mm。集装桶带金属框架，总质量约为 57kg，转运质量轻，可码垛堆放，运输便利；同时，整体结构牢固结实，可长期使用。

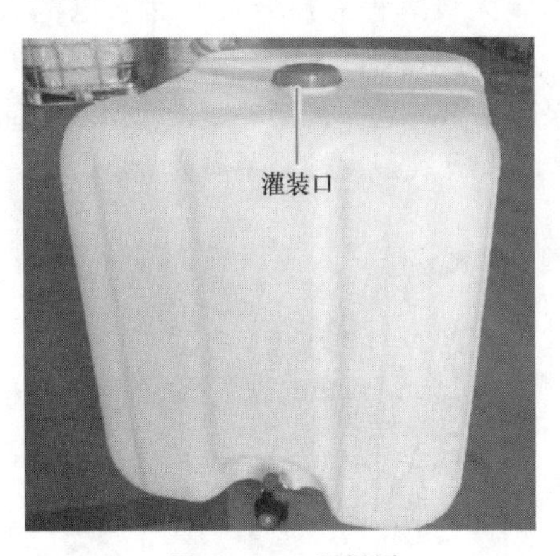

图 6.2-12 塑料桶

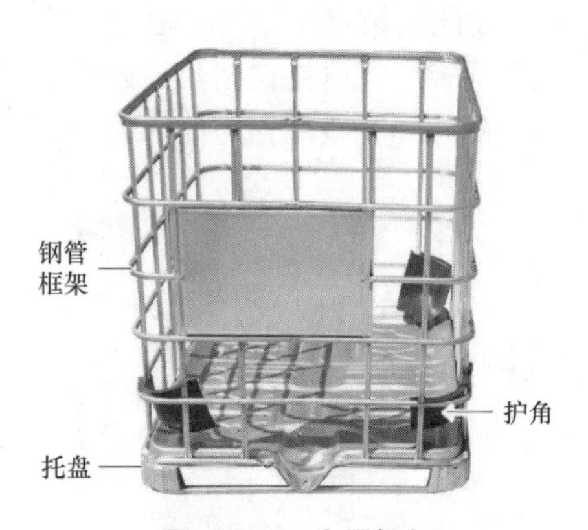

图 6.2-13 金属框架

（3）为方便集装桶内水的输送，将控制高压水泵供电的电源箱装于集装桶的金属框架上，电源和安装见图 6.2-14。

3）连接管路

（1）空压机组、储气罐、油雾罐

空压机组由数台空压机组成，通过数条高压输气管将高压空气输送进储气罐，储气罐可提高输出气流的连续性及压力的稳定性；随后，高压空气经高压气管流经油雾罐，油雾罐中储存的润滑油通过虹吸原理，从油雾罐经细导管流动至高压气管中，与高压空气、水混合后输出，管路连接具体见图 6.2-15、图 6.2-16。

图 6.2-14　电源箱固定安装

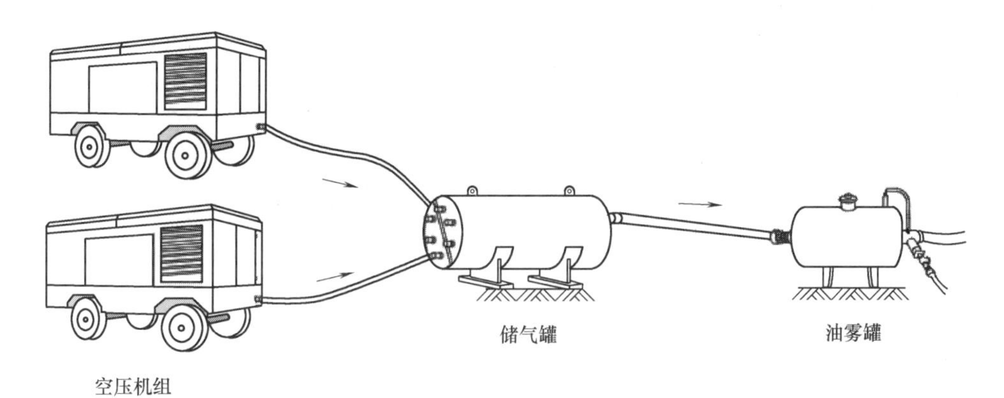

图 6.2-15　空压机组、储气罐、油雾罐连接管路示意图

图 6.2-16　空压机组、储气罐、油雾罐现场管路连接

（2）集装桶、水泵、电磁阀、油雾罐

高压水泵的进水管与集装桶相连，出水管与油雾罐输出口的高压气管通过电磁阀连接，集装桶中的水在水泵压力作用下，被输送至油雾罐输出口的高压气管中与高压空气、润滑油混合。管路连接见图 6.2-17、图 6.2-18。

（3）油雾罐、潜孔锤钻机

油雾罐与钻机通过高压气管连接，高压空气、水、润滑油在油雾罐输出口混合并雾化，

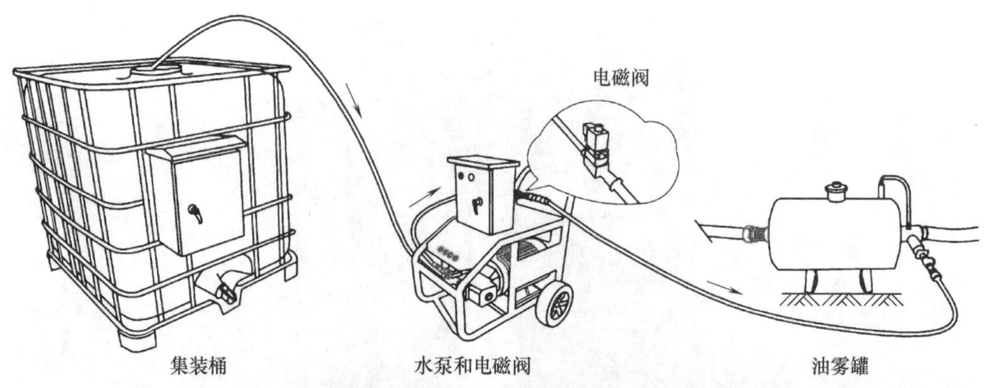

图 6.2-17　集装桶、水泵、电磁阀、油雾罐连接管路示意图

图 6.2-18　集装桶、水泵、电磁阀、油雾罐现场管路连接

经高压气管进入钻机潜孔锤，雾化后的液态水雾在潜孔锤钻进过程中通过扩散的综合作用，惯性碰撞并拦截捕尘。管路连接见图 6.2-19、图 6.2-20。

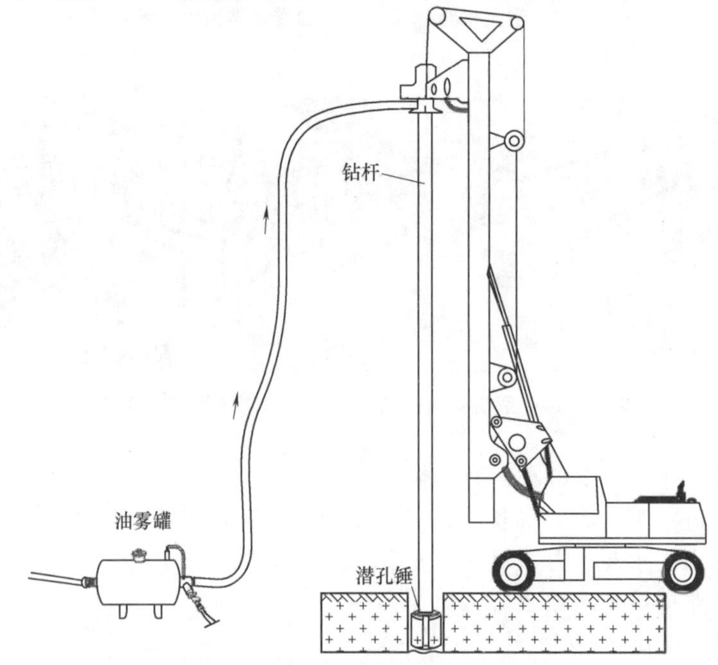

图 6.2-19　油雾罐、潜孔锤钻机连接管路示意图

图 6.2-20 油雾罐、潜孔锤钻机现场管路连接

6.2.5 工序操作流程

1. 管路连接

(1) 将空压机与储气罐通过高压气管连接，随后将储气罐输出端与油雾罐进气端连接，油雾罐输出端气管与潜孔锤钻机连接。

(2) 将高压水泵的进水管与集装桶相连，高压水泵的出水管与油雾罐输出端的高压气管通过电磁阀连接，油雾罐输出端气管与潜孔锤钻机连接。

2. 潜孔锤降尘钻进

(1) 连接高压水泵电源，开动潜孔锤。

(2) 通过无线远程遥控开关打开电磁阀，高风压将管路中输入的液态水雾化及润滑油雾化，输送到潜孔锤冲击器并喷出，分散的细微水雾覆盖并捕集喷出的岩屑、尘土，使其沉降至孔口，潜孔锤气液钻进降尘效果见图 6.2-21。

图 6.2-21 潜孔锤气液钻进降尘效果

第 7 章　逆作法钢管柱定位施工新技术

7.1　逆作法钢管柱先插法工具柱定位、泄压、拆卸施工技术

7.1.1　引言

深惠城际轨道交通龙城车站主体结构设计采用盖挖逆作法施工，竖向支撑构件为钢管柱，钢管柱下方为灌注桩基础。灌注桩基础设计直径 2.0m，平均长度 27.0m，桩身混凝土强度等级为 C35。钢管柱设计直径 1.0m、平均长度 21.5m，底部嵌固在桩基础中，嵌固段长度 4.0m，柱内混凝土强度等级为 C50。本工程钢管柱施工采用先插法工艺，采用全套管全回转钻机进行钢管柱定位；由于钢管柱顶设计标高位于地面以下 5.5m 位置处，为了便于孔口定位，在钢管柱上方安装长 6.5m、直径 1.5m 的工具柱用以辅助定位。

先插法施工是在混凝土灌注之前，将钢管柱插入灌注桩顶部的一种方法。施工时，在灌注桩钻孔完成后，先在地面将工具柱与钢管柱连接，再用全套管全回转钻机下插钢管柱至设计标高；钢管柱完成中心点、标高、方位角、垂直度定位后，用全套管全回转钻机固定工具柱，再开始灌注桩身混凝土和柱内混凝土，最后再将工具柱拆除。

本项目在采用先插法施工过程中，遇到较多的施工问题，一是工具柱和钢管柱对接时，需要保证其对接精度，通常使用专门设计的精准定位平台，如自调式滚轮架对接平台，但这种对接平台需要新增机械设备，并且机械安装过程较复杂，自调式滚轮架对接平台见图 7.1-1；二是通常施工均采用全套管全回转钻机下插钢管柱，由于钻机体积和重量大，施工操作工序复杂，且机械使用成本高，全套管全回转钻机钢管桩定位见图 7.1-2；三是拆卸工具柱前，将工具柱内部泥浆抽干，工人进入工具柱底部拆卸连接螺栓过程中，由于柱外泥浆液面比工具柱内泥浆液面高，在水头压力作用下，工具柱外的泥浆以及部分地下水沿着工具柱与钢管柱松开后的间隙快速进入工具柱内部，导致泥浆大量喷涌，严重

图 7.1-1　自调式滚轮架对接平台

图 7.1-2　全套管全回转钻机钢管柱定位

威胁柱内人员的安全，具体见图 7.1-3；四是拆卸工具柱连接螺栓时，钢管柱内超灌混凝土将钢管柱与工具柱的连接螺栓覆盖，混凝土初凝后导致拆卸螺栓时破除混凝土费时、费力，具体见图 7.1-4。

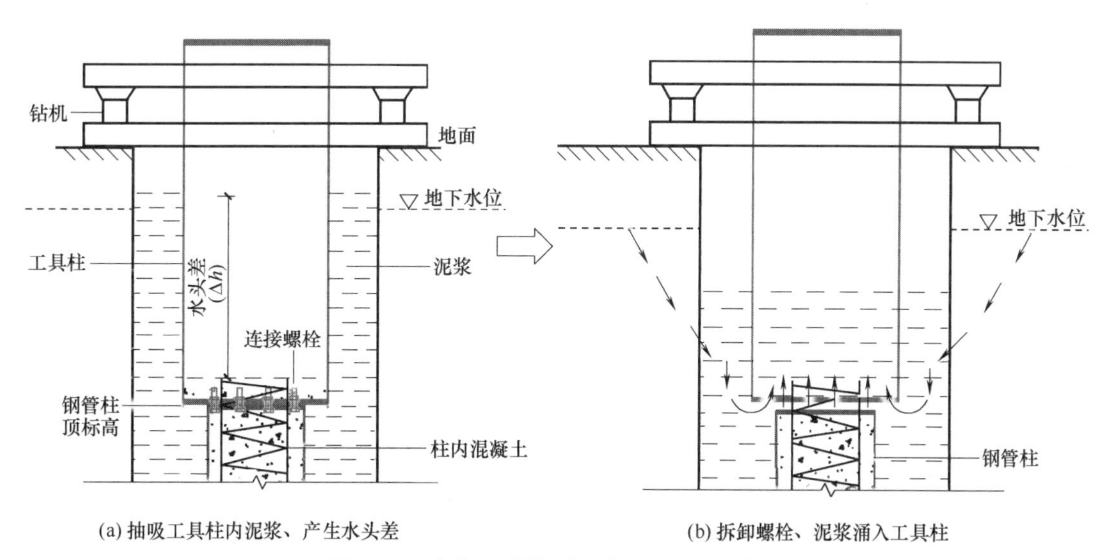

图 7.1-3　拆卸工具柱时泥浆喷涌入工具柱内

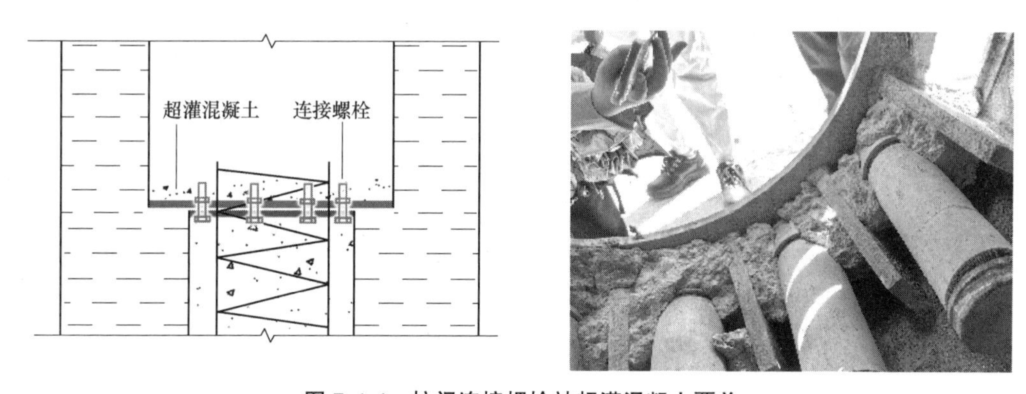

图 7.1-4　柱间连接螺栓被超灌混凝土覆盖

针对上述问题，综合项目施工条件及特点，项目组对钢管柱先插法施工工艺展开研究，经过现场试验、优化改进，形成了“逆作法钢管柱先插法工具柱定位、泄压、拆卸综合施工技术”，顺利解决了施工过程中遇到的上述四个问题。施工过程中，当钢管柱底部嵌固段插入孔内后，先在孔口将钢管柱调节至垂直，此时记录安装在工具柱顶的倾斜传感器读数，随后当钢管柱完全进入钻孔后，在孔口通过调节工具柱位置，使倾斜角恢复之前垂直状态的读数，保持钢管柱垂直度满足要求；在万能平台上增设了一套定位结构，加装了三根定位螺杆对钢管柱进行垂直度调节和固定，定位螺杆和万能平台的液压定位块使得万能平台能够代替全套管全回转钻机对工具柱进行定位，节省了全套管全回转钻机的使用成本；在工具柱底部预先开设两个泄压孔，在抽吸工具柱内泥浆时，同步降低工具柱外泥浆液面以及钻孔周边的地下水位，有效消除了工具柱内、外的水头差，避免拆卸工具柱时泥浆喷涌，消除了施工安全隐患；在钢管柱与工具柱对接后，对每个连接螺栓均安装保护套筒，有效避免了钢管柱内混凝土灌注时螺栓被超灌混凝土覆盖，实现便捷拆卸螺栓。本技术经项目实践，形成了完整的工艺流程、技术标准、操作规程，达到了定位精准、施工便捷、操作安全、成本经济的效果。

7.1.2　工艺特点

1. 定位精准

本工艺通过万能平台定位块伸缩以调节工具柱中心点位置，并用全站仪实时测量以控制误差；预先在工具柱上标记定位辅助线，保证工具柱的标高、方位角定位精准；下插钢管柱时，先将其调整至垂直，并记录工具柱倾斜角，在钢管柱完全插入孔内后，通过保持之前记录的工具柱倾斜角不变化，以达到保证钢管柱垂直度的目的，消除了对接误差对于垂直度定位的影响。

2. 施工便捷

本工艺采用轻便的万能平台定位，在万能平台上方加装一套螺杆定位结构，三根定位螺杆用以辅助定位，使万能平台能够代替全套管全回转钻机进行定位，万能平台体积小、操作方便快捷；在拆卸工具柱时，通过在工具柱内设置螺栓保护套筒，有效防止了工具柱与钢管柱的连接螺栓被浮浆或超灌混凝土埋入，实现螺栓快捷拆卸。

3. 操作安全

本工艺在孔口采用万能平台定位工具柱，平台高度低，无需登高作业，避免了全套管全回转钻机作业时的高空作业风险；同时，在工具柱底部开设泄压孔，抽吸工具柱内泥浆的同时，有效降低钻孔内泥浆水头，使得工具柱内外泥浆压力平衡，避免拆卸工具柱时泥浆喷涌，消除了施工安全隐患。

4. 成本经济

本工艺在钢管柱与工具柱对接时，采用由槽钢焊制而成的普通对接平台即可，无需采用专门设计的自调式滚轮架对接平台，节省了设备购置成本；同时，现场采用万能平台定位，不需要使用大型全套管全回转钻机，节省了机械使用成本；另外，万能平台移动方便、操作便捷、整体施工速度快，综合成本低。

7.1.3　适用范围

适用于柱顶标高在地面以下的钢管柱先插法施工，尤其适合地下水位较高、柱顶标高较低的钢管柱先插法施工，适用于直径不大于1.0m、长度不超过25m的钢管柱定位施工。

7.1.4　工艺原理

本工艺针对逆作法钢管柱先插法施工采用工具柱定位、泄压、拆卸综合施工技术，其关键技术主要包括四个部分：一是工具柱倾斜角归位式监测定位技术；二是万能平台工具柱孔口定位技术；三是工具柱孔内泄压技术；四是工具柱连接螺栓套筒保护技术。

1. 工具柱倾斜角归位式监测定位技术

本工艺在钢管柱插入前，预先在工具柱顶安装倾斜传感器，用以测量工具柱定位时的倾斜角，当钢管柱底部嵌固段插入孔内后，先在孔口将钢管柱调节至垂直，此时自动化监测系统记录工具柱顶传感器 X、Y 轴方向的倾斜角读数 θ_1、θ_2；当钢管柱完全插入孔内后，再在孔口调节工具柱倾斜角，使得传感器读数归位至之前记录的数值 θ_1、θ_2，从而使钢管柱的垂直度满足要求。

（1）钢管柱倾斜自动化监测系统

钢管柱倾斜自动化监测系统由定点式倾斜传感器和一个配套的数据终端组成。传感器安装在工具柱顶，用于测量工具柱 X、Y 轴方向的倾斜角，具体见图 7.1-5（a）；传感器通过传输线与数据终端连接，数据终端可以实时显示倾斜角读数，具体见图 7.1-5（b）。相比于普通测斜仪，该监测系统的精度和分辨率均大幅提高，最小分辨率达到 0.001°。

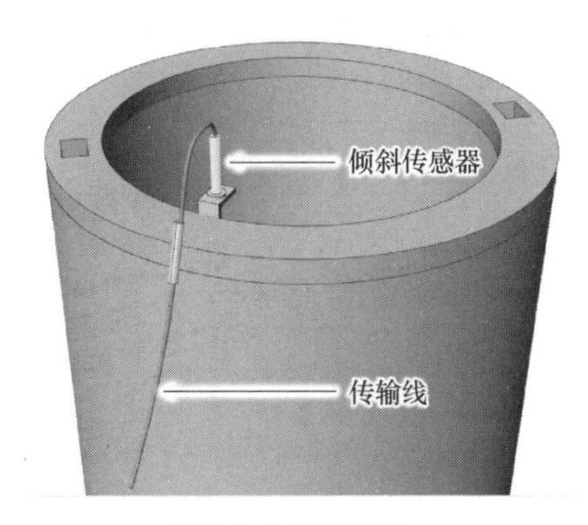

(a) 定点式倾斜传感器　　(b) 数据终端

图 7.1-5　钢管柱倾斜自动化监测系统

（2）工具柱倾斜角归位原理

钢管柱插入前，在普通对接平台上将钢管柱与工具柱连接牢固，同时在工具柱顶预先安装倾斜传感器；下插钢管柱时，当钢管柱底部嵌固段进入孔内后，停止下放，此时开始用全站仪监测钢管柱垂直度，同时传感器开始测量工具柱倾斜角，并利用万能平台上安装的定位螺杆调节钢管柱垂直度。定位螺杆安装在万能平台上方，螺杆支撑在基座上，具体见图 7.1-6；调节时，根据全站仪测量的垂直度偏差数值，用电动扳手交替转动三根定位螺杆，螺杆可以旋转顶进或后退，通过控制三根定位螺杆的顶进距离调节钢管柱垂直度，具体见图 7.1-7。定位螺杆调节过程中，全站仪实时监测钢管柱垂直度，当监测到钢管柱垂直度满足设计要求后，记录此时工具柱 X、Y 轴方向的倾斜角读数 θ_1、θ_2，具体见图 7.1-8；随后反向转动定位螺杆解除固定钢管柱，再继续下放钢管柱；下放就位后，在孔口调节工具柱的倾斜角，使其恢复至原来测得的 θ_1、θ_2，以使钢管柱垂直度满足定位要求。

图 7.1-6　定位螺杆实物

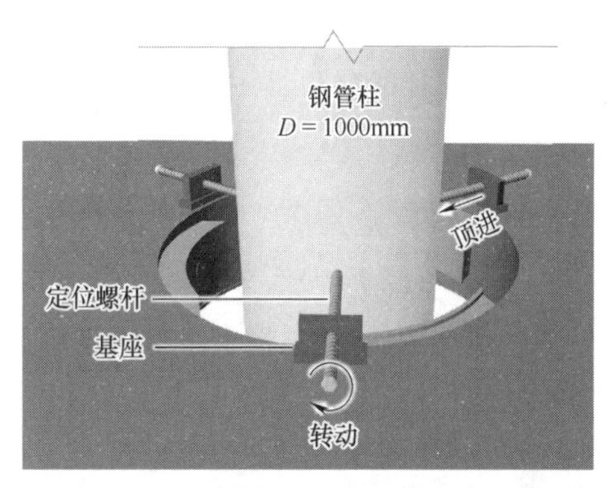

图 7.1-7　定位螺杆调节钢管柱垂直度

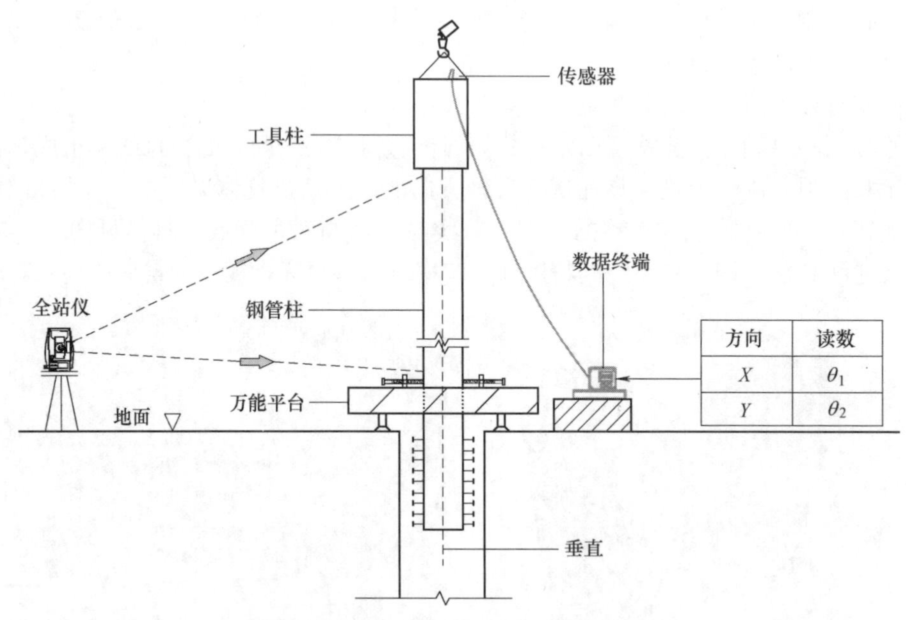

图 7.1-8 钢管柱垂直时记录工具柱倾斜角

2. 万能平台工具柱孔口定位技术

本工艺直接借助万能平台在孔口对工具柱的中心点、标高、方位角、垂直度等进行定位。使用的万能平台长 4.0m、宽 3.0m、高 0.8m，主要由平台面、定位块、支腿等结构组成，万能平台结构见图 7.1-9。

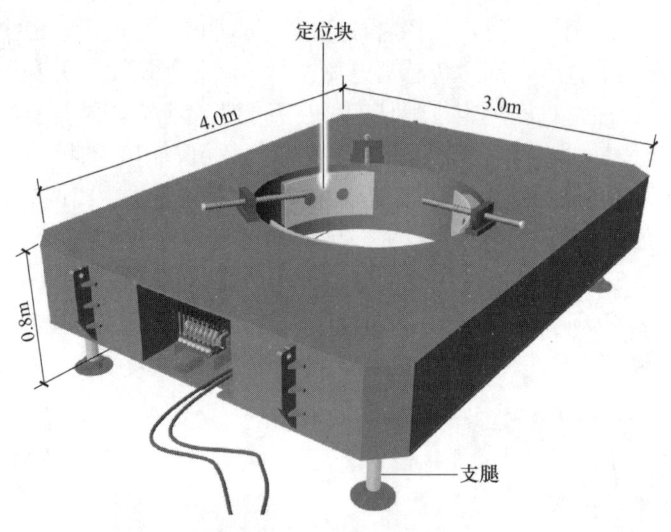

图 7.1-9 万能平台结构

(1) 中心点定位

中心点定位时，先将十字定位架安放至工具柱顶，并测量中心点坐标，再测出设计桩位坐标，具体见图 7.1-10 (a)、图 7.1-10 (b)；若二者的误差超过规定值，则使用万能平台定位块的收缩、伸出功能进行位置调节，三个定位块通过液压系统控制，可以独立进行伸缩，通过调节其伸缩长度对工具柱的中心点调节，直至中心点与桩位坐标误差满足要

(a) 十字架找中心点

(b) 测设桩位坐标

(c) 调节平台定位块伸缩长度

图 7.1-10 中心点定位过程及原理

求，中心点定位过程及原理见图 7.1-10（c）。

（2）标高定位

标高定位由工具柱上标记的定位线辅助完成。在钢管柱起吊前，根据钢管柱设计标高、工具柱长度、护筒顶标高等数据进行计算，预先在工具柱上标记出护筒顶的相对位置，即标高定位线，具体见图 7.1-11。下放钢管柱时，当标高定位线到达护筒顶时，即表示钢管柱已经到达设计标高，此时停止下放。复核时，在工具柱顶选取多个测点测量标高，保证工具柱顶标高与设计标高误差不超过规定值。

(a) 定位线实物

(b) 定位线大样

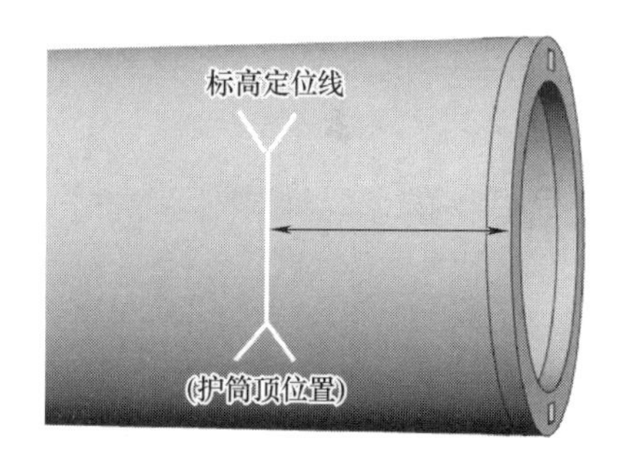

(c) 定位线位置

图 7.1-11 工具柱上标识标高定位线

（3）方位角定位

方位角定位前，预先测设钢管柱与钢梁连接节点处的牛腿方向，即轴线方位，并将轴线方位引导至工具柱顶，具体见图 7.1-12。定位时，先沿着工具柱中心点（O 点）测设出设计轴线方向（OA 方向）；再测量轴线在工具柱顶的投影点（B 点）坐标，确定 OB 方向；随后工人转动工具柱，使 OB 方向与 OA 方向重合，定位完成后复核方位角误差，方位角定位过程见图 7.1-13。

图 7.1-12 工具柱上标识轴线方位

（4）垂直度定位

垂直度定位时，由于钢管柱已完全插入孔内，此时

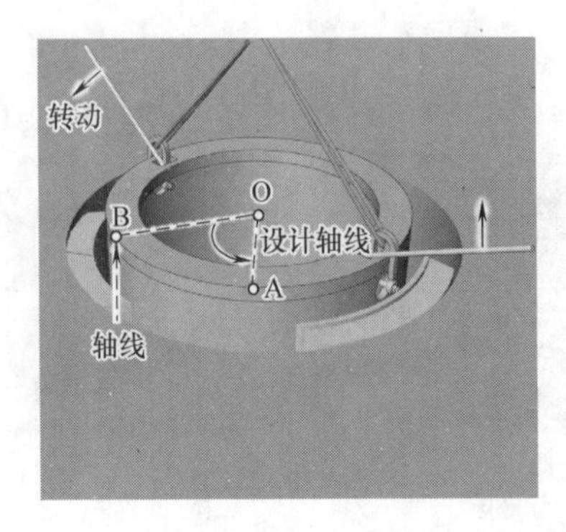

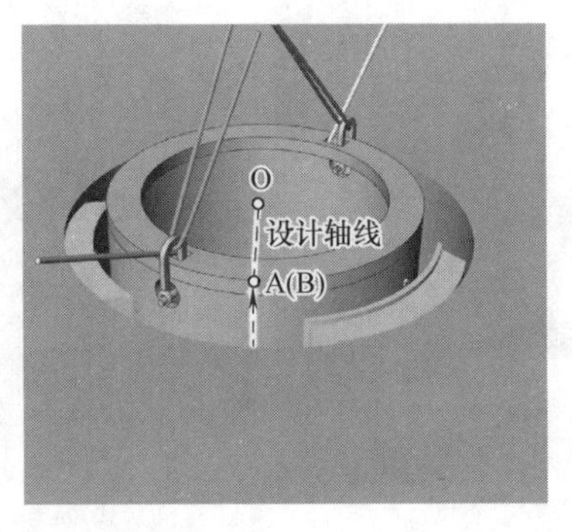

图 7.1-13　方位角定位过程

采用调节工具柱倾斜角的方式对钢管柱进行垂直度定位。定位过程中，实时监测工具柱倾斜角读数，微调万能平台定位块的伸缩长度，反复调节工具柱倾斜角，直至工具柱顶在 X、Y 方向倾斜角读数恢复为之前测得的 θ_1、θ_2，此时底部钢管柱的垂直度即满足设计要求，工具柱完全插入后倾斜角归位见图 7.1-14。

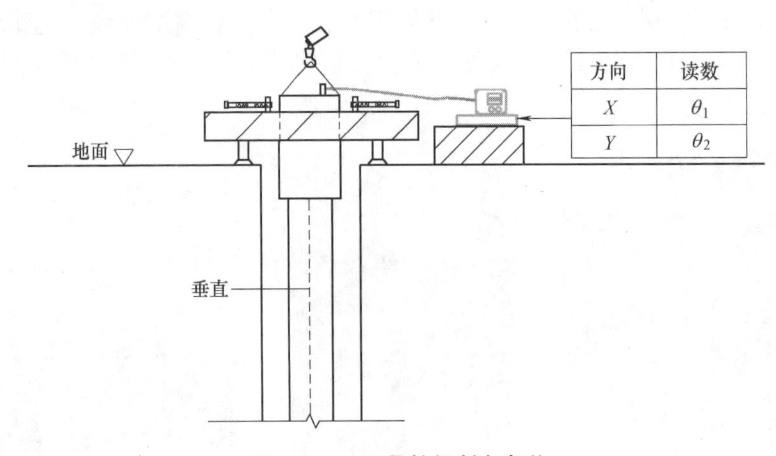

方向	读数
X	θ_1
Y	θ_2

图 7.1-14　工具柱倾斜角归位

(5) 工具柱固定

在工具柱孔口定位过程中，全站仪测量工程师、工具柱顶测量员、倾斜角监测工程师、工具柱调节工人等多方协同操作，最终使中心点、标高、方位角、垂直度全部满足定位精度要求后，将万能平台的定位块夹紧固定工具柱，具体调节过程见图 7.1-15。由于钢管柱和工具柱总重量较大，后续还将在工具柱顶进行混凝土灌注作业，为确保工具柱稳固，在工具柱顶部与万能平台间对称焊接 2 块 3cm 厚钢板，将工具柱和钢管柱的重力传递至万能平台，柱顶与平台间焊接固定钢板见图 7.1-16。

3. 工具柱孔内泄压技术

本工艺在钢管柱内混凝土灌注完成后，进行工具柱拆卸回收。拆卸工具柱时，先将工具柱内泥浆抽出，为了消除工具柱内外的水头差，避免拆卸工具柱时柱外的泥浆喷涌，在工具柱端部法兰盘处对称开设两个直径约 12cm 的圆形泄压孔，使得工具柱内外连通，泄压孔结构见图 7.1-17。当泥浆泵抽吸工具柱内泥浆时，工具柱内泥浆液面降低，由于柱

图 7.1-15 多方协同合作示意图

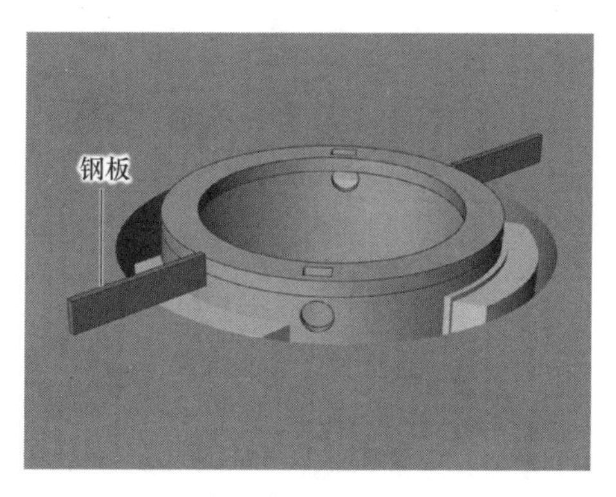

图 7.1-16 柱顶与平台间焊接钢板固定

内外连通，工具柱外的泥浆通过泄压孔进入柱内，见图 7.1-18（a）；部分地下水也会进入钻孔中被抽出，使得钻孔周边地下水位降低，具体见图 7.1-18（b）；最终孔内泥浆液面和地下水位下降至泄压孔所在高度，消除了工具柱内外侧的水头差，在拆卸连接螺栓时不会造成工具柱内泥浆喷涌，具体见图 7.1-18（c）。

图 7.1-17 泄压孔结构

4. 工具柱连接螺栓套筒保护技术

在灌注钢管柱内混凝土时，为防止连接螺栓被超灌混凝土埋入，在钢管柱与工具柱对接完成后，预先对工具柱底部栓孔设置螺栓保护套筒，螺栓保护套筒安装在法兰盘螺栓孔的上方，与连接螺栓孔位置一一对应，具体见图 7.1-19。螺栓保护套筒由底座、套筒、密封盖三部分组成，其直径约 12cm，高约 48cm，足以避免被超灌混凝土埋入，具体见图 7.1-20。螺栓保护套筒的底座焊接固定在法兰盘上，设置在连接螺栓周围，高度 8cm；底座顶部与套筒通过丝扣连接，套筒作用是隔绝超灌混凝土；密封盖通过丝扣连接安装在套筒上口，其作用是避免混凝土从上口进入套筒内，具体安装步骤见图 7.1-21。当需要拆卸连接螺栓时，先用泥浆泵将工具柱内泥浆抽出，随后工人进入工具柱底部法兰盘处，逐个拆下密封盖和套筒，随后用电动扳手拆卸连接螺栓。

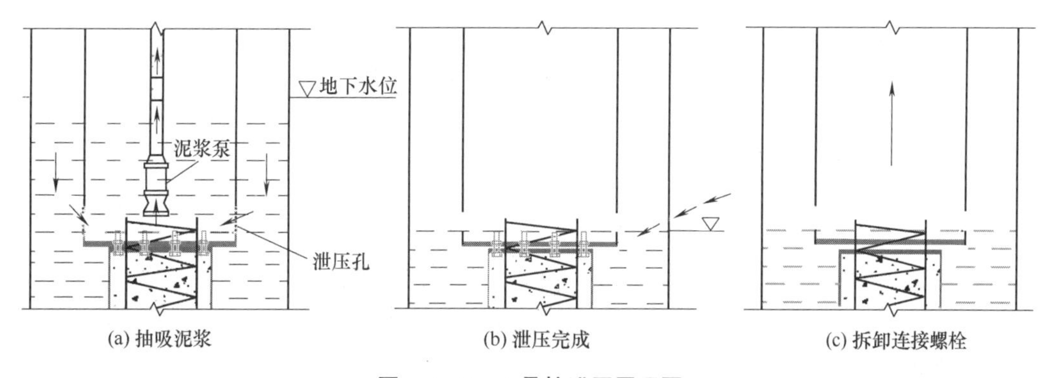

图 7.1-18 工具柱泄压原理图

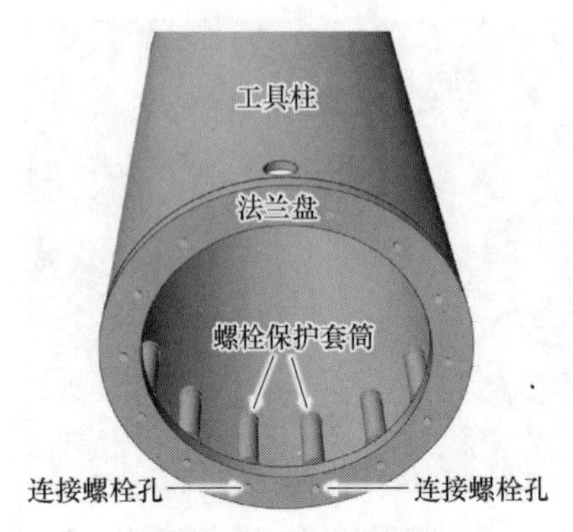

图 7.1-19　螺栓保护套筒位置

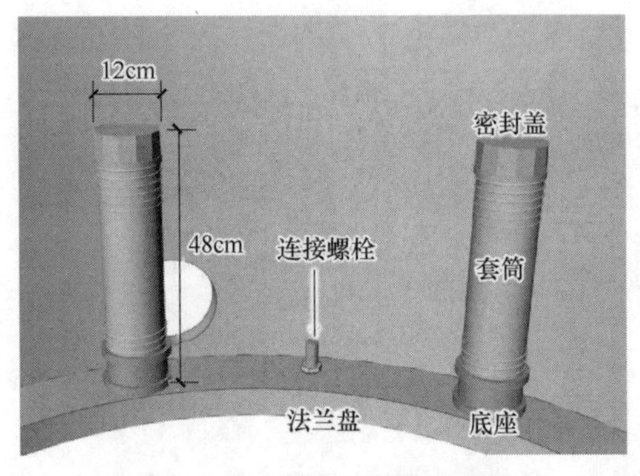

图 7.1-20　螺栓保护套筒结构

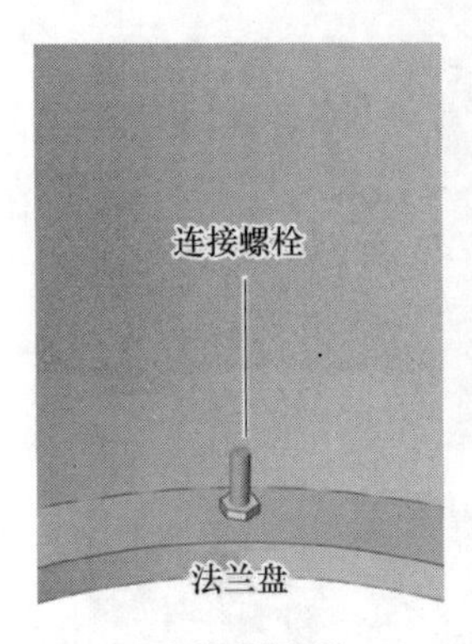

(a) 安装连接螺栓

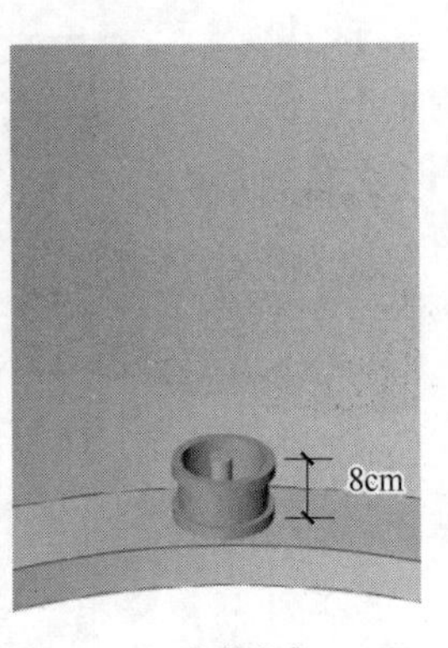

(b) 安装底座

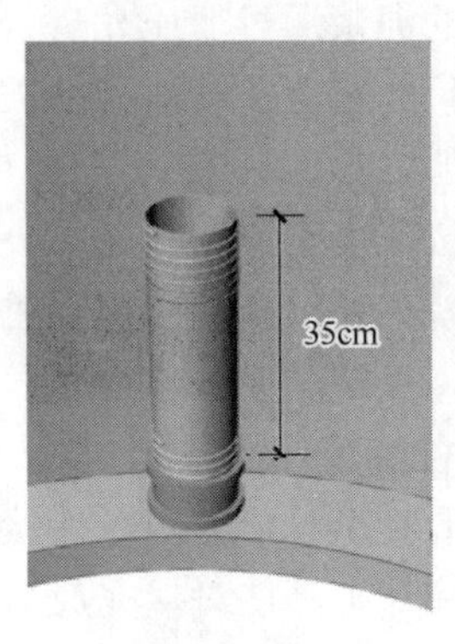

(c) 安装套筒

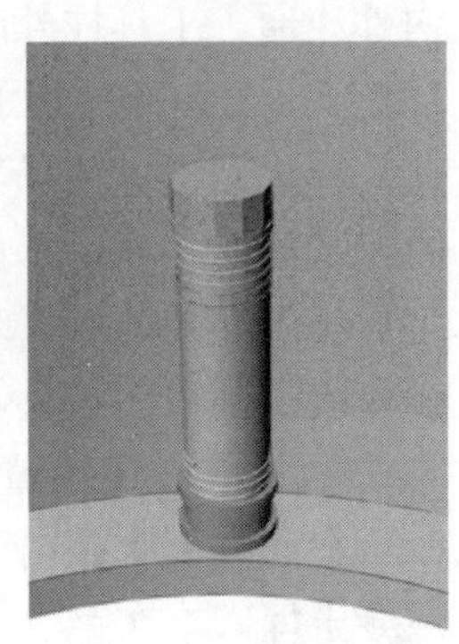

(d) 安装密封盖

图 7.1-21　安装螺栓保护套筒步骤

7.1.5　施工工艺流程

以深惠城际轨道交通龙城车站主体结构工程为例，本工程灌注桩直径 2.0m，成孔深 50.0m，入微风化灰岩 10.0m，灌注桩长 27.0m；钢管柱直径 1.0m、长 21.5m；工具柱直径 1.5m、长 6.5m。逆作法钢管柱先插法工具柱定位、泄压、拆卸综合施工工艺流程见图 7.1-22。

7.1.6　工序操作要点

1. 桩位放线定位

（1）由于旋挖钻机、万能平台对场地要求较高，钻进前先对场地进行平整、硬化处理。

（2）利用全站仪测设桩中心坐标，在四周用钢筋护桩拉十字线定位，并对中心点做好标记。

2. 旋挖钻机钻进至终孔

（1）本工程灌注桩直径 2.0m，配置宝峨 BG46 型大扭矩旋挖钻机钻进成孔；钻机就位前，在钻机下铺设钢板。

（2）在孔口埋设护筒，护筒直径 2.2m，长 6.0m。土层段采用直径 2.0m 的截齿捞砂

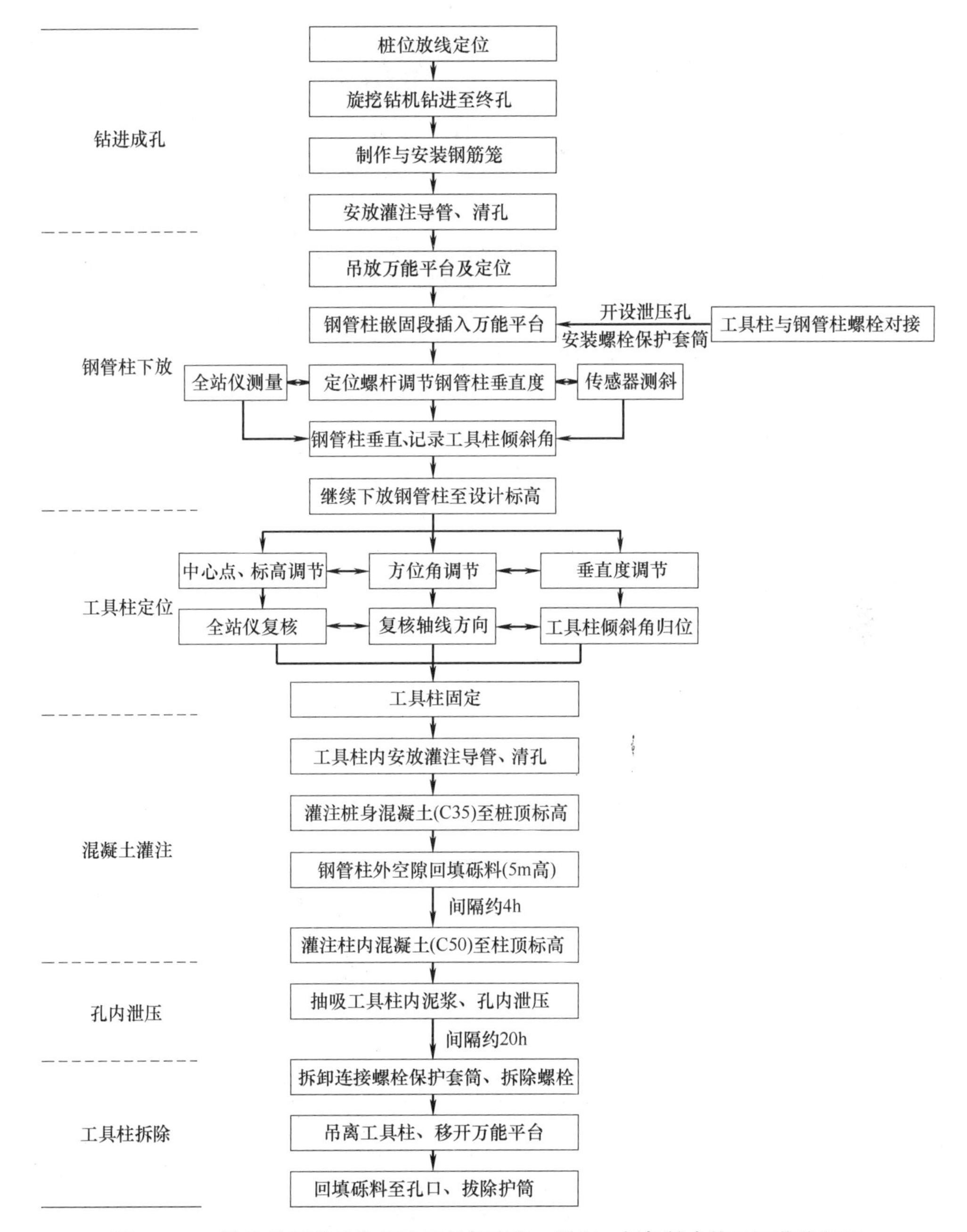

图 7.1-22 逆作法钢管柱先插法工具柱定位、泄压、拆卸综合施工工艺流程图

斗钻进，钻进时采用泥浆护壁，泥浆液面保持在地面以下 50cm。开孔时慢速钻进，并注意轻稳放斗、提斗；正常钻进时，控制钻速、钻压，及时将捞砂斗提出孔外排渣，旋挖钻机钻进见图 7.1-23。

（3）当钻至岩面后，由于桩端入微风化灰岩，采用分级扩孔钻进工艺。先用直径 1.4m 截齿筒钻对硬岩进行环切钻进，每次钻进深度约 1.8m，随后用取芯筒钻将岩芯扭断取出，再用捞砂斗清理孔内岩渣，循环上述过程直至钻至设计标高；再采用直径 2.0m 筒钻扩大钻孔直径，最终钻至设计标高，取出的岩芯见图 7.1-24。

图 7.1-23　旋挖钻机钻进

图 7.1-24　取出的岩芯

图 7.1-25　制作钢筋笼

3. 制作与安装钢筋笼

（1）钻进至终孔后，旋挖钻机移机。钢筋笼根据设计图纸和孔深制作，并按照设计要求安装声测管，钢筋笼制作见图 7.1-25。

（2）钢筋笼制作完成后，进行隐蔽工程验收；验收合格后，将钢筋笼吊至孔口，穿杠将钢筋笼临时固定，再在孔口接长主筋和声测管，随后继续下放钢筋笼至设计标高，钢筋笼安放见图 7.1-26。

4. 安放灌注导管、清孔

（1）将灌注导管逐节下入孔内，直至距孔底 0.3～0.5m。

（2）清孔采用气举反循环工艺，导管上口通过液压胶管连接泥浆净化器，排出的泥浆经净化器处理后分离出泥渣，泥浆通过出浆管回流至桩孔循环，现场气举反循环清孔具体见图 7.1-27。

图 7.1-26　安放钢筋笼

5. 吊放万能平台及定位

（1）二次清孔至孔底沉渣满足要求后，将灌注导管分节拆卸并吊出。导管拆卸完成后，采用田字架四吊点起吊万能平台并进行定位，采用“双层双中心”定位技术，即在孔口护筒上拉十字线定出护筒中心，再在万能平台上同样拉十字线定出平台中心，随后将万能平台中心点引出的铅垂线对齐护筒中心点，万能平台定位见图 7.1-28。

图 7.1-27 气举反循环清孔

（2）万能平台中心点对位完成后，通过调节四个支腿的高度使万能平台水平。调节时，控制万能平台的操纵杆支腿升降，同时观察水平仪的气泡位置，直至气泡居中，万能平台水平调控系统见图 7.1-29。

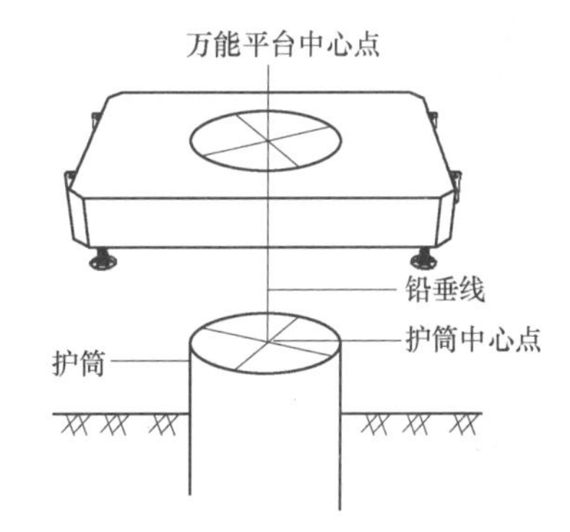

图 7.1-28 万能平台“双层双中心”定位示意图

(a) 控制操纵杆调节万能平台水平

(b) 水平仪气泡居中

图 7.1-29 万能平台水平调控系统

6. 工具柱与钢管柱螺栓对接

（1）工具柱与钢管柱对接前，在工具柱底部用氧乙炔切割法开设泄压孔，泄压孔对称

图 7.1-30　工具柱开设泄压孔

开设，直径约 12cm，具体见图 7.1-30。

（2）工具柱与钢管柱对接采用常用的工字钢平台，具体见图 7.1-31。对接时，将钢管柱和工具柱分别起吊后放在平台上，安放时将钢管柱与工具柱的连接螺栓孔对齐。

（3）对齐后，将螺栓插入螺栓孔，螺栓采用钢结构螺栓连接副（10.9s 级），并且安排人员在工具柱内用电动扳手将螺母拧紧。为确保螺栓连接紧密，将钢管柱与螺母焊接固定。

（4）在工具柱上用墨笔作标记，列示计算护筒顶在工具柱上的相对位置，并且画线标记该位置，具体见图 7.1-32。图中算式：29.716＋6.5＝36.216；36.216－35.066＝1.150。式中含义：29.716 表示钢管柱顶设计标高（m）；6.5 表示工具柱长度（m）；36.216 表示工具柱顶标高（m）；35.066 表示护筒顶标高（m）；1.150 表示护筒顶与工具柱顶的距离（m）。下放钢管柱时，当标高定位线到达护筒顶时，即代表钢管柱已经达到设计标高。

图 7.1-31　工字钢对接平台

图 7.1-32　标高定位线

（5）测设钢管柱与钢梁连接节点处的牛腿方向，并将其引至工具柱顶，随后在工具柱上用弹线标记牛腿方向线，即轴线方位。

（6）在工具柱底部法兰盘处按螺栓孔位置逐个安装螺栓保护套筒，具体见图 7.1-33。

（7）在工具柱顶法兰盘上设置支架，在支架上安装倾斜传感器，具体见图 7.1-34。

7. 钢管柱嵌固段插入万能平台

（1）由于工具柱和钢管柱总长度较大，采用双机抬吊的方式起吊钢管柱，主吊额定起重量 150t，副吊额定起重量 75t，钢管柱起吊全程由司索工指挥，现场起吊钢管柱见图 7.1-35。

（2）将钢管柱吊至万能平台上方，随后将钢管柱底部嵌固段插入万能平台，插入时使钢管柱中心点接近万能平台中心点，具体见图 7.1-36。

图 7.1-33　螺栓保护套筒

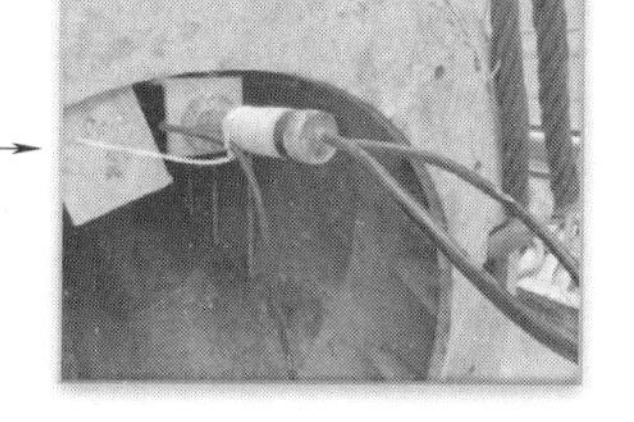

图 7.1-34　安装倾斜传感器

图 7.1-35　起吊钢管柱

8. 定位螺杆调节钢管柱垂直度、全站仪监测、传感器测斜

（1）当钢管柱底部嵌固段插入孔内后，停止下放，随后工人用电动扳手转动三根架设

图 7.1-36　钢管柱嵌固段插入万能平台

在万能平台上的定位螺杆端部的螺母，将定位螺杆顶进至钢管柱边缘，对钢管柱进行初步定位。

（2）测量工程师用全站仪监测钢管柱垂直度（图 7.1-37），若监测显示钢管柱倾斜，工人依据测量结果用电动扳手调节三根定位螺杆，使其顶进或后退以调节钢管柱垂直度，具体见图 7.1-38。

图 7.1-37　全站仪监测钢管柱垂直度

图 7.1-38　定位螺杆调节钢管柱垂直度

（3）倾斜角监测由专门的监测工程师负责，在工人调节钢管柱垂直度的同时，实时观察数据终端显示屏上的倾斜角读数，具体见图 7.1-39。

9. 钢管柱垂直、记录工具柱倾斜角

（1）测量工程师用全站仪监测到钢管柱垂直度满足要求后，工人将三组定位螺杆顶紧钢管柱；同时，向监测工程师报告倾斜角，监测工程师记录此时传感器 X、Y 方向读数为 θ_1、θ_2。

（2）监测工程师记录倾斜角读数后，工人用电动扳手分别转动三根定位螺杆使其后退，解除固定。

10. 继续下放钢管柱至设计标高

(1) 继续缓慢下放钢管柱，下放过程中，避免钢管柱产生较大晃动。

(2) 当工具柱接近孔口时，降低下放速度，密切注意标高定位线的位置，当工具柱上的标高定位线到达护筒顶时，立即停止下放，具体见图 7.1-40。

图 7.1-39 监测工程师观察倾斜角读数

11. 中心点、标高调节

(1) 中心点定位时，测量员在工具柱顶安放十字架，确定工具柱中心点位置，并在中心点处架设棱镜，测量工程师用全站仪测量中心点坐标，再与桩位坐标进行对比。若测量工程师发现中心点与桩位偏差过大，则工具柱调节工人借助万能平台控制室内的操纵杆控制定位块伸缩以调节工具柱中心点位置，使桩位误差不超过 5mm，具体见图 7.1-41。

图 7.1-40 工具柱到达孔口

图 7.1-41 中心点定位

(2) 标高定位时，测量员在工具柱顶选取 4 个测点，分别在测点上架设棱镜，测量工程师用全站仪测量标高，具体见图 7.1-42。若发现测点标高与设计标高误差过大，通过缓慢提升或下降吊钩以调节工具柱标高，直至标高测量值与设计值误差不超过 5mm。

12. 方位角调节

(1) 测量工程师用全站仪瞄准工具柱中心点，根据设计图纸，测设出设计轴线方向。

(2) 测量员在钢管柱轴线方位处架设棱镜，全站仪瞄准该点，观察其与设计轴线的位置偏差，具体见图 7.1-43。

图 7.1-42 复核工具柱顶标高

（3）若测量工程师发现钢管柱轴线方向与设计轴线方向不重合，工具柱调节工人用短钢筋作为撬棍插入工具柱吊孔中，转动短钢筋使得工具柱旋转，直至二者方向一致，具体见图 7.1-44。

图 7.1-43 测量钢管柱轴线方向

图 7.1-44 调节方位角

13. 垂直度调节

（1）工具柱在孔口定位时，监测工程师实时观察倾斜角终端读数，若工具柱 X、Y 方向倾斜角读数不为 θ_1、θ_2，工具柱调节工人控制万能平台定位块伸缩对工具柱倾斜角进行微调。

（2）当监测工程师观察到工具柱 X、Y 倾斜角读数与 θ_1、θ_2 误差不超过 0.005°时，确定钢管柱已经垂直。若此时中心点、标高、方位角精度也满足要求，即可完成定位。

14. 工具柱固定

（1）工具柱在孔口定位、复核完成后，工具柱调节工人操控万能平台控制操纵杆，将全部定位块伸出并夹紧工具柱；随后，在工具柱顶对称焊接 2 块长 50cm、高 12cm、厚 3cm 的固定钢板，具体见图 7.1-45。

（2）钢板焊接完成后，松开吊钩，移开履带起重机，拆除工具柱顶的传感器。

图 7.1-45 工具柱顶焊接固定钢板

15. 工具柱内安放灌注导管、清孔

（1）工具柱固定后，在工具柱顶安放灌注架，将导管逐节吊入工具柱中，直至导管底部距离孔底 0.3～0.5m，具体见图 7.1-46。

（2）将风管放入灌注导管中，随后在导管顶上安装风管接头；启动空压机，向风管内输送高压空气，采用气举反循环方式进行清孔。

图 7.1-46 安放灌注导管

16. 灌注桩身混凝土（C35）至桩顶标高

（1）清孔直至孔底沉渣厚度满足要求后，拆除风管接头，在导管顶部安装灌注斗，用混凝土天泵向灌注斗内灌入 C35 混凝土，具体见图 7.1-47。

（2）初灌采用灌注大斗，保证初次灌注能将灌注导管埋入 1m 以上；灌注时，定时测量混凝土面高度，及时拆卸导管，保持导管埋深 2～4m，当灌注至桩顶标高后停止灌注。

图 7.1-47 灌注桩身混凝土

17. 钢管柱外空隙回填砾料（5m 高）

（1）为了使后序灌注柱内混凝土时

钢管柱的稳定，灌注至桩顶标高后，在钢管柱与钻孔之间的空隙内回填砾料，以到固定钢管柱的作用。

（2）砾料回填采用双管料斗，双管料斗主要由料口、料管、支架等组成。两个料管对称设计，间距与工具柱外径相同，上部与料口连通；料口用于添加砾料，料口内设斜钢板以便于砾料滑入料管。双管料斗结构和实物见图7.1-48。

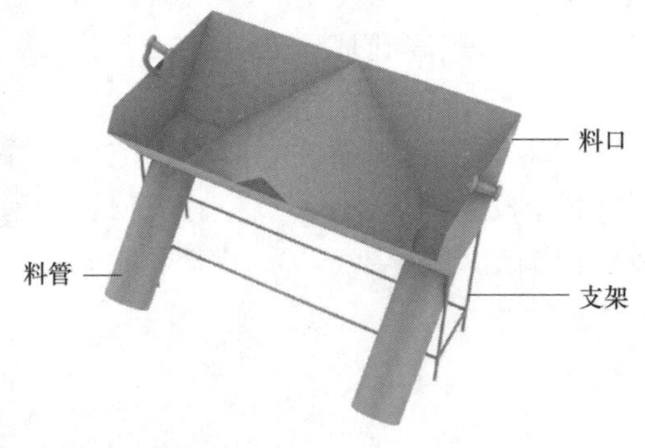

图7.1-48 双管料斗结构和实物图

（3）用起重机将双管料斗吊放至万能平台上方，安放时，将两个料管对准工具柱与钻孔之间的空隙；回填砾料采用2～4cm的级配碎石，采用挖掘机向料口内加入砾料，砾料经双料管进入孔内，均匀填充钢管柱与钻孔间的空隙；当填充高度达到5m左右时，停止填料，双管料斗回填砾料见图7.1-49。

18. 灌注柱内混凝土（C50）至柱顶标高

（1）砾料回填完成后，将双管料斗吊离。由于钢管柱内混凝土强度等级与桩基础混凝土强度等级不同，在桩身混凝土灌注完成后等待约4h，当桩身混凝土初凝后，继续用天泵向料斗内灌注强度等级为C50的柱内混凝土。

（2）定期测量柱内混凝土面的上升高度，并计算最后一斗的混凝土量，控制混凝土超灌量不超过钢管柱顶标高40cm，避免螺栓保护套筒被超灌混凝土埋入。

19. 抽吸工具柱内泥浆、孔内泄压

（1）柱内混凝土灌注完成后，逐节拆卸灌注导管，导管拆卸完成后将工具柱顶的灌注架移开，具体见图7.1-50。

图7.1-49 双管料斗回填砾料

图7.1-50 拆卸灌注导管

（2）将潜水泵吊入工具柱内，抽吸柱内泥浆，由于泄压孔的存在，工具柱外泥浆液面同步降低。当泥浆液面降低至泄压孔位置后，工人顺着爬梯进入工具柱内，用风镐将工具柱内的超灌混凝土凿碎。

20. 拆卸连接螺栓保护套筒、拆除螺栓

（1）柱内混凝土灌注完毕后约 20h，当桩身混凝土具备足够强度后，开始拆卸工具柱。工人进入工具柱内，拆下螺栓保护套筒的密封盖和套筒，仅保留底座，随后再用电动扳手将螺母拆除，具体见图 7.1-51。

（2）用氧乙炔切割法将工具柱与万能平台之间的 2 块钢板割除。

21. 吊离工具柱、移开万能平台

（1）控制万能平台的定位块回缩后，用起重机将工具柱吊离孔口。

图 7.1-51　拆除连接螺栓

（2）采用田字架四吊点起吊法将万能平台吊离孔口，移至下一个待定位的桩孔，具体见图 7.1-52。

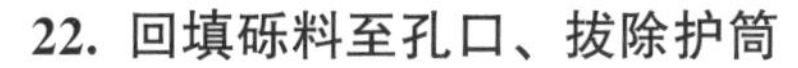

22. 回填砾料至孔口、拔除护筒

（1）对于钢管柱与孔壁间的空隙以及上部空孔段，用挖掘机直接向孔内回填砾料，直至砾料回填至孔口。

（2）用振动锤拔除护筒，护筒拔除后，孔内砾料会下沉，继续用挖掘机补充回填少量砾料至孔内，具体见图 7.1-53。

图 7.1-52　田字架起吊万能平台

图 7.1-53　回填砾料至孔口

7.1.7　机械设备配置

本工艺施工现场施工所涉及的主要机械见表 7.1-1。

主要机械设备配置表　　　　表 7.1-1

序号	名称	型号	备注
1	旋挖钻机	宝峨 BG46	用于立柱桩成孔
2	履带起重机	主吊 150t,副吊 75t	起吊钢筋笼、钢管

续表

序号	名称	型号	备注
3	空压机	WBS-132A	排气压力1.2MPa,容积流量20m^3/min
4	泥浆净化器	ZX-250Z	气举反循环清孔时分离泥浆中的泥渣
5	万能平台	4m×3m×0.8m(长×宽×高)	固定工具柱、定位操作平台
6	对接平台	工字钢焊制	钢管柱与工具柱对接
7	氧乙炔切割枪	RT-6	在工具柱底部切割泄压孔
8	电动扳手	旗帜 P1B-30C	安拆工具柱连接螺栓、转动定位螺杆
9	钢管柱倾斜自动化监测系统	TGCX-2-100B	最小分辨率:0.001°;精度:0.005°
10	全站仪	索佳 CX-102	工具柱孔口定位、钢管柱垂直度校核
11	反射棱镜	拓普康 LK	测量定位
12	混凝土天泵	TP63RZ6	灌注桩身混凝土和钢管柱混凝土
13	双管料斗	自制	向钢管柱与钻孔间的空隙内回填砂石
14	潜水泵	RT-SMF	用于反循环清孔
15	风镐	G20	破除工具柱内超灌混凝土

7.1.8　质量控制

1. 传感器安装

(1) 传感器与工具柱顶部法兰盘连接牢固，进场前须经过专业机构检定，确保其精度满足要求后方可使用。

(2) 在工具柱顶部安装传感器时，预留足够长的传输线，保证钢管柱起吊后传感器可以顺利与地面的数据终端连接。

(3) 在传输线与工具柱接触的位置包裹防护套，避免传输线被工具柱磨损。

2. 钢管柱定位

(1) 调节钢管柱垂直度时，工人在测量工程师的指挥下，用电动扳手慢速转动定位螺杆，避免调节距离超限。

(2) 钢管柱下插时，安排专人牵引测斜仪数据线，防止下插过程中数据线被拉扯导致断裂。

(3) 调节工具柱方位角时，两个工人在相对的两侧同时用钢筋作为撬棍转动工具柱。

(4) 工具柱孔口定位过程中，中心点、标高、方位角、垂直度的复核交叉进行，保证4个参数同时满足定位精度要求。

(5) 当工具柱最终定位完成后，监理工程师进行复核，保证定位精度满足要求。

3. 混凝土灌注

(1) 工具柱内开设的泄压孔可增加至4个，以便于工具柱内抽排泥浆时快速降低柱外水位。

（2）双管料斗的支架采用直径 20mm 带肋钢筋焊制，确保结构牢固稳定。

（3）挖掘机向双管料斗的料口内加料时，避免碰撞引起双管料斗移位。

7.1.9 安全措施

1. 钻进成孔

（1）旋挖作业设置孔口临时防护，禁止无关人员进入。

（2）成孔完成后，在后序操作进行前，及时在孔口安放钢筋防护网，防止人员不慎坠入。

（3）在钻孔内下放灌注导管进行气举反循环清孔时，在灌注架上方焊接钢筋网，封闭灌注架与钻孔之间的空隙避免工人不慎坠入。

2. 工具柱定位

（1）操作人员在工具柱顶进行测量、复核作业时，做好安全防护。

（2）传感器的传输线较长，缠绕整齐后安放在较隐蔽的位置，防止作业人员被传输线绊倒。

（3）夜间进行工具柱定位时，提供良好的照明环境。

3. 孔内泄压

（1）潜水泵放入工具柱内抽吸泥浆之前，检查潜水泵机械性能，防止漏电。

（2）工人进入工具柱底部破除超灌混凝土时，系好安全绳，并保持与工具柱顶人员联络。

（3）在工具柱底部用风镐破除超底混凝土时，注意避免被柱内钢筋笼划伤。

4. 工具柱拆卸

（1）将工具柱从万能平台中吊出时，避免碰撞万能平台。

（2）工具柱拆卸后，在钻孔上部空孔段回填砾料之前，在钻孔周边设置护栏，禁止人员进入。

7.2 逆作万能平台先插法钢管结构柱与孔壁空隙双管料斗回填技术

7.2.1 引言

逆作法施工中，一般采用底部钻孔灌注桩＋钢管结构柱形式，钢管结构柱作为支承柱插入灌注桩顶部 4m 左右位置，当底部桩身混凝土灌注至桩顶标高位置时，在灌注钢管结构柱内混凝土之前，为确保钢管结构柱的垂直度，需要在柱与孔壁间空隙均匀回填碎石，以确保后续施工过程中钢管结构柱的稳定。

通常钢管结构柱安放及定位时，在孔口连接辅助工具柱，在钢管结构柱进行碎石回填时，一般在工具柱四周安装四块导板，采用装载车沿四块导板位置分别上料进行回填，具体见图 7.2-1。采用这种方法回填碎石，由于导板间未形成连接的通道，这种不均匀填料对钢管结构柱后继稳定性不利。同时，在上料过程中，部分碎石会洒落在平台或地面，需要人工将散落的碎石锹入孔内，具体见图 7.2-2，整个施工过程、效率较低。

图 7.2-1　装载机上料

图 7.2-2　人工回填

为了解决上述回填不均匀、人工耗时等问题，设计出一种快速下料的双管回填料斗，该料斗采用长条槽状设计，采用比料口相对小的挖机铲斗上料，可避免碎石洒落；采用对称双料口、双料管设计，下料时对称同步回填，解决了下料不对称、不均匀问题，保证了钢管结构柱的垂直度；采用倾斜料斗壁和料斗内大角度倾斜隔板设计，将碎石快速导入两个圆筒料管落入钢管结构柱外空隙，料管的下料口基本全断面开孔，碎石下落速度更快、回填效率更高。

7.2.2　工艺特点

1. 保障回填质量

本工艺所采用的回填料斗采用左右对称式双料口、双料管设计，回填时两料管内侧与平台上的工具柱相切，料管的下料口处于工具柱圆心线上，使碎石下落时钢管结构柱四周空隙的碎石分布均匀，有利于钢管结构柱垂直稳定。

2. 提高回填速度

本工艺回填料斗的料口采用长槽状设计，采用挖机一次性上料，可满足两个料管均匀下料，有利于提高回填上料速度；同时，装置采用倾斜料斗壁、大角度倾斜板、大直径料孔、倾斜料管设计，加快了碎石下落速度。

3. 降低施工成本

本工艺回填料斗成套式制作，整体一次性吊放就位，操作快捷；回填时，采用现场的挖掘机直接一个方向上料，减少了多机同时上料作业的机械使用数量；装置可重复利用，耐久性长，大大降低了施工成本。

7.2.3　适用范围

适用于逆作法钢管结构柱采用万能平台进行定位过程中孔壁与钢管柱间的砾料回填。

7.2.4　料斗结构

本工艺的回填料斗由料口、料管、支架、吊耳组成，料口、料管和支架互相焊接组装，装置见图 7.2-3，装置实物见图 7.2-4。以工具柱直径 1.5m 为例，对装置进行具体说明。

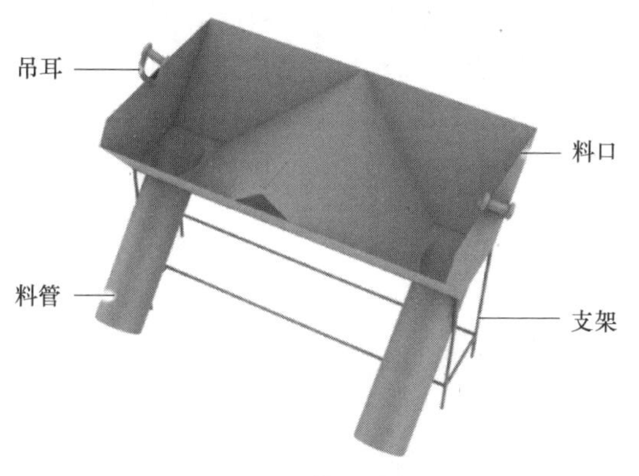

图 7.2-3 装置结构图

图 7.2-4 装置实物图

1. 料口

(1) 料口呈长条槽状设计，由 1cm 厚的钢板围合而成，具体包括侧板（①、②、③、④）和底板（⑤），其中侧板③和④竖直设置，侧板①、②与底板⑤夹角均为 125°倾斜设置，以便于石料沿倾斜面快速入孔。料口围合板见图 7.2-5，料口槽体组成见图 7.2-6。

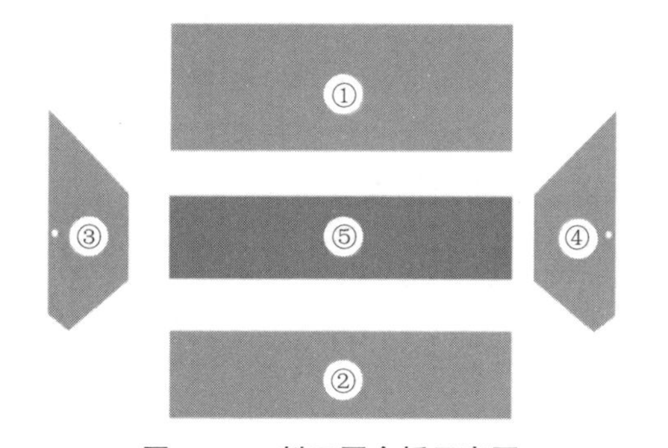

图 7.2-5 料口围合板示意图

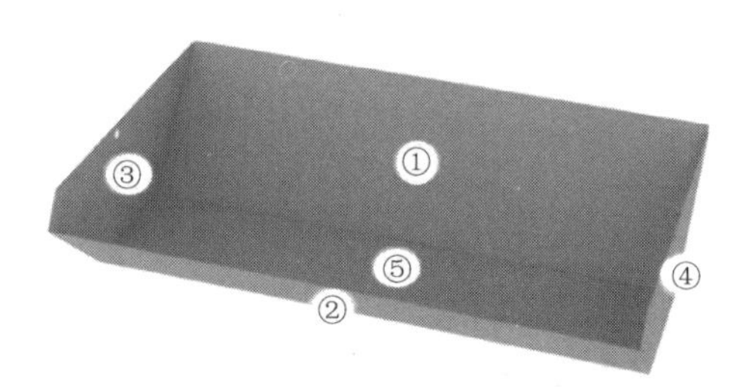

图 7.2-6 料口槽体组成示意图

(2) 料口采用双料口设计，在长条槽体中间加装倾斜钢板⑥和⑦，将槽体均匀分为左右两个漏斗状料仓，使碎石快速滑入料管，同时使碎石沿料管散落于钢管结构柱两侧，防止碎石堆积在钢管结构柱一侧影响其垂直度。双料口设计示意见图 7.2-7。

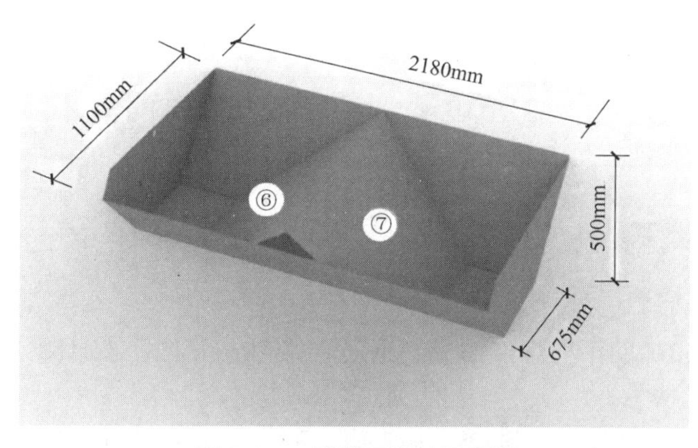

图 7.2-7 双料口设计示意图

图 7.2-8　槽底⑤开下料孔

（3）双料口形成后，在槽底⑤的钢板底部开设相应的 2 个下料孔；为快速下料，料口采用全断面槽底开孔，促使碎石快速滑落。槽底⑤开下料孔可见图 7.2-8，组成双料口结构见图 7.2-9。

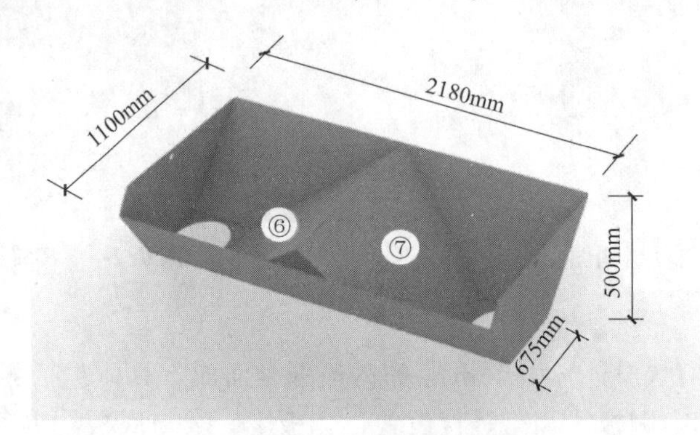

图 7.2-9　双料口结构图

2. 料管

（1）由于料斗为双料口，因此料管按双料管设计，料管与底板下料孔焊接。

（2）由于工具柱露出定位平台约 1150mm，下料时，双料管的料管口需对准工具柱对称的两侧，才能进行均衡下料，因此料管采用紧贴工具柱的斜形设计。

（3）工具柱直径为 1500mm（图 7.2-10），两个圆筒料管间距离 1540mm（图 7.2-11）。两个料管口与工具柱圆心在一条直线上，双管回填料斗环贴工具柱安放就位，料管设计直径为 300mm。工具柱与料管位置关系见图 7.2-12。工具柱与料管位置关系实物图见图 7.2-13。

图 7.2-10　工具柱直径

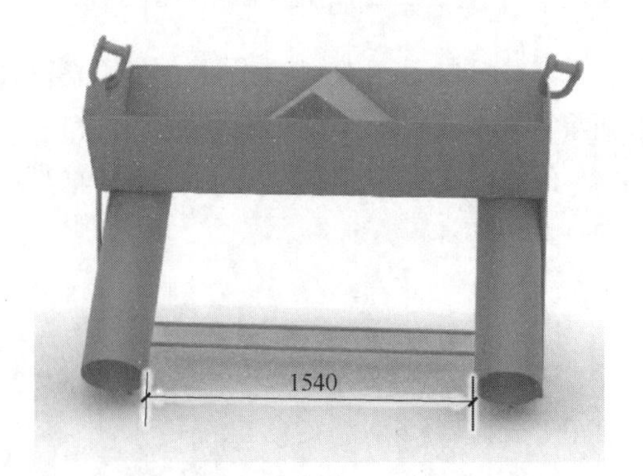

图 7.2-11　两个圆筒料管间距

3. 简易支架

（1）简易支架由带肋钢筋焊接而成，钢筋直径 40mm，型号 HRB400，形成一个框架结构。

（2）简易支架焊接钢筋连接料管，保证圆筒料管的稳定性。简易支架结构见图 7.2-14、图 7.2-15。

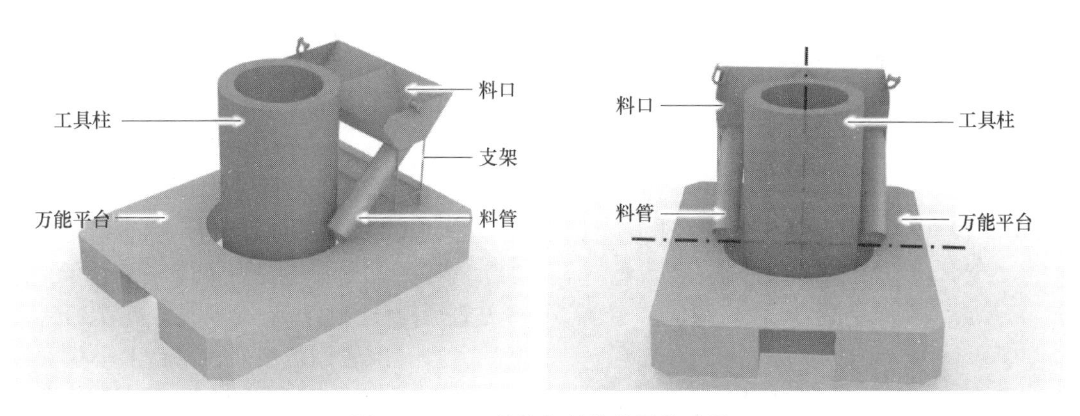

图 7.2-12 工具柱与料管位置关系图

图 7.2-13 双管回填料斗与工具柱位置关系实物图

4. 吊耳

主体料斗的两侧竖直钢板开设圆孔，加装卸扣作为吊耳，通过钢丝牵引绳起吊。

图 7.2-14 简易支架结构示意图（一）

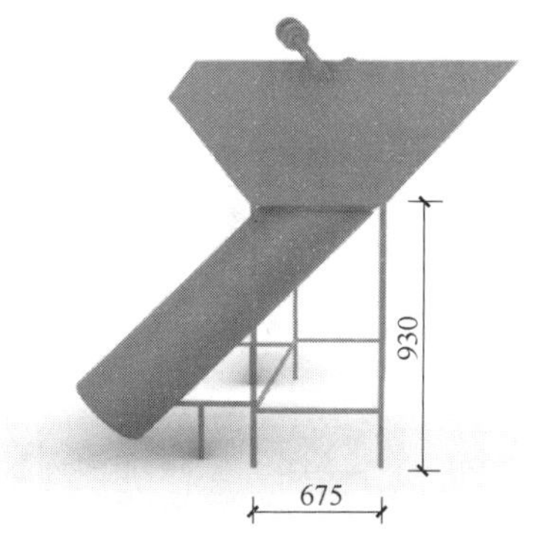

图 7.2-15 简易支架结构示意图（二）

7.2.5 工艺流程与操作要点

1. 工艺流程

在灌注桩身混凝土至桩顶标高位置，在灌注钢管柱内混凝土之前，对钢管柱与钻孔壁之间的空隙进行回填。

2. 操作要点

（1）根据工具柱直径，按现场具体使用情况加工钢板、钢筋，并进行焊接，焊接时保证结构稳固。

图 7.2-16　料斗安放

（2）灌注混凝土至桩顶标高后，吊放双管回填料斗至万能平台，料管口对准工具柱与孔壁之间的空隙（两料管口位于工具柱直径延长线上）。料斗安放见图 7.2-16。

（3）双管回填料斗在平台上平稳安放后，利用挖机铲斗装碎石，倒入料斗中部，使左右两料口碎石量大致相等。挖机加料完成后，万能平台上洒落少量碎石由人工锹入孔内。挖机填充碎石见图 7.2-17，人工锹入残留碎石见图 7.2-18。

图 7.2-17　挖机填充碎石

图 7.2-18　人工锹入洒落碎石

7.3　逆作法全套管全回转定位钢管柱与孔壁间隙双料斗回填技术

7.3.1　引言

逆作先插法施工中，一般采用底部钻孔灌注桩与上部钢管柱结合的形式。钢管柱定位施工时，先将钢管柱插入灌注桩顶部钢筋笼 4m 位置并进行定位，再将底部桩身混凝土灌注至设计标高位置；在灌注钢管柱内混凝土之前，为避免柱内混凝土灌注时对钢管柱的扰动而影响钢管柱的垂直度，需要在钢管柱与钻孔孔壁间的空隙均匀回填料，以确保后续施工过程中钢管柱的稳固。

通常逆作法施工时，对钢管柱使用万能平台进行定位（图 7.3-1），使用双管回填料斗架设在工具柱侧边，将料对称导入钢管柱与钻孔孔壁间空隙均匀回填，一般将碎石、砂或建筑废渣作为回填料，双管料斗回填具体见图 7.3-2。但逆作法使用全套管全回转钻机对钢管柱定位时（图 7.3-3），受全套管全回转钻机结构、高度等因素的影响，不适用双管回填料斗进行回填；而挖机直接上料回填洒落量大、回填效率低。因此，亟需一种实用、高效的工具辅助钢管柱与孔壁周边空隙的回填。

图 7.3-1 钢管柱万能平台定位

图 7.3-2 万能平台定位双管料斗回填

针对上述情况，为保证回填效果和施工质量，专门设计一种支架式自卸回填料斗。该装置由下料导槽和支架焊接组成，下料导槽延伸进入全套管全回转钻机液压柱之间的空隙，将回填料导入钻孔孔壁与钢管柱之间的空隙；支架可根据现场情况做出调整，使其更适合全套管全回转钻机的高度，提高回填效率。施工时，采用对称双料斗同时使用，具体见图 7.3-4。

图 7.3-3 钢管柱全套管全回转钻机定位

图 7.3-4 支架式自卸回填料斗对称回填

7.3.2 装置特点

1. 制作方便

本料斗由现场加工制作，加工所需原材料主要为槽钢、钢板及带肋钢筋，在现场通过焊接加工制作。

2. 使用便捷

本料斗为成品制作，使用吊放就位后即可使用；采用挖掘机直接上料，回填方式更为便捷；采用自卸式倾斜板设计，利用砾料快速下落回填。

3. 均匀回填

对称使用于全套管全回转钻机两侧回填，保证钢管柱四周回填碎石均匀，避免柱内混凝土灌注时对钢管柱的扰动，提高了回填效率。

7.3.3　装置整体组成

本料斗由下料导槽、支架互相焊接组装，料斗结构见图 7.3-5，料斗实物见图 7.3-6。

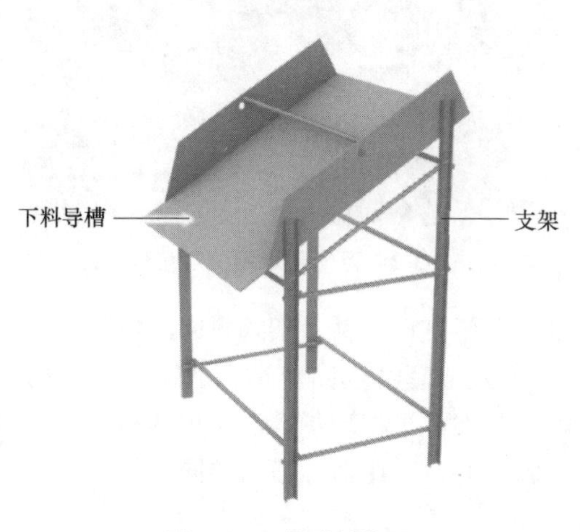

图 7.3-5　料斗结构图

图 7.3-6　料斗实物

7.3.4　装置结构设计

以景安 JAR260H 型全套管全回转钻机定位施工为例，对料斗进行具体说明。

1. 下料导槽

（1）下料导槽由侧板、底板、支撑钢筋焊接组成（图 7.3-7），侧板和底板材质均为 15mm 厚的钢板。侧板为两块上底 1710mm、下底 2100mm、高 400mm 的直角梯形板，底板为 2240mm×2380mm 的方形板，底板长度大于侧板长度；支撑钢筋为直径 36mm 的带肋钢筋，支撑钢筋两端焊接于两侧板中部，防止侧板受力变形。下料导槽尺寸见图 7.3-8。

（2）景安 JAR260H 型全套管全回转钻机侧面两个液压立柱之间间距为 3000mm（图 7.3-9），将下料导槽宽度设计为 2240mm。并且碍于钻机外边缘至钢管柱的距离，下料导槽设计底板长于侧板 280mm，使其伸入全套管全回转钻机中靠近钢管柱处，将回填料直接导入钢管柱与钻孔孔壁之间的空隙，具体见图 7.3-10、图 7.3-11。下料导槽长度设计为 2380mm，向全套管全回转钻机外延伸一定长度，为挖机铲斗提供了充足的上料空间。

（3）下料导槽采用自卸式倾斜板设计，竖直夹角约为 60°，可充分利用碎石自重作用将碎石导入，从而达到提升回填速度、提高回填工效的目的。下料导槽倾斜设计见图 7.3-12。

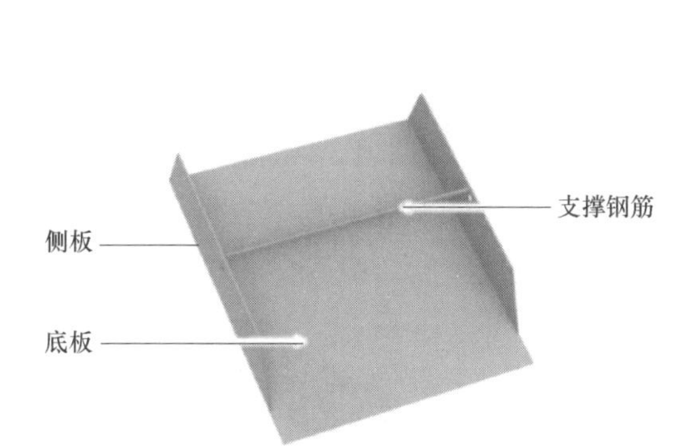

图 7.3-7 下料导槽

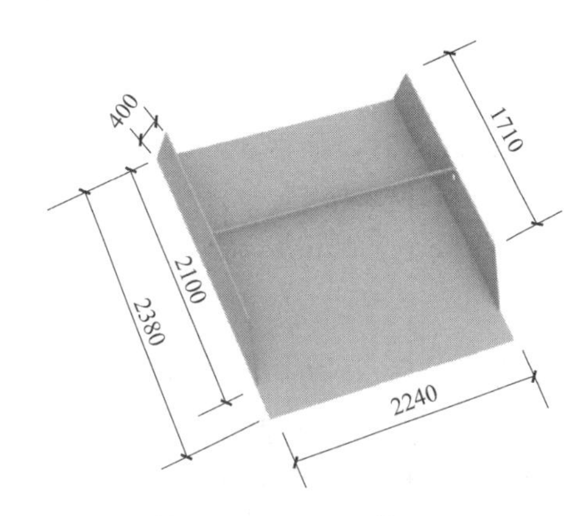

图 7.3-8 下料导槽尺寸

图 7.3-9 钻机液压立柱之间的间距

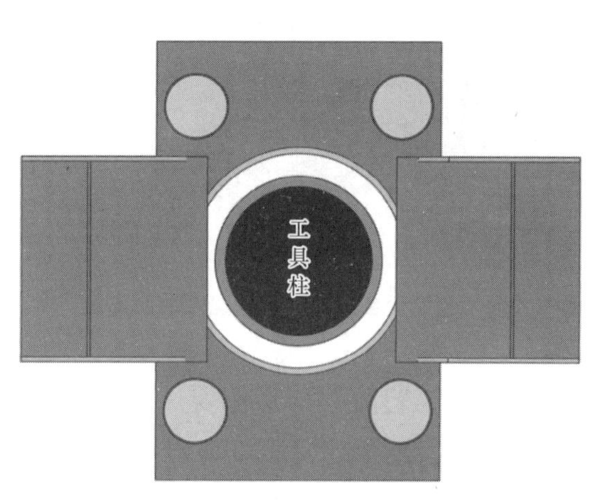

图 7.3-10 下料导槽与钻机位置关系平面图

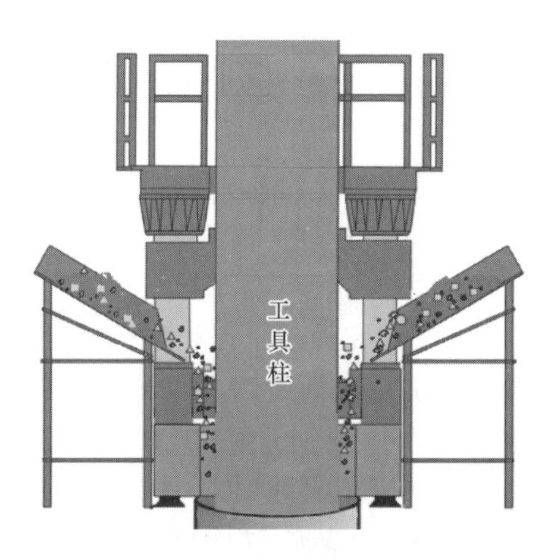

图 7.3-11 下料导槽下料示意图

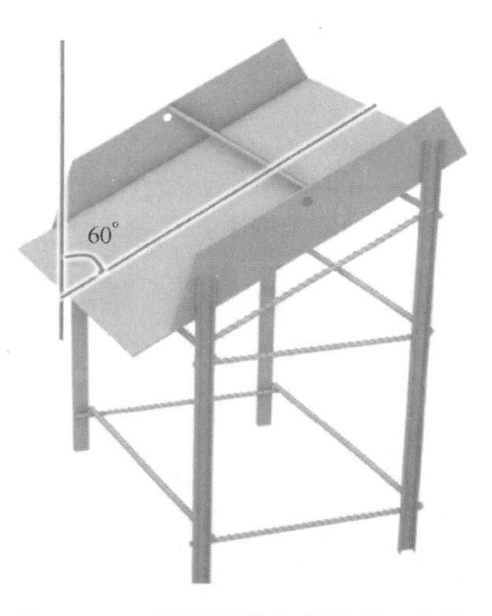

图 7.3-12 下料导槽倾斜设计示意图

2. 支架

（1）支架由支腿、横梁和斜撑焊接组成。支架支腿为10号槽钢，横梁和斜撑为直径36mm的带肋钢筋。

（2）施工时，全套管全回转钻机回填进料口位置距地面高度约1800mm（图7.3-13），为便于下料导槽伸入全套管全回转钻机液压柱之间空隙中进行回填，设计倾斜下料导槽前端距地面高度1900mm，支架尺寸设计见图7.3-14。支架的高度和宽度可根据现场情况调整。

图7.3-13　全套管全回转钻机底座距地面高度

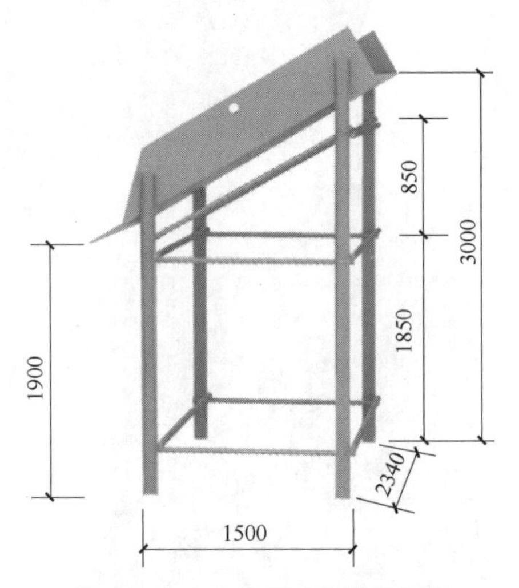

图7.3-14　支架尺寸设计示意图

7.3.5　工艺流程与操作要点

1. 工艺流程

双料斗回填主要工艺流程包括：自卸回填料斗就位、挖掘机料斗交替回填碎石。

2. 操作要点

（1）逆作先插法施工中，采用全套管全回转钻机对钢管柱完成定位，柱下钻孔灌注桩桩身混凝土灌注至设计标高后，在全套管全回转钻机液压柱呈升起状态下，分别吊放支架式自卸回填料斗至全套管全回转钻机两侧，具体见图7.3-15。

图7.3-15　自卸式回填料斗对称放置

（2）安放料斗时，料斗延长底板伸入全套管全回转钻机两液压立柱空隙之间，具体见图7.3-16。

（3）料斗安放完成后，使用挖机依次对全套管全回转钻机左右两侧料斗倒入碎石或砂，倒入次数相同，保证钢管柱四周回填碎石均匀，避免柱内混凝土灌注时对钢管柱的扰动。碎石通过下料导槽导入钢管柱与钻孔孔壁间空隙中进行回填。挖机上料过程见图7.3-17。

图 7.3-16 自卸式回填料斗安放

图 7.3-17 挖机上料过程图

（4）回填完成后，将料斗吊离全套管全回转钻机。

第 8 章　绿色施工新技术

8.1　灌注桩硬岩旋挖全断面滚刀钻头免噪钻进施工技术

8.1.1　引言

旋挖钻机具有自动化程度高、钻孔速度快、综合成本低等显著特点，近年来随着旋挖钻机整体性能的提升，旋挖钻具的不断改进，旋挖钻机已广泛应用于桩基础工程施工中，深圳特区内一大批大型、重点项目的桩基工程均由旋挖钻机完成。

但在旋挖钻机广泛应用过程中，旋挖桩硬岩钻进时，会产生剧烈振动和巨大噪声。旋挖硬岩钻进目前多采用传统的截齿钻头（图 8.1-1）或牙轮钻头（图 8.1-2）。截齿钻头钻进过程是截齿的侵入力使岩石产生一个较小的破碎坑，形成发散式裂纹扩展，再通过钻筒的旋转带动不同方向的截齿产生切向力，完成岩石的旋挖切削破碎，其过程截齿对岩石的冲击、截齿跳动、破碎产生巨大噪声。而牙轮钻头钻进时，由钻机施加足够大的轴压作用在牙轮钻头上，镶嵌在牙轮上的合金齿嵌入岩石表层，随着钻杆带动牙轮钻头做旋转运动，摩擦力作用下牙轮产生强大剪切力，从而使岩石破碎，在此过程中牙轮上的合金齿交替产生振动，在冲击、压碎和剪切的综合作用下，牙轮钻头入岩钻进同样产生较大噪声和振动。另外，在旋挖钻机从孔内取出岩芯后，因岩芯与钻筒壁结合紧密，往往需要甩筒将岩芯排出，此阶段也产生较大响声，具体旋挖钻机取芯甩筒见图 8.1-3。

图 8.1-1　旋挖截齿钻筒

图 8.1-2　旋挖牙轮钻筒

图 8.1-3　旋挖钻机取芯甩筒

硬岩钻进要实现无噪声施工，通常使用回转钻机配置全断面滚刀钻头钻进。回转钻机利用动力头提供的液压动力驱动钻杆并带动钻头旋转，钻进过程中钻头底部的各球齿滚刀绕自身基座中心点持续转动，滚刀上镶嵌有金刚石颗粒，金刚石颗粒在轴向力、水平力和扭矩的作用下，连续研磨、刻画、切削岩石，逐渐嵌入岩石，并对岩石造成挤压，当挤压力超过岩石颗粒之间的联结力时，部分岩石从岩层母体中分离出来成为碎岩，随着钻头的不断旋转压入，碎岩被研磨成为细粒状岩屑随着泥浆排出桩孔，整体破岩钻进效率大幅提高，且有效解决施工过程中产生的噪声污染问题。回转钻机滚刀钻头硬岩钻进见图 8.1-4，回转钻进全断面滚刀钻头见图 8.1-5。在旋挖桩施工过程中，上部土层可以采用旋挖钻机高效率完成钻进，而入岩后避免钻岩产生噪声，需更换回转钻机和相关的配套设备，使用的大型桩工设备数量多，成孔效率低，综合成本高。

图 8.1-4 回转钻机滚刀钻头硬岩钻进

图 8.1-5 回转钻机全断面滚刀钻头

为解决旋挖入岩钻进噪声问题：结合旋挖钻机钻进和回转钻机滚刀钻头破岩的特点和优势，创新性采用旋挖钻机与滚刀钻头相结合，利用旋挖滚刀钻头对硬岩进行全断面碎裂研磨钻进，钻渣采用旋挖捞渣斗捞出，实现旋挖入岩降噪绿色施工。

8.1.2 工艺特点

1. 有效降噪

本工艺采用旋挖全断面滚切钻头对岩体研磨钻进，避免旋挖截齿或牙轮钻头入岩产生的剧烈振动和噪声污染；碎岩被研磨成细粒状岩屑后采用捞渣钻头捞出，避免取出完整岩芯时甩筒产生的噪声，有效实现绿色降噪。

2. 钻进高效

本工艺利用全断面滚刀对孔底岩面进行研磨，充分利用施工项目现场的旋挖钻机，通过旋挖钻机的加压钻进功能，快速、平稳、一次研磨钻进到位，无须使用旋挖钻机以外的其他桩工设备，施工便捷，有效提高效率。

8.1.3 适用范围

适用于扭矩大于 360kN·m 旋挖钻机硬岩钻进作业，适用于入岩深度小于 3m 桩孔钻进。

8.1.4 工艺原理

本工艺关键技术主要包括两部分：一是旋挖滚刀钻头设计及制作；二是旋挖滚刀钻头硬岩降噪研磨钻进技术。

1. 旋挖滚刀钻头设计及制作

1）旋挖滚刀钻头设计

全断面滚刀钻头一般用于大扭矩回转钻机，本工艺创新性将旋挖钻筒与镶齿滚刀底板组合成旋挖硬岩滚刀磨底钻头，整体设计思路主要为将旋挖钻筒底部安设截齿或牙轮的部分整体割除，与布设滚刀的底板进行焊接；旋挖钻筒的顶部结构保持原状，筒体增加竖向肋或环向肋；焊接在旋挖钻筒底部的底板上布设滚刀，滚刀碾磨轨迹覆盖钻孔全断面；如滚刀支架导致个别位置碾磨面缺失，则采用牙轮钻头进行补充，确保全断面滚刀钻头钻进全覆盖，具体见图 8.1-6；滚刀钻头重心应与钻头形心重合，确保不因钻头偏心产生卡钻、撞击噪声。旋挖全断面滚刀钻头见图 8.1-7。

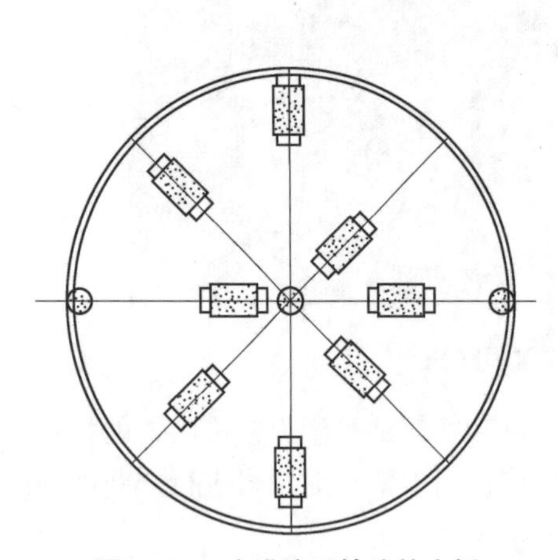

图 8.1-6 布满滚刀钻头的底板

图 8.1-7 旋挖全断面滚刀钻头

2）滚刀钻头制作流程

旋挖滚刀钻头制作时，将旋挖钻筒底部的截齿或牙轮段割除（图 8.1-8），在钻头底板上安装滚刀钻头（图 8.1-9），再将底板与钻筒连接而成（图 8.1-10）。

3）滚刀钻头制作

（1）切割旋挖钻筒时，保持切割面的圆度和平整度。

（2）选用一块厚 60mm 的钢板，切割成与钻头直径相同的圆形底板，按设计布设的滚刀位置在底板上安装支架和滚刀，并在底板上切割若干泄压孔，以减小钻头入孔的压力。旋挖滚刀钻头底板制作见图 8.1-11，底板泄压孔见图 8.1-12。

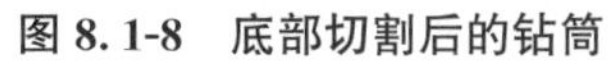
图 8.1-8 底部切割后的钻筒

图 8.1-9 底板安装滚刀

图 8.1-10 钻筒与滚刀底板焊接

图 8.1-11 切割布设滚刀的底板

图 8.1-12 底板泄压孔

(3) 将底板与钻筒焊接连接，焊接时采用内、外双面焊；同时，在筒钻内壁与底板间加焊 8 个三角钢板固定架，固定架尺寸 200mm×150mm，采用双面焊；固定架钢板厚 30mm，确保底板牢靠，具体见图 8.1-13。

图 8.1-13 底板与钻筒间焊接三角固定架

(4) 旋挖钻头斗体与滚刀底板焊接成旋挖全断面滚刀钻头，见图8.1-14。

2. 旋挖滚刀钻头硬岩降噪研磨钻进

利用旋挖钻机动力头提供的液压动力带动钻杆和钻头旋转（图8.1-15），钻进过程中钻头底部滚刀绕自身基座中心轴（点）持续转动，滚刀上镶嵌的金刚石珠（图8.1-16），在轴向力、水平力和扭矩的作用下，连续对硬岩进行研磨、刻划并逐渐嵌入岩石中，并对岩石进行挤压破坏，当挤压力超过岩石颗粒之间的黏合力时，岩体被钻头切削分离，并成为碎片状钻渣，研磨过程中不产生因截齿钻或牙轮钻刺入式破岩的剧烈振动和噪声污染；随着钻头的不断旋转碾压，碎岩被研磨成为细粒状岩屑（图8.1-17），采用捞渣斗捞渣。

图8.1-14　旋挖全断面滚刀钻头

图8.1-15　滚刀钻头

图8.1-16　镶齿滚刀

图8.1-17　细粒状钻渣

8.1.5　施工工艺流程

嵌岩桩旋挖全断面滚刀钻头成孔降噪施工工艺流程见图8.1-18。

8.1.6　工序操作要点

1. 旋挖钻筒土层钻进、出渣

(1) 施工准备完成后，进行土层钻进。

（2）在上部填土和砂土层中，采用旋挖钻斗钻进、出渣。

（3）钻进至地下水位以下淤泥、黏土等易糊土层，更换顶推式旋挖钻斗钻进，该钻头在常用的旋挖钻斗结构基础上增加一套内部顶推结构，钻进完成一个回次进尺后提离钻孔至地面，顺时针旋转钻斗使底部阀门松开，顶推结构持续承受来自钻机动力头向下传递的推力，并通过传力杆推动钻斗内的排渣板向下将渣土推出，避免传统甩斗排渣作业和噪声污染，具体见图 8.1-19、图 8.1-20。

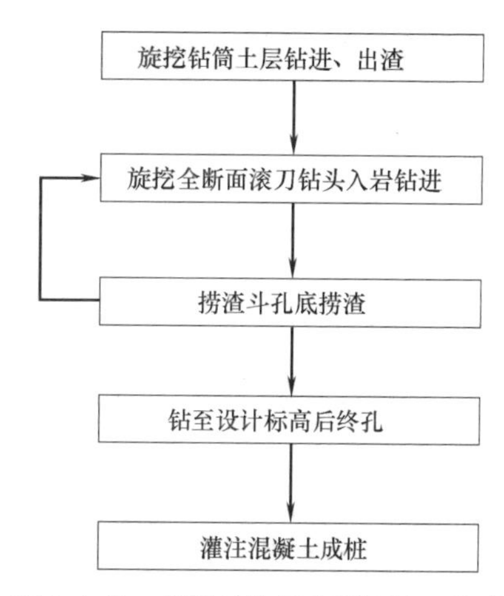

图 8.1-18　嵌岩桩旋挖全断面滚刀钻头成孔降噪施工工艺流程图

（4）钻进至强风化岩层时，钻渣较为密实，更换旋挖筒钻钻进，钻进取土控制回次进尺不大于 70%，将钻筒密实岩渣贯入三角锥出渣装置，此时筒内上部的泥浆受挤压朝筒顶的孔洞溢出；提升筒钻使筒内密实岩渣松散逐步排出，三角锥出渣见图 8.1-21。

图 8.1-19　旋挖钻斗阀门打开

图 8.1-20　排渣板将钻渣推离钻斗

2. 旋挖全断面滚刀钻头入岩钻进

（1）钻至中风化岩层时，旋挖钻机更换全断面滚刀钻头钻进；更换前，对滚刀钻头进行检查，包括：底板与钻斗焊接、滚刀基座与底板焊接、滚刀和牙轮安装等。

（2）旋挖钻机安装滚刀钻头后，将旋挖滚刀钻头在地面进行研磨钻进试验，检查滚刀及牙轮研磨轨迹，并从地面上滚刀金刚石珠覆盖轨迹检查滚刀的工况，确保各滚刀正常工作和全断面覆盖钻进，具体见图 8.1-22。

（3）对滚刀钻头检查完毕后，将筒钻中心线对准桩位中心线下钻，具体见图 8.1-23。

（4）旋挖滚刀钻头钻进时，注意控制钻压，保持慢转并适当加压，并观察操作室内的垂直度控制仪，确保钻进垂直度及孔底平整。

图 8.1-21 钻筒密实钻渣结构贯入三角锥装置出渣

图 8.1-22 滚刀钻头地面回转及研磨轨迹

图 8.1-23 旋挖滚切钻头下钻

3. 捞渣斗孔底捞渣

（1）旋挖滚刀钻头每完成一定深度后，更换捞渣钻头捞渣，及时清理孔内岩屑；

（2）捞渣时，捞渣钻头慢速旋转，以减少施工噪声。

4. 钻至设计标高后终孔

（1）当钻孔深度达到设计要求时，对孔位、孔径、孔深和垂直度进行检查；

（2）检验合格后，配制优质泥浆护壁，保证孔壁稳定。

5. 灌注混凝土成桩

（1）钢筋笼按设计图纸加工制作，吊装时对准孔位，吊直扶稳，缓慢下放到位，确认符合要求后，在孔口对钢筋笼吊筋进行固定；

（2）确定灌注导管的配管长度，第一次使用时进行密封水压试验；安放时，对中扶正，在孔口接长，导管底部距离孔底300～500mm；

（3）灌注混凝土前测量孔底沉渣，如沉渣厚度超标，则采用气举反循环进行二次清孔；

（4）二次清孔满足要求后，立即灌注混凝土；混凝土采用商品混凝土，坍落度18～22cm，初灌采用大灌注斗，保证混凝土初灌导管埋深不小于1.0m；灌注过程中，定期测量混凝土面上升高度和埋管深度，并适时提升和拆卸导管，始终保持导管埋深控制在2～4m；灌注连续进行，直至桩顶超灌不小于1.0m。

8.1.7 机械设备配置

本工艺现场施工所涉及的主要机械设备见表8.1-1。

主要机械设备配置 **表8.1-1**

名称	型号及参数	备注
旋挖钻机	SR360	钻进成孔
顶推式旋挖钻斗	设计桩径	顶推式排渣钻头
截齿筒式钻头	设计桩径	全风化、强风化岩钻进
三角锥式出渣装置	底座450mm×450mm、整体高度600mm	辅助钻筒排渣
旋挖全断面滚刀钻头	设计桩径	硬岩全断面岩层钻进
捞渣钻头	设计桩径	孔底捞渣
灌注导管	ϕ300	灌注混凝土
灌注斗	2～4m^3	混凝土初灌

8.1.8 质量控制

1. 全断面滚刀钻头制作

（1）严格按设计图纸制作滚刀钻头。

（2）泄水孔的开设配合滚刀的位置，保持整个钻头重心与钻头形心重合，从而下钻及钻进过程不因钻头偏心卡钻产生质量问题或产生施工噪声。

2. 全断面滚刀钻头钻进

（1）钻头制作完成后，全面检查滚刀钻头质量，检查内容包括底板与钻斗焊接质量、滚刀基座与底板的焊接质量、滚刀和牙轮安装质量。

（2）根据现场研磨试验情况，及时调整滚刀和牙轮布设数量和位置，确保研磨轨迹全断面覆盖。

（3）研磨钻进时注意控制钻压，轻压慢转，磨底钻进时，机手观察操作室内的垂直度控制仪，确保钻进垂直度，避免因钻头不正撞击桩壁损坏钻头或产生噪声。

8.1.9　安全措施

1. 旋挖滚刀钻头制作

（1）切割底板一次成型。

（2）底板与钻筒连接及底板加固的焊接采用双面焊。

2. 旋挖滚刀钻头钻进

（1）由于滚刀钻头重量大，使用的旋挖钻机的扭矩不小于360kN·m，确保滚刀钻头顺利钻进。

（2）钻进磨底时注意控制钻压，轻压慢转，并观察操作室内的垂直度控制仪；如遇卡钻，则立即停止，未查明原因前，不得强行启动。

8.2　旋挖筒钻出渣柱绿色减噪排渣施工技术

8.2.1　引言

旋挖钻筒钻进过程中，遇半致密岩土体或碎裂岩、强风化软岩等地层，提钻卸渣时易出现钻筒内部渣土密实、排渣困难的情况。此种情况出现时，通常采用反复正反旋转钻筒、急刹制动，利用钻筒及内部渣土惯性力作用排出渣土，见图8.2-1。在旋挖排渣的同时，钻筒与钻杆、钻杆与传动装置之间的碰撞，会产生较大噪声，造成施工场界周围噪声超标，影响附近居民正常生活，随之带来较多的投诉，不利于绿色和谐施工，严重时被处罚甚至勒令停工整顿。

图8.2-1　旋挖钻筒甩动出渣

为解决旋挖钻筒出渣带来的噪声问题，项目组以减噪降噪、绿色高效为目标，通过不断试验、改进，形成了旋挖钻机钻筒出渣柱技术，该技术采用一种柱式辅助出渣装置，在旋挖钻筒出渣时，将钻筒对准地面上摆放的出渣柱下插，使出渣立柱贯入钻筒渣土内，同时通过旋转和上下提动钻筒，使得钻筒内密实渣土疏松，并在其自重作用下脱离钻筒，无需甩动钻筒实现顺利排渣。本出渣技术经过数个项目的应用，达到了快速排渣、绿色降噪的效果，提升了现场绿色文明施工水平。

8.2.2 工艺特点

1. 出渣快捷

本工艺出渣时，只需将旋挖钻筒对准地面上摆放的出渣柱下插，再通过缓慢旋转和上下提动钻筒，使钻筒内密实渣土疏松并快速排出。

2. 结构简便

本工艺所涉及柱式辅助出渣装置由普通钢板、钢管焊接而成，其结构合理、制作工艺简便，且材料易于获取。

3. 操作便捷

本工艺所采用旋挖钻筒出渣柱排渣过程不涉及复杂工艺流程，不需人员靠近操作，出渣过程操作简单、便捷。

4. 绿色环保

本工艺出渣时，将旋挖钻筒内渣土与出渣柱静力贯入接触，再通过旋转钻筒和变位扰动排渣，整个操作过程噪声小，大大提升现场文明施工。

8.2.3 适用范围

适用于直径 1200mm 以下各类桩径的旋挖筒式钻头出渣，适用于旋挖钻筒在半致密岩土体或碎裂岩、强风化岩等地层钻进出渣。

8.2.4 工艺原理

1. 出渣柱结构

本工艺所使用的出渣柱由竖向钢管柱、底座两部分组成，出渣柱结构见图 8.2-2，出渣柱实物见图 8.2-3。

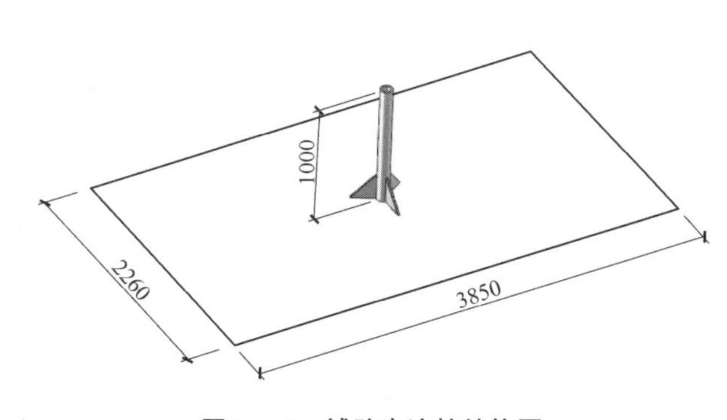

图 8.2-2 辅助出渣柱结构图

图 8.2-3 现场出渣柱

（1）竖向钢管柱

竖向钢管柱为出渣柱装置的主要部分，材料为空心圆柱，柱高 1000mm，外径 100mm，内径 70mm，具体见图 8.2-4。

（2）底座

底座为 3850mm×2260mm 长方形钢板，钢板厚 15mm。底座主要起安装固定竖向立柱的作用，有利于结构整体放置平稳，防止出渣操作时移位。

(3) 钢管柱与底座连接

竖向钢管柱与底座采用焊接方式连接，为确保焊接牢靠，立柱四周采用3块厚15mm的三角形固定支板加固焊接三角形钢板直角边长分别为240mm、200mm，在立柱周围互成120°角，具体见图8.2-5。

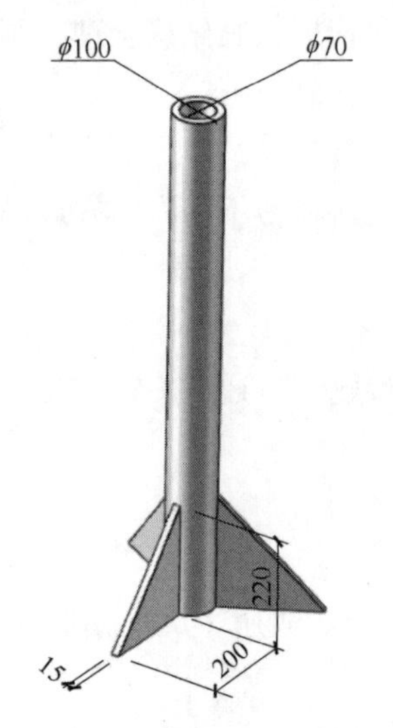

图8.2-4 竖向钢管柱结构及尺寸示意图

图8.2-5 钢管柱与底座焊接连接

2. 出渣柱辅助出渣原理

本工艺在旋挖钻筒出渣时，将密实渣土的旋挖钻筒插入放置于地面的出渣柱，出渣钢管柱贯入钻筒的渣土内，通过静力挤密接触，借助旋转钻筒的转动，以及钻筒的上下移动，使得钻筒内密实渣土被搅动，变得疏松并在渣土自重作用下脱离钻筒，实现绿色降噪排渣，具体排渣过程及原理见图8.2-6、图8.2-7。

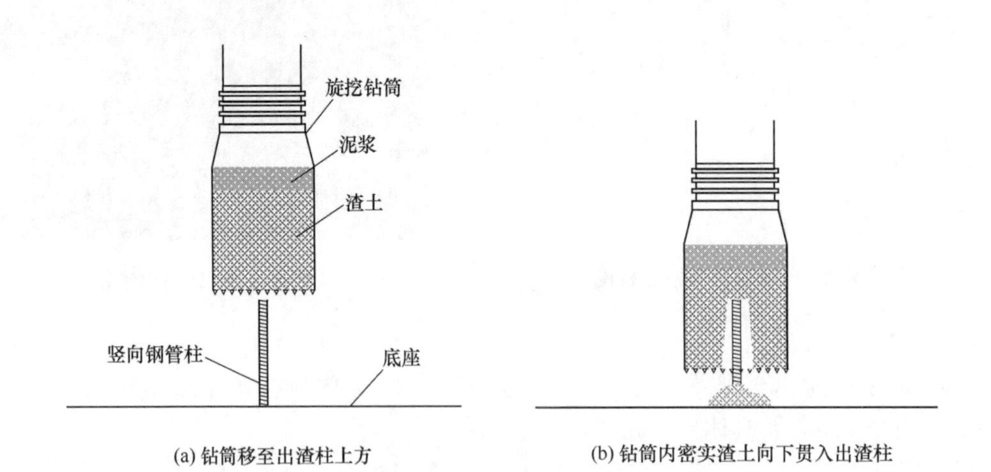

图8.2-6 出渣柱辅助出渣过程及原理示意图（一）

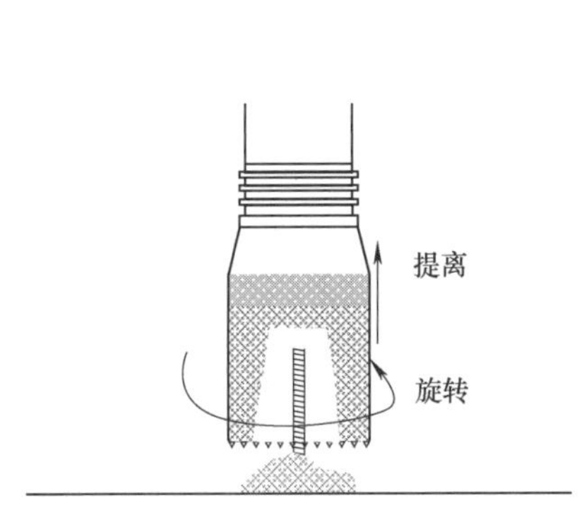

(c) 旋转并上下提动钻筒使渣土疏松

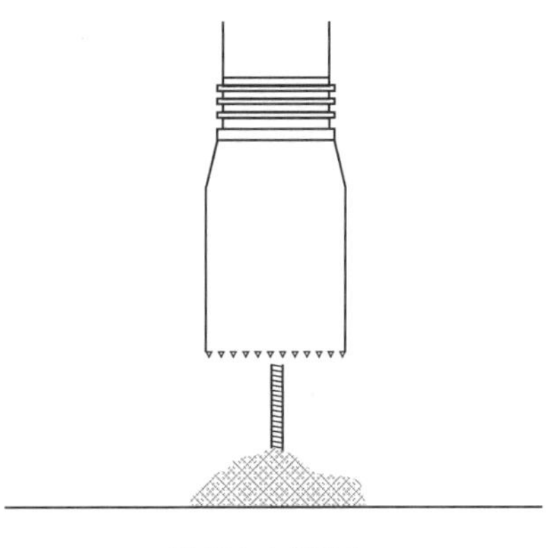
(d) 渣土全部排出

图 8.2-7　出渣柱辅助出渣过程及原理示意图（二）

8.2.5　施工工艺流程

旋挖钻筒出渣柱辅助出渣施工工艺流程见图 8.2-8。

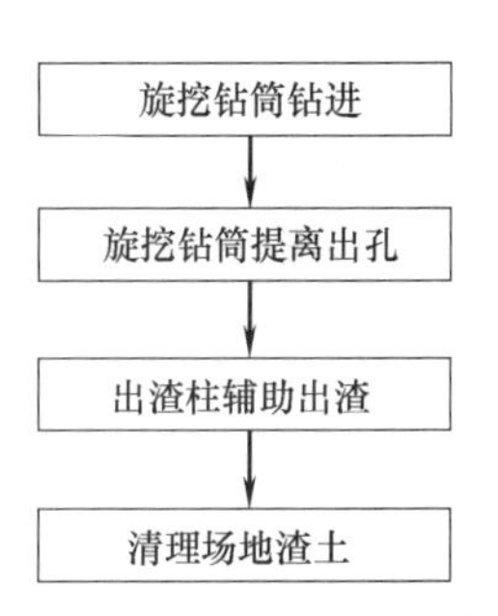

图 8.2-8　旋挖钻筒出渣柱辅助出渣施工工艺流程图

8.2.6　工序操作要点

1. 旋挖钻筒钻进

（1）旋挖钻机就位后，进行开孔钻进。

（2）对于开孔时的硬质地面，以及上部密实填土层或含建筑垃圾层，采用旋挖筒钻钻进。

（3）钻进时采用轻压慢转，并控制钻孔垂直度满足要求，具体见图 8.2-9。

2. 旋挖钻筒提离出孔

（1）钻筒钻进时，控制每回次进尺深度，防止钻筒内渣土过于密实。

（2）当每回次进尺达到钻筒有效进尺 70%～80%时，将钻筒提升出孔，具体见图 8.2-10。

图 8.2-9　旋挖钻筒开孔钻进

图 8.2-10　钻筒提离出孔

3. 出渣柱辅助出渣

（1）钻筒提离出孔后，将钻筒移至出渣钢管柱上方，见图 8.2-11（a）。

（2）出渣钢管柱放置于钻机就近位置，将钻筒对准出渣柱缓慢下放，出渣柱贯入钻筒渣土内；同时，操作旋挖钻机使钻筒缓慢旋转，使钻筒内部密实渣土被扰动、疏松排出，见图 8.2-11（b）。

（3）钻筒内部渣土部分排出后，重复缓慢旋转并上下移动钻筒，使出渣柱在不同位置重复贯入渣土，使渣土充分疏松，直至钻筒内部所有渣土排出，见图 8.2-11（c）。

(a) 钻筒移动至出渣柱上方

(b) 钻筒下移、出渣柱贯入

(c) 重复移动、旋转钻筒出渣

图 8.2-11　出渣柱辅助出渣过程

4. 清理场地渣土

（1）钻筒出渣完成后，将钻筒移至桩孔内继续钻进。

（2）对于堆积于出渣板的钻渣（图 8.2-12），现场采用挖掘机及时清理至堆放位置，集中装车外运。

图 8.2-12　渣土排出清理场地

8.3　基坑洗车池废水净化与污泥压滤一站式绿色循环利用技术

8.3.1　引言

“桂庙新村城市更新项目总承包项目”位于深圳市南山区粤海街道白石路与学府路交汇处，占地面积 41660.1m^2，基坑周长 991m，开挖面积 40499m^2，基坑开挖深度 12.00～17.80m，总体土方开挖量达 603435m^3。在基坑开挖过程中，大量的基坑土方由泥头车外运处理，按每辆泥头车 10m^3 运载量计算，需要 60344 车次泥头车才能完成基坑土方开挖量。为确保泥头车行驶道路的环保整洁，在车辆驶离施工现场前，需对车身进行清洗；一般采用在工地出入口设置冲洗设施，利用洗车池对车辆进行冲洗至符合上路标准。用于洗车及冲洗道路的日用水量约 400m^3，耗用大量自来水资源；且当桩基施工、基坑大面积开挖时，传统的排水系统往往难以满足现场排污要求，三级沉淀池无法达到良好的处理效果，使未得到有效处理的污泥废水被排入市政管网，造成市政管道污染甚至堵塞情况的发生。

为合理处理洗车所产生的大量废水、污泥，节约用水，实现绿色、环保施工，项目组在桂庙新村城市更新单元总承包项目土方开挖、基坑支护、施工及桩基础工程开展“基坑洗车池废水净化与污泥压滤一站式绿色循环利用技术”研究。通过在现场设置五级沉淀池、废水净化和污泥压滤装置以及循环利用装置，将洗车池废水经五级沉淀处理后，泵入净化处理装置，经药水反应池与药剂反应，使废水净化分离成清水和污泥；随后再将污泥泵入压滤系统进行压榨处理，将其转换为清水和泥饼。整套净化、压滤设备日均处理废水约 580m^3，日产循环清水量约 500m^3，清水循环使用于现场洗车、施工、洒水降尘等，大大降低现场用水成本，形成了一套先进的污泥废水循环利用处理施工技术，达到了高效环保、循环经济的效果，提升了现场文明施工形象。

8.3.2 工艺特点

1. 一站式处理

本工艺采用净化、压滤两套处理系统，净化系统将洗车池废水经净化系统反应沉淀生成污泥和可循环利用的清水，再采用压滤系统将污泥转换为清水和塑性泥饼，实现净化与压滤一站式处理，整体处理过程彻底，无害化程度高、循环效果好。

2. 安装应用便捷

本工艺所利用的净化、压滤处理设备采用预制化、模块化设计，现场进行装配式安装，整套设施占用场地面积小，使用运行过程自动化控制程度高，仅需要 2 名工人即可完成现场全过程操作，设备安装和使用便捷。

3. 绿色节能环保

本工艺将洗车废水通过净化分离和过滤压榨处理，现场转化为可再生循环利用的清水和泥饼，全过程一站式无害化处理，大大减少了污泥废水的排放量，避免了洗车废水污染市政管道，实现了绿色、环保、无污染的目标。

4. 经济效益显著

本工艺采用先进的绿色节能技术，整套净化、压滤设备使用场地约 35m^2，占地面积小、成本低，净化处理后的清水循环用于现场生产、洗车、降尘、冲洗道路；同时，成套净化处理设备可重复使用，有效降低施工设备成本，经济效益显著。

8.3.3 适用范围

适用于基坑支护、土方开挖、土方外运产生的废水净化、污泥压滤处理和循环利用。

8.3.4　工艺原理

本工艺所述基坑洗车池废水净化、污泥压滤一站式绿色循环处理利用系统主要由四部分组成，分别是沉淀系统、净化处理系统、压滤处理系统和循环利用系统。本技术处理工作流程见图 8.3-1，处理系统布设见图 8.3-2。

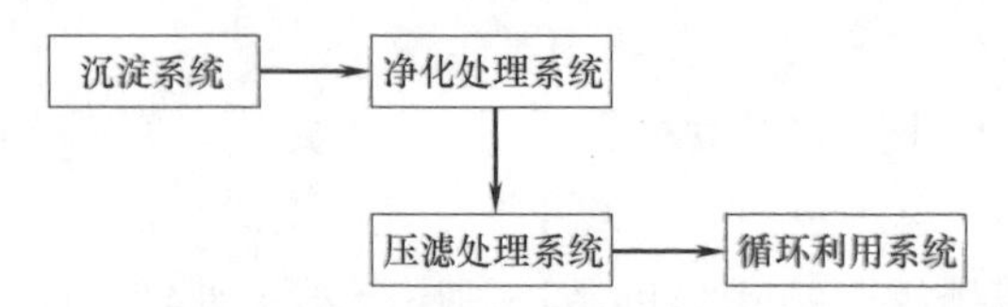

图 8.3-1　洗车池废水净化与污泥压滤循环利用系统工作流程示意图

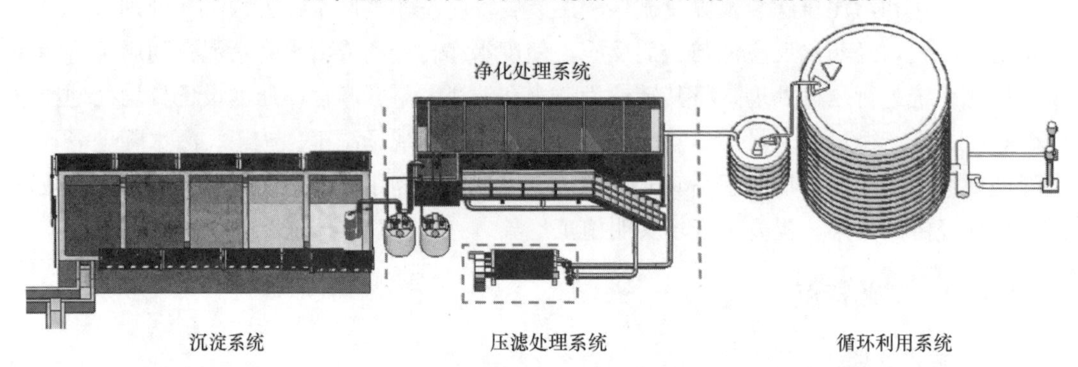

图 8.3-2　洗车池废水净化与污泥压滤循环利用系统布设示意图

1. 沉淀系统

(1) 系统组成

沉淀系统主要由一级、二级、三级、四级、五级沉淀池及排水沟组成，基坑水、洗车废水经排水沟排入一级沉淀池，并逐级进行沉淀，直至流入五级沉淀池。沉淀系统组成见图 8.3-3。

图 8.3-3　废水沉淀系统组成示意图

（2）沉淀处理原理

废水排入沉淀池后，利用废水中悬浮杂质颗粒相对密度大于水的特性，逐级将废水中的颗粒进行沉淀分离；为确保沉淀效果，本工艺在通常三级沉淀池的基础上，设置为五级沉淀，以保证沉淀处理效果。经沉淀处理后的废水，通过排污泵抽吸至净化处理系统进行二次处理。

2. 净化处理系统

1）系统组成

本工艺的净化处理系统主要由药水桶、废水净化装置两部分组成，其系统结构见图 8.3-4。

药水桶安放于地面，用于调配絮凝药水。废水净化装置由反应池、配水区、混凝沉淀池及清水溢流槽组成，废水泵入反应池与药水桶泵入的配比药水混合、反应；反应后排入配水区缓冲，再经配水区隔板进入混凝沉淀池自然沉淀，分离出上层清水和底部沉淀污泥；清水溢流至溢流槽排出，污泥由沉淀池底部抽排管排出。废水净化处理装置组成见图 8.3-5，现场废水净化处理装置见图 8.3-6。

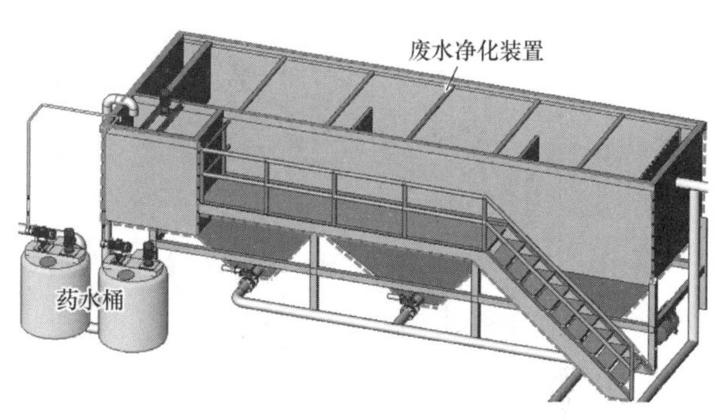

图 8.3-4　废水净化处理系统组成示意图

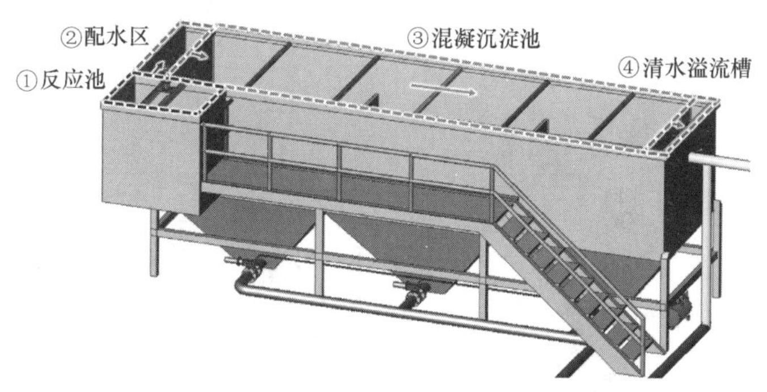

图 8.3-5　废水净化处理装置组成示意图

图 8.3-6　现场废水净化处理装置

2）净化处理原理

（1）反应池废水与药水反应原理

经五级沉淀处理后的废水通过排污泵抽至反应池（图 8.3-7），与此同时加入药水桶中的配比药水进行物理、化学反应（图 8.3-8）。废水与药水桶中配比药水经反应后，迅速产生胶状的、能吸附和沉淀的氢氧化铝絮状物，将废水中的悬浮物、胶体和可絮凝的其他物质凝聚成“絮团”，使废水中的颗粒集中絮凝。反应池泵入的废水与药水桶配比药水进行物理和化学反应后，即通过设置在反应池底部开设的矩形连通口（图 8.3-9）流入配水区进行缓冲、静置，使其逐渐自然沉淀。

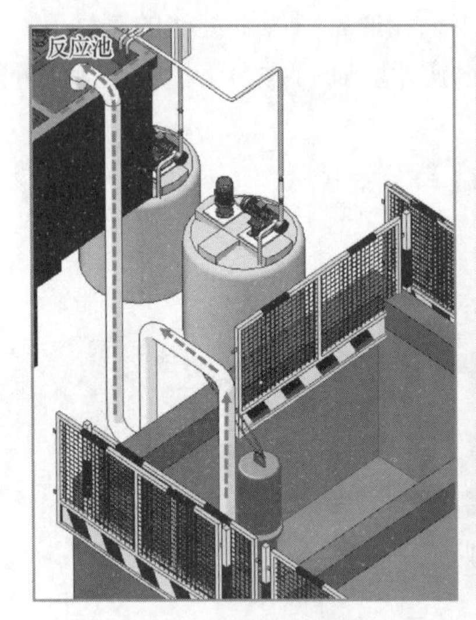

图 8.3-7　五级沉淀后的废水泵入反应池

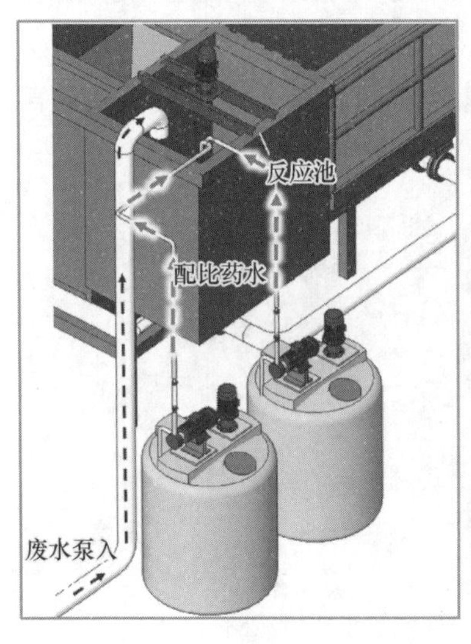

图 8.3-8　药水桶配比药水抽入反应池

（2）絮凝沉淀原理

废水在配水区静置缓冲后，反应形成的絮泥状物沉积于底部。本净化装置设备专门设计了底部呈锥形的低于配水区的沉淀区，以便在配水区形成的絮泥状物沉积（图 8.3-10），形成底层为相对密度稍大的絮凝状污泥和上层清水，具体见图 8.3-11。其中，上层清水通过溢流堰自然溢流至清水溢流槽内（图 8.3-12），并由设置在清水溢流槽的水管排至蓄水桶；混凝沉淀池底部污泥经锥形底部开设的直径 100mm 的圆口排出，圆口连通 PVC 管，用于将沉淀后的污泥通过管路泵至压滤系统；同时，开口处另设有冲洗口；当堆积的污泥较干难以排出时，与自来水相接，便于污泥排出。混凝沉淀池管线布置见图 8.3-13。

图 8.3-9 反应后废水流入配水区

图 8.3-10 配水区连通口

图 8.3-11 絮凝沉淀区示意图

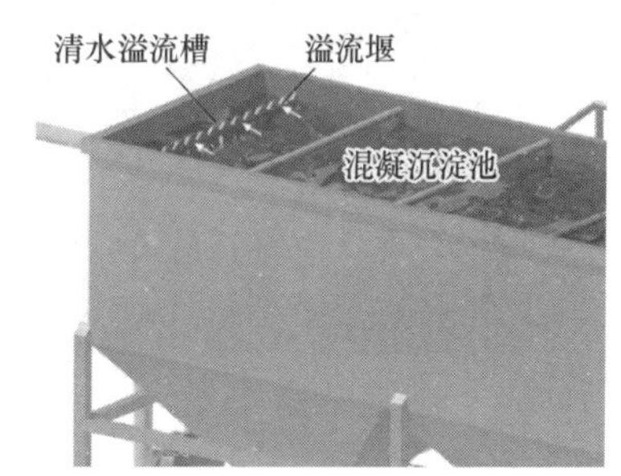

图 8.3-12 上层清水溢流至清水槽

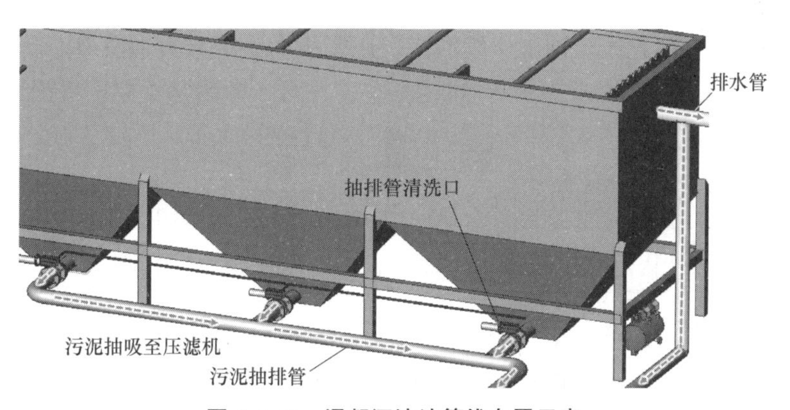

图 8.3-13 混凝沉淀池管线布置示意

3. 压滤处理系统

1）系统组成

本工艺的压滤处理系统主要由空气压缩机（简称“空压机”）、气动隔膜泵（简称“隔膜泵”）和厢式压滤机三部分组成；厢式压滤机由止推板、滤板、机架、压紧板、电控液压系统等部分组成。压滤处理系统结构示意见图 8.3-14，压滤处理系统现场见图 8.3-15。

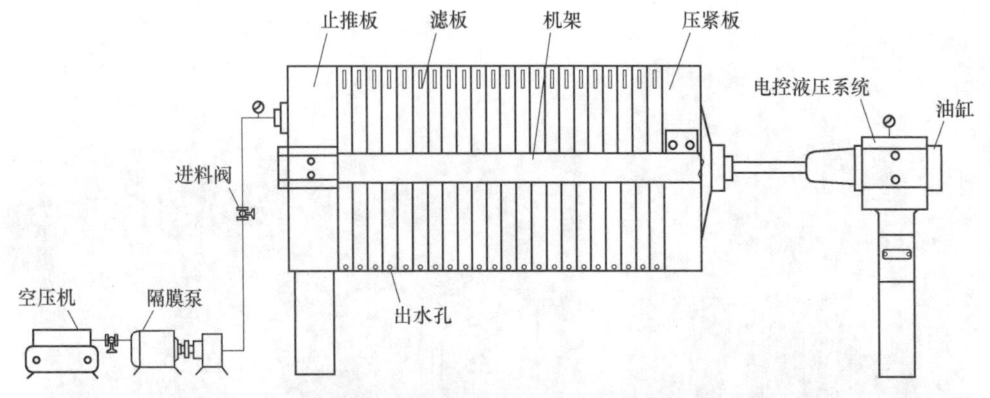

图 8.3-14 压滤处理系统结构示意图

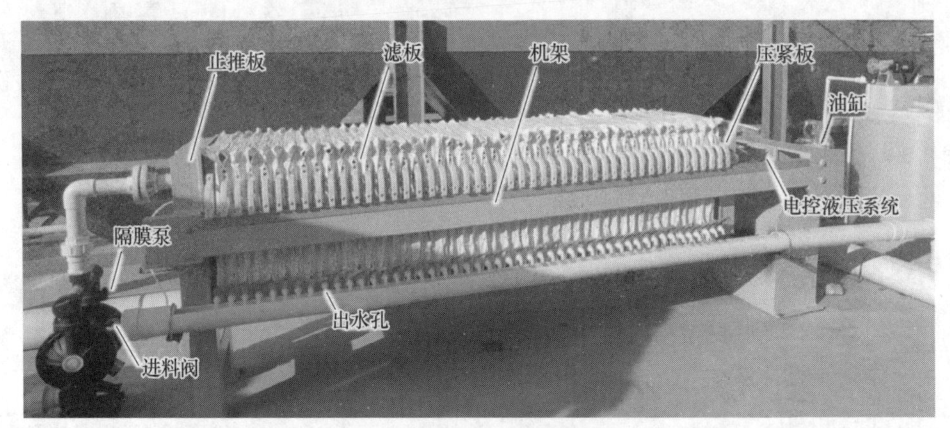

图 8.3-15 压滤处理系统现场图

2）污泥压滤原理

（1）污泥压入密闭滤室

通过操作电控液压系统，油缸持续加压，压紧板向止推板方向移动，压紧所有滤板，相邻滤板形成密闭滤室（图 8.3-16）；通过操作进料阀，将污泥及空压机加压气体通过进料管从止推板送入滤室（图 8.3-17）；滤板板面布置特制滤布（图 8.3-18），在隔膜泵压

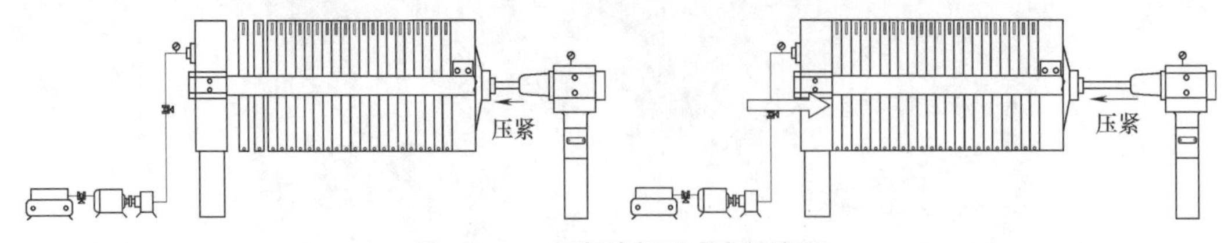

图 8.3-16 压紧滤板形成密闭滤室

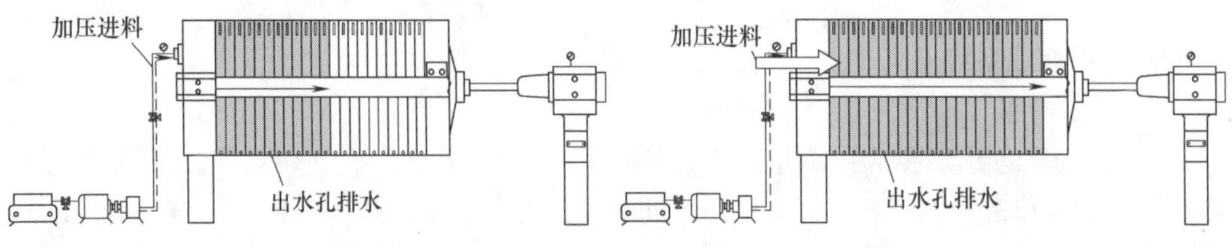

图 8.3-17 进料管进料

力的作用下，污泥液体透过滤布，过滤形成清水，并通过滤板上的通道汇流至出水孔排出，固体颗粒因其粒径大于滤布的孔径被截留在滤室，具体见图 8.3-19。

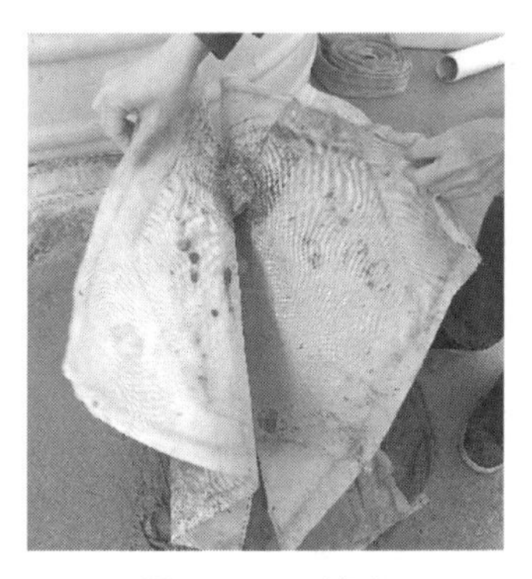

图 8.3-18 滤布

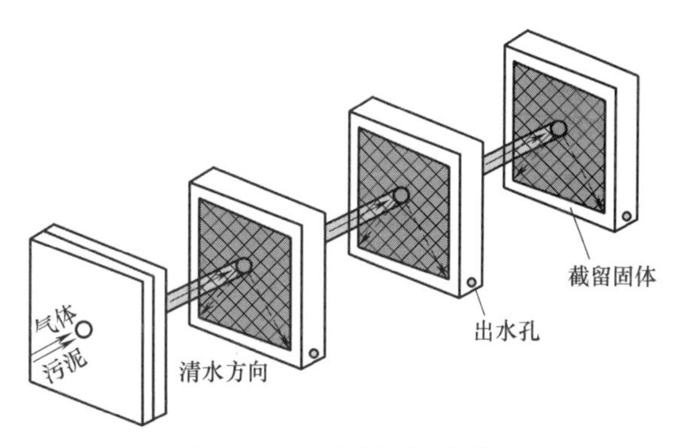

图 8.3-19 污泥固液分离

（2）污泥压榨

污泥中的固体颗粒被特制滤布阻隔，截留在密闭的滤室逐渐形成泥饼；隔膜泵持续通入污泥和加压气体，直至滤饼充满滤室；当泥饼多余水分被完全排出，出水孔停止排水时，关闭进料阀门停止进料、加压，调节液压系统卸压，止推板后缩，滤室松开，泥饼下落，完成泥饼压榨。油缸卸压见图 8.3-20。

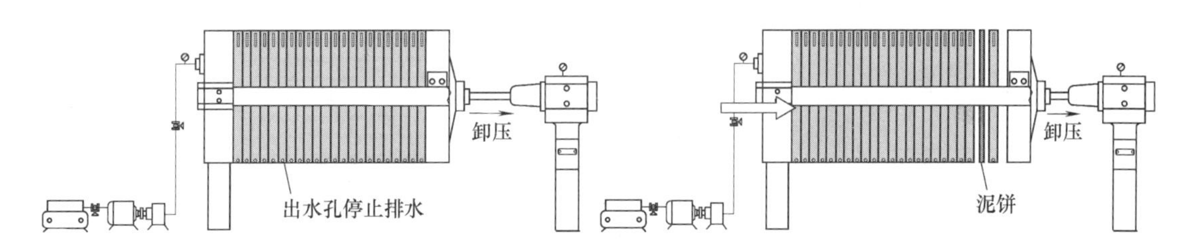

图 8.3-20 油缸卸压

（3）泥饼清卸

工人使用卸料铲依次铲落滤板上附着的泥饼，直至将所有滤板上的泥饼卸除（图 8.3-21），用推土车收集掉落的泥饼，由泥头车外运统一运往堆点。泥饼装车外运见图 8.3-22。

图 8.3-21 泥饼卸除

图 8.3-22 泥饼装车外运

4. 循环利用系统

（1）系统组成

循环利用系统主要由排水管、蓄水桶、离心泵等组成，循环利用系统组成具体见图8.3-23，循环利用系统管路布置剖面见图8.3-24。

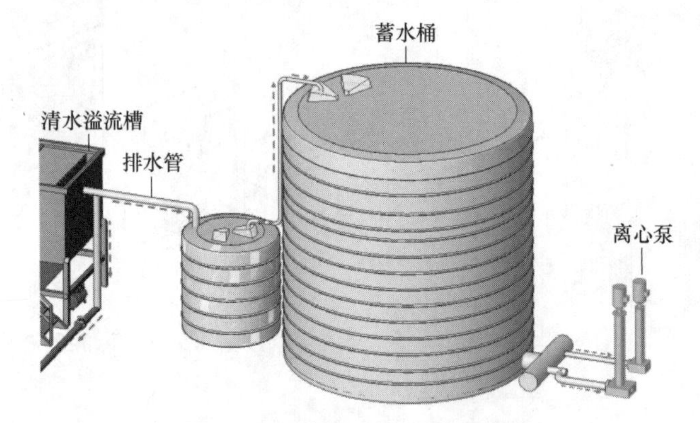

图8.3-23 循环利用系统组成图

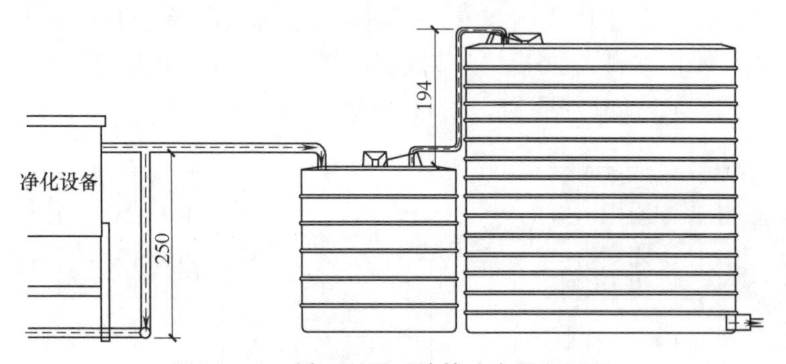

图8.3-24 循环利用系统管路布置剖面图

（2）清水循环利用

净化处理系统净化分离后的上层清水由设置在清水溢流槽的水管排至蓄水桶内，压榨泥饼的清水通过管道汇流至蓄水桶；同时，设置两台不同压力值的离心泵（图8.3-25），将蓄水桶内清水输送至各施工场地，用于洗车、降尘、冲洗道路等循环利用，实现节水节能。

图8.3-25 现场离心泵布置

8.3.5 施工工艺流程

基坑洗车池废水净化与污泥压滤一站式绿色循环利用工艺流程见图 8.3-26。

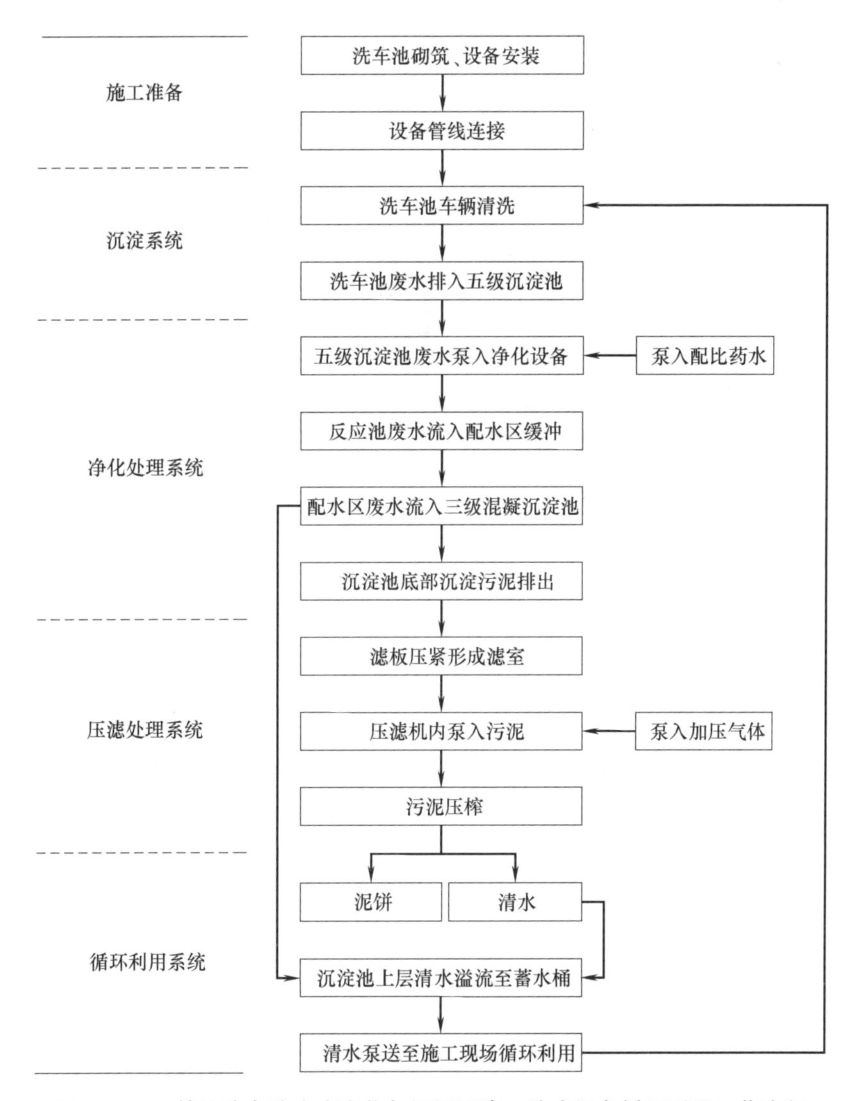

图 8.3-26　基坑洗车池废水净化与污泥压滤一站式绿色循环利用工艺流程

8.3.6 工序操作要点

1. 洗车池砌筑、设备安装

（1）根据场地地形、道路进出条件、安全防火及环境要求，将成套设备合理布置。设备现场布置见图 8.3-27。

（2）五级沉淀池为现场开挖，采用环保砖砌筑，并接入排水沟，安装相应的排污泵。

（3）安装场地采用硬地化处理，净化、压滤处理设备采用预制化、模块化设计，现场进行装配式安装，整体场地约 35m^2。净化、压滤设备总平面布置见图 8.3-28。

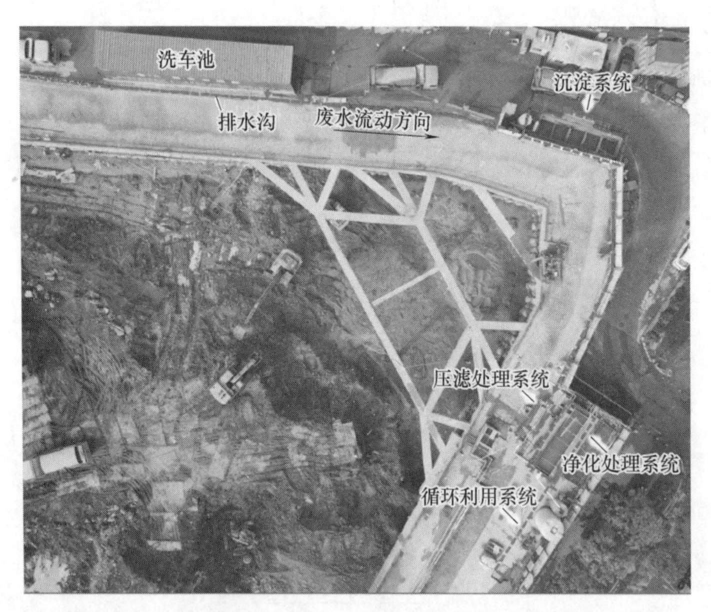

图 8.3-27　洗车池废水净化、污泥压滤循环处理现场布置图

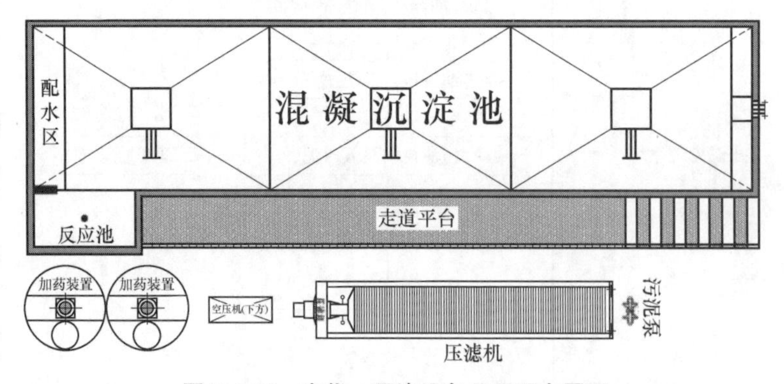

图 8.3-28　净化、压滤设备总平面布置图

2. 设备管线连接

（1）根据场地的实际情况和使用需求，对管线走向、高度等进行合理规划，保证管线布局合理、方便维护与管理。

（2）根据使用需求选择合适直径和材料的管材，管线间连接牢靠、密封，防止泄漏、喷溅现象。

3. 洗车池车辆清洗

（1）洗车池废水通过排水沟排至五级沉淀池。

（2）通过场地周边设置的排水沟，将现场各个区域内产生的污泥废水集中排入五级沉淀池中，具体见图 8.3-29。

4. 洗车池废水排入五级沉淀池处理

（1）废水逐级进入一级、二级、三级、四级、五级沉淀池进行物理沉淀，具体见图 8.3-30。

图 8.3-29　现场废水收集

（2）将第五级沉池中的废水通过 PVC 管抽吸至净化处理系统反应池，具体见图 8.3-31。

图 8.3-30　废水排入五级沉淀池逐级沉淀

图 8.3-31　第五级沉淀池废水泵出

5. 泵入配比药水

（1）药水桶用于药水调配，药水采用“PAM（聚丙烯酰胺）”：水＝1：500 进行调配，具体见图 8.3-32。

图 8.3-32　添加药剂

（2）药水桶上设置搅拌机和隔膜计量泵，为满足泵入药水量要求，设置两个药水桶；药水桶内药水经搅拌机搅拌均匀后，泵入反应池，具体见图 8.3-33。

6. 五级沉淀池废水泵入净化设备

（1）采用排污泵将第五级沉淀池废水抽入反应池。

（2）在反应池上方安装电动搅拌机对槽内的药水和废水进行搅拌，使废水与配比药水充分反应，具体见图 8.3-34。

图 8.3-33　药水桶配比药水泵入反应池

图 8.3-34　废水、配比药水充分反应

7. 反应池废水流入配水区缓冲

（1）经过反应池加药反应处理后的废水处于流动状态，为此在反应池侧加设配水区将水体稳定。

（2）反应池与配水区通过隔离钢板隔开，钢板底部设置矩形口，将两个区域连通，反应池中的水体通过连通口缓慢流至配水区。反应池废水流至配水区见图 8.3-35。

图 8.3-35　反应池废水流至配水区

8. 配水区废水流入三级混凝沉淀池

(1) 配水区底部与混凝沉淀区相连通，混凝沉淀物凝集成“絮团”状自然流入混凝沉淀池。

(2) 经过三级沉淀处理，沉淀区下层锥形部位沉积沉淀后形成污泥，上层为清水(图 8.3-36)。

9. 清水溢流至蓄水桶

(1) 混凝沉淀区上层的清水通过加设的溢流堰，溢流至清水溢流槽。

(2) 溢流堰呈波浪形，用于将混凝沉淀池顶部的悬浮物隔断；同时，起到挡流作用，使混凝沉淀池趋于稳定，具体见图 8.3-37。

图 8.3-36　混凝沉淀池上层清水

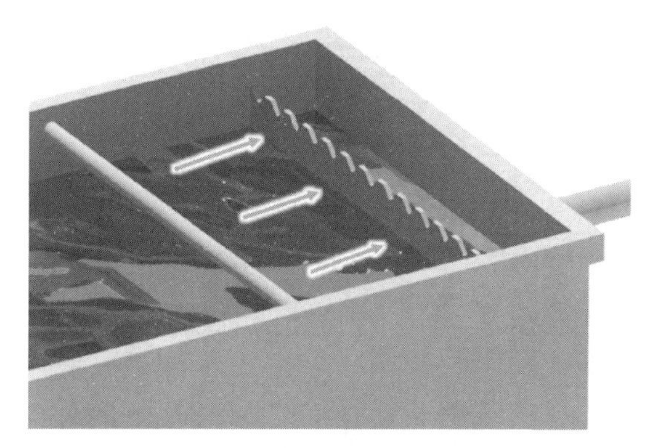

图 8.3-37　溢流堰示意图

(3) 清水溢流槽连通 PVC 管将净化处理后的清水排至蓄水桶集中存放；当排放的清水量大，蓄水桶无法全部容纳时，开启阀门，通过管道将多余清水排至市政管网，具体见图 8.3-38。

10. 沉淀池底部沉淀污泥排出

(1) 在混凝沉淀池底部开口，接通直径 300mm 的 PVC 污泥抽排管，用于输送污泥。

(2) 抽排管开口处安装开关阀门，输送时打开阀门，将污泥排出；同时，开口处另设清洗管，清洗管与自来水相接。当底部污泥较浓时打开清洗管，用水进行冲刷，便于污泥排出。冲洗管及混凝沉淀池底部管道及清洗管见图 8.3-39、图 8.3-40。

图 8.3-38　清水溢流槽清水排出

11. 滤板压紧形成滤室

(1) 打开压滤机开关按钮，旋钮调至“压紧”，油缸压强由 0 升至 15MPa 进入保压状态。

(2) 止推板向前移动，并压紧滤板形成密闭滤室，具体见图 8.3-41。

12. 压滤机内泵入污泥、加压气体

(1) 滤室形成后，打开隔膜泵阀门，压榨压力表由 0 升至 0.4～0.6MPa。

图 8.3-39　混凝沉淀池底部管道

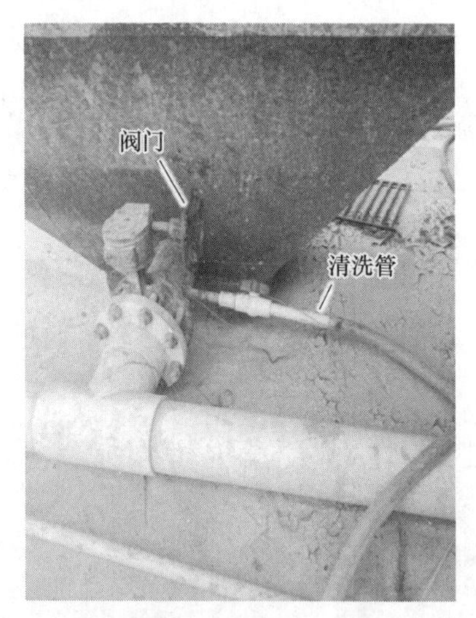

图 8.3-40　清洗管

图 8.3-41　压紧滤板

（2）污泥和空压机加压气体经隔膜泵通过进料管送入压滤机，具体见图 8.3-42。

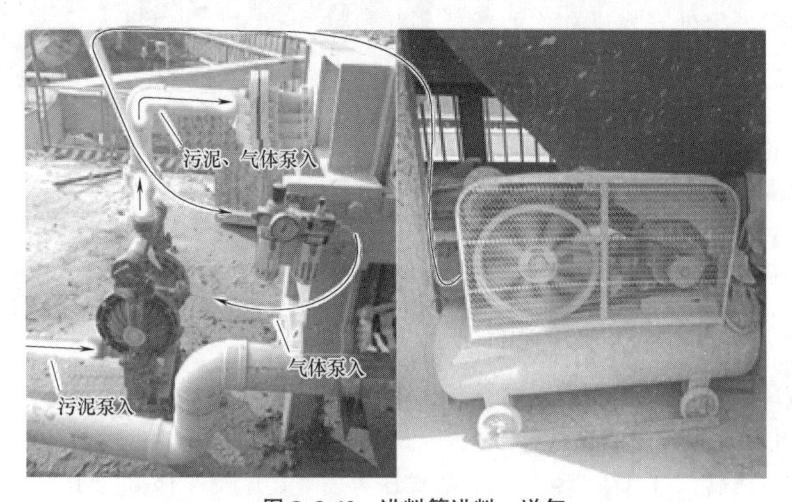

图 8.3-42　进料管进料、送气

13. 污泥压榨

（1）污泥通过滤板上的通道进入滤室，在压力作用下液体透过滤布形成清水，细小颗粒截留滤室形成泥饼；清水由滤板上的通道进入出水孔，并由安装在出水孔上的水龙头排出（图 8.3-43）。

图 8.3-43 清水排出

（2）隔膜泵持续通入污泥和加压气体，进一步压缩泥饼，当泥饼充满滤室后，水龙头出水量变小至完全停止出水；泥饼在空压机高压气的作用下，水分逐渐排干。泥饼压干停止出水见图 8.3-44。

（3）关闭进料阀门停止进料、送气；将电控液压系统旋钮调至“松开”，油缸卸压，止推板后缩，松开滤板。油缸卸压见图 8.3-45。

图 8.3-44 泥饼压干停止出水

图 8.3-45 油缸卸压

14. 清卸泥饼

（1）由两名工人分别握住滤板对称的两个把手，同时向外拉，松开滤板；再用卸料铲依次铲落滤板上附着的泥饼，直至将所有滤板上的泥饼卸除，具体见图 8.3-46。

（2）用推土车收集掉落的泥饼，统一由泥头车运往堆点，具体见图 8.3-47。

图 8.3-46 清卸泥饼

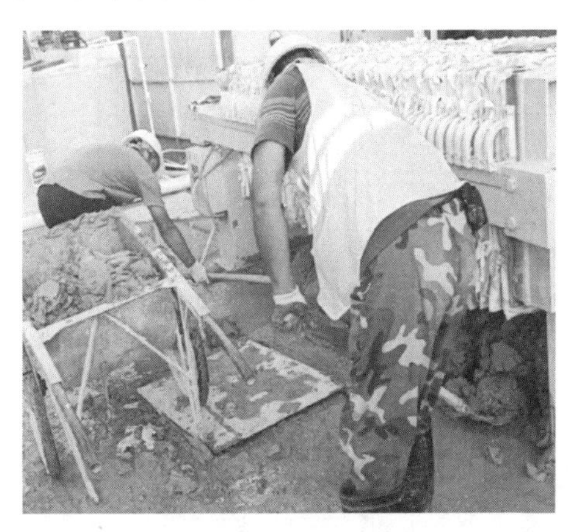

图 8.3-47 泥饼外运

图 8.3-48　清水集中排至蓄水桶

15. 清水收集并循环利用

（1）在地面设置蓄水桶，将净化处理后的清水和压榨污泥排放的清水排至蓄水桶集中存放，具体见图 8.3-48。

（2）蓄水桶设置排水管和离心泵，将蓄水桶内清水输送至各施工场地，用于洗车、降尘、冲洗道路等循环利用，实现节水节能。净化水循环利用见图 8.3-49。

图 8.3-49　净化水循环利用

8.3.7　机械设备配置

本工艺施工现场所涉及的主要机械设备见表 8.3-1。

主要设备配置表　　　　表 8.3-1

名称	型号	参数	备注
废水净化装置	IPS-40	处理量 6.5m×3.0m×2.85m	废水处理
排污泵	WQ30-25-4	流量 $30m^3/h$，扬程 25m，功率 4kW	五级沉淀池废水泵出
搅拌机	YE3-160M2-2	转速 1500r/min，轴长 456mm	药水桶、反应池搅拌
隔膜计量泵	JWM-150/0.5-P	功率 90W，压力 0.5MPa，流量 150L/h	药水桶药水泵出
空气压缩机	BDEXW0.1/0.8	匹配功率 3kW，额定压力 2.5MPa	加压气体输送
气动隔膜泵	QBY3-40LTFF	流量 $9m^3/h$，扬程 84m	污泥、加压气体输送
厢式压滤机	XMY30/630	过滤面积 $30m^2$	污泥压滤
离心泵	CDL20-140 FSWPC	流量 $20m^3/h$，扬程 166m，功率 15kW	远距离用水输送
	CVFA10-12T	流量 $10m^3/h$，扬程 95m，功率 4kW	近距离用水输送

8.3.8　质量控制

1. 五级沉淀处理

（1）五级沉淀池根据现场污泥废水处理量、场地分区情况进行布设，并留有余地，以满足污废沉淀需求。

（2）沉淀池容积满足停留 30min 污泥废水量的要求，保证沉淀处理效果。

（3）沉淀池内的污泥定期清理。

2. 废水净化处理

（1）废水净化处理装置由专业队伍和人员安装，架设于硬地化处理后的场地上，确保布设固定、平稳，且整体布置紧凑，搭设完毕经监理单位现场验收合格后投入使用。

（2）对净化处理装置操作人员岗前进行专业技术培训，培训内容包括污水处理专业基础知识、工艺流程、设备性能、操作要点，以及常见配件维修更换方法等。

（3）净化处理装置运作时，定期检查工作状态，如出现故障则及时排除，特别注意沉淀池、污水泵入管、泥浆抽排管、清水排放 PVC 管等是否发生堵塞情况，始终保持流动畅通。

（4）PAM（聚丙烯酰胺）采用 30～50℃常温水溶解，以加快溶剂溶解速度；存放注意防潮、防水、防漏，以免影响使用效果。

（5）日常使用过程中，废水净化装置及配套管路采取良好的防护措施，防止受到挤压、碰撞、碾压而影响使用效果。

3. 污泥压滤处理

（1）压滤装置由专业队伍和人员安装和调试，架设于硬地化处理后的场地上，确保布设固定、平稳。

（2）压滤机使用前，滤板整齐排列在机架上，不允许出现倾斜，以免影响压滤机正常使用；检查过滤滤布的平整情况，若出现错位或折叠，则容易出现漏料现象。

（3）压榨过程中，控制适当压力，掌握好加压处理时间，保证压榨效果。

（4）压榨时当压力上升，滤板出现渗漏，则及时停机更换。

（5）定期检查压滤机的轴承、活塞杆等零件，保持各配合部件完好。

4. 清水循环利用

（1）清水排放 PVC 管埋地时设置带状标志，露出地面段管面涂上“循环清水”字样。

（2）现场根据场地条件、循环清水排出及使用量等，设置足够数量的蓄水桶进行临时储水。

（3）根据现场使用部位的距离，布设不同压力值的离心泵，确保循环水的输送和使用效果。

8.3.9　安全措施

1. 五级沉淀处理

（1）沉淀池上方铺设钢筋网片，排水沟铺设盖板；沉淀池四周设置安全护栏，防止人员跌落。

（2）沉淀池周边设置相关警示标志，无关人员严禁进入。

（3）注意保持沉淀池周边干燥，电线线路排布整齐规范，避免漏电、触电事故。

2. 废水净化处理

（1）废水净化装置四周设置稳固带有安全扶栏的楼梯走道，并贴上警示标志，便于操作人员安全上下通行。

（2）废水净化装置上布设的搅拌机安装牢固，避免脱落发生伤人事故。

（3）当发生机械故障时，及时组织检修，严禁带故障运行和违规操作。

（4）施工现场用电由专业电工操作，持证上岗；现场配备标准化电闸箱，做到一机一闸，并设置明显标志，并严格接地、接零和使用漏电保护器；现场电缆、电线架空，做好防磨损、防潮、防断等保护措施。

3. 污泥压滤处理

（1）压榨机操作人员提前30min交接班，认真做好开机前的准备工作，携带齐工具，检查机器各部位性能是否良好及各种零部件是否完好，机油是否到位，检查电压、电流是否正常。

（2）日常使用过程中，依据空压机压力、压滤后清水流出量、压滤时间等综合判断良好的防护措施，防止高压软管受到挤压和砸碰。

（3）泥饼卸料后，用小推车运至指定位置堆放。

附：《实用岩土工程施工新技术（八）》自有知识产权情况统计表

章名	节名	完成单位	类别	名称	编号	备注
第1章 旋挖灌注桩施工新技术	1.1 大直径旋挖桩硬岩大钻环切与环内阵列取芯钻进技术	深圳市工勘岩土集团有限公司、深圳市工勘建设集团有限公司、深圳市荣成机械租赁有限公司	发明专利	大直径旋挖灌注桩硬岩阵列取芯顺序钻进方法	202211224944.8	申请进入实质审查
			发明专利	大直径旋挖灌注桩硬岩牙轮环切与阵列取芯施工方法	202311024938.2	申请进入实质审查
			实用新型专利	适用于大直径旋挖灌注桩硬岩层钻进的环切取芯结构	ZL 2023 2 2195228.8 证书号第20411677号	国家知识产权局
			科技成果鉴定	国内领先 《大直径旋挖桩硬岩大钻环切与环内阵列取芯钻进施工技术》	粤建协鉴字〔2023〕485号	广东省建筑业协会
			工法	深圳市市级工法 《大直径旋挖桩硬岩大钻环切与环内阵列取芯钻进施工工法》	SZSJGF-2023B-061	深圳建筑业协会
	1.2 易塌孔灌注桩旋挖全套管与拔管机组合钻进成桩施工技术	深圳市工勘建设集团有限公司、深圳市工勘岩土集团有限公司	发明专利	深厚易塌孔灌注桩旋挖全套管钻、沉、拔一体施工方法	202310359702.8	申请进入实质审查
			实用新型专利	旋挖钻机与套管接驳连接结构	ZL 2023 2 0770635.4 证书号第19958595号	国家知识产权局
			科技成果鉴定	国内领先 《易塌孔灌注桩旋挖全套管与拔管机组合钻进成桩施工技术》	粤建协评字〔2024〕124号	广东省建筑业协会
			工法	深圳市市级工法 《易塌孔灌注桩旋挖全套管钻进、下沉、起拔一体施工工法》	SZSJGF-2023A-079	深圳建筑业协会

续表

章名	节名	完成单位	类别	名称	编号	备注
第1章 旋挖灌注桩施工新技术	1.2 易塌孔灌注桩旋挖全套管与拔管机组合钻进成桩施工技术	深圳市工勘建设集团有限公司、深圳市工勘岩土集团有限公司	论文	《深厚易塌孔地层灌注桩旋挖全套管钻沉拔一体施工技术》	《施工技术》2024年4月上 第53卷 第7期	亚太建设科技信息研究院有限公司、中国建筑集团有限公司、中国土木工程学会主办
	1.3 大直径灌注桩孔口平台钢筋笼吊装及灌注成桩施工技术	深圳市工勘基础工程有限公司、深圳市工勘岩土集团有限公司	实用新型专利	一种大直径灌注桩超重钢筋笼吊装固定平台	ZL 2023 2 2317430.3 证书第20374021号	国家知识产权局
			科技成果鉴定	省内领先 《大直径灌注桩孔口平台钢筋笼吊装及灌注成桩施工技术》	粤建协评字〔2024〕126号	广东省建筑业协会
	1.4 孔口高位护壁套管互嵌式作业平台灌注成桩施工技术	深圳市工勘基础工程有限公司、深圳市工勘岩土集团有限公司、深圳市金刚钻机械工程有限公司	发明专利	全套管护壁灌注桩孔口高位套管互嵌式作业平台施工方法	202410301145.9	申请受理中
			实用新型专利	全套管护壁灌注桩孔口高位套管与作业平台互嵌式结构	202420509788.8	申请受理中
第2章 旋挖数字钻进与物联感知灌注成桩新技术	2.1 旋挖灌注桩智能数字钻进(IDD)技术	深圳市工勘岩土集团有限公司、深圳大学、北京三一智造科技有限公司、深圳市地质环境研究院有限公司	发明专利	一种成果文件生成方法、装置、电子设备及存储介质	202410366300.5	申请受理中
			发明专利	一种地质柱状图生成方法、装置、电子设备及存储介质	202410366862.X	申请受理中
			发明专利	一种地层信息管理方法、装置、电子设备及存储介质	202410367581.6	申请受理中
			发明专利	一种地层可视化方法、装置、电子设备及存储介质	202410368141.2	申请受理中
			科技成果鉴定	国际先进 《复杂岩溶区旋挖智能数字钻进与光纤感知灌注成桩施工技术》	粤建协评字〔2024〕117号	广东省建筑业协会

续表

章名	节名	完成单位	类别	名称	编号	备注
第2章 旋挖数字钻进与物联感知灌注成桩新技术	2.2 灌注桩混凝土灌注高度光纤全程智能感知灌注(FSP)技术	深圳市工勘岩土集团有限公司、深圳大学、北京三一智造科技有限公司、深圳市地质环境研究院有限公司	发明专利	灌注桩混凝土灌注高度光纤全程智能监测方法	202410294362.X	申请受理中
			发明专利	光纤与光纤跳线的连接方法	202410294336.7	申请受理中
			实用新型专利	光纤与光纤跳线的连接结构	202420498566.0	申请受理中
			实用新型专利	单组光纤与钢筋笼的布置结构	202420498375.4	申请受理中
			实用新型专利	双组光纤与钢筋笼的布置结构	202420498464.9	申请受理中
			科技成果鉴定	国际先进《复杂岩溶区旋挖智能数字钻进与光纤感知灌注成桩施工技术》	粤建协评字〔2024〕117号	广东省建筑业协会
	2.3 基于光纤监测的灌注桩混凝土灌注过程可视化(FSP)技术	深圳市工勘岩土集团有限公司、深圳大学、北京三一智造科技有限公司、深圳市地质环境研究院有限公司	发明专利	一种灌注桩的施工数据可视化方法、装置、设备及介质	202410724688.1	申请受理中
			实用新型专利	灌注桩混凝土灌注监测结构	202421283478.5	申请受理中
			软件著作权	基于光纤监测的灌注桩混凝土灌注过程可视化软件[简称:灌注可视化]V1.0	2024SR0914293 软著登字第13318166号	中华人民共和国国家版权局
			科技成果鉴定	国际先进《复杂岩溶区旋挖智能数字钻进与光纤感知灌注成桩施工技术》	粤建协评字〔2024〕117号	广东省建筑业协会
第3章 灌注桩全液压反循环钻进新技术	3.1 复杂条件大直径桩填石层分级扩孔及硬岩中心孔取芯与全液压反循环滚刀钻进技术	深圳市工勘岩土集团有限公司、深圳市金刚钻机械工程有限公司	发明专利	大直径桩填石层分级扩孔及硬岩中心取芯滚刀钻进方法	202410123941.8	申请受理中
			实用新型专利	填石层分级扩孔及硬岩中心取芯滚刀钻进施工设备	202420227391.X	申请受理中

续表

章名	节名	完成单位	类别	名称	编号	备注
第3章 灌注桩全液压反循环钻进新技术	3.1 复杂条件大直径桩填石层分级扩孔及硬岩中心孔取芯与全液压反循环滚刀钻进技术	深圳市工勘岩土集团有限公司、徐州景安重工机械制造有限公司	发明专利	泥浆净化分离结构	202210163754.3	已授权办理登记手续中
			发明专利	装配式泥浆多级除渣净化循环装置	202210164618.6	申请进入实质审查
			实用新型专利	泥浆循环沉淀结构	ZL 2022 2 0365702.X 证书号第16929399号	国家知识产权局
		深圳市工勘岩土集团有限公司、深圳市金刚钻机械工程有限公司	科技成果鉴定	国内先进 《复杂条件大直径桩填石层分级扩孔及硬岩中心孔取芯与反循环滚刀钻进技术》	粤建协鉴字〔2023〕489号	广东省建筑业协会
	3.2 填海区深长大直径斜岩面桩全套管、RCD及搓管机成套钻进成桩技术	深圳市工勘岩土集团有限公司、深圳市鸿宇建筑服务有限公司	发明专利	一种填海区斜岩面桩钻进成桩方法	202410957041.3	申请受理中
			实用新型专利	一种捞渣取样机构	ZL 2022 21349378.9 专利号第17528226号	国家知识产权局
第4章 地下连续墙施工新技术	4.1 复杂边坡环境条件下格形地下连续墙支护综合施工技术	深圳市工勘岩土集团有限公司	发明专利	复杂边坡环境条件下格形地下墙支护施工方法	202410304940.3	申请受理中
			发明专利	复杂边坡环境条件下格形地下连续墙支护结构	202410305228.5	申请受理中
			实用新型专利	格形地下连续墙成槽施工结构	202420519523.6	申请受理中
			实用新型专利	格形地下连续墙槽段之间接头结构	202420520011.1	申请受理中
			科技成果鉴定	国内领先 《复杂边坡环境条件下格形地下连续墙支护综合施工技术》	粤建协评字〔2024〕118号	广东省建筑业协会

续表

章名	节名	完成单位	类别	名称	编号	备注
第4章 地下连续墙施工新技术	4.2 地下连续墙工字钢接头旋挖刮刷式多功能刷壁技术	深圳市工勘岩土集团有限公司、深圳市工勘建设集团有限公司、深圳市工勘基础工程有限公司	发明专利	地下连续墙工字钢接头刮刷式刷壁施工方法	202410151946.1	申请受理中
			实用新型专利	地下连续墙工字钢接头刮刷式多功能刷壁器	202420262419.3	申请受理中
	4.3 地下连续墙旋挖筒钻附着式刷壁器工字钢接头刷壁技术	深圳市工勘岩土集团有限公司、深圳市工勘基础工程有限公司	发明专利	地下连续墙工字钢接头旋挖筒钻附着式刷壁器	202410120964.3	申请进入实质审查
第5章 低净空灌注桩施工新技术	5.1 复杂地层深基坑栈桥板区支撑梁底低净空灌注桩综合成桩技术	深圳市工勘岩土集团有限公司、武汉鑫地岩土工程技术有限公司	发明专利	复杂地层深基坑栈桥板区支撑梁底低净空灌注桩施工工法	202410091433.6	申请进入实质审查
			科技成果鉴定	国内先进 《复杂地层深基坑栈桥板区支撑梁底低净空灌注桩综合成桩施工技术》	粤建协鉴字〔2023〕488号	广东省建筑业协会
	5.2 高压线下低净空灌注桩电力封网安全防护施工技术	深圳市工勘岩土集团有限公司、深圳市工勘基础工程有限公司	发明专利	高压线下低净空灌注桩电力封网安全防护施工方法	202410792213.6	申请受理中
			实用新型专利	高压线下低净空灌注桩电力封网安全防护结构	202421402516.4	申请受理中
第6章 潜孔锤灌注桩施工新技术	6.1 深厚填石层灌注桩双动力潜孔锤跟管钻进成桩综合施工技术	深圳市工勘基础工程有限公司、深圳市工勘岩土集团有限公司、深圳市金刚钻机械工程有限公司	发明专利	深厚填石层灌注桩双动力潜孔锤跟管钻进成桩施工方法	202410185523.1	申请受理中
			发明专利	深厚填石层灌注桩双动力潜孔锤跟管钻进施工结构	202410185539.2	申请受理中
			发明专利	全套管护壁灌注桩孔口高位套管互嵌式作业平台施工方法	202410301145.9	申请受理中

续表

章名	节名	完成单位	类别	名称	编号	备注
第6章 潜孔锤灌注桩施工新技术	6.1 深厚填石层灌注桩双动力潜孔锤跟管钻进成桩综合施工技术	深圳市工勘基础工程有限公司、深圳市工勘岩土集团有限公司、深圳市金刚钻机械工程有限公司	实用新型专利	全套管护壁灌注桩孔口高位套管与作业平台互嵌式结构	202420509788.8	申请受理中
			实用新型专利	多功能钻机潜孔锤气液降尘施工结构	202420305436.0	申请受理中
			科技成果鉴定	国内先进 《深厚填石层灌注桩双动力潜孔锤跟管钻进成桩综合施工技术》	粤建协评字〔2024〕125号	广东省建筑业协会
			工法	深圳市市级工法 《深厚填石层灌注桩双动力潜孔锤跟管钻进成桩综合施工工法》	SZSJGF-2023B-031	深圳建筑业协会
	6.2 潜孔锤气液钻进高压水泵降尘施工技术	深圳市工勘基础工程有限公司、深圳市晟辉机械有限公司	实用新型专利	一种潜孔锤气液钻进集成降尘离心泵送系统	202420828860.3	申请受理中
			实用新型专利	一种潜孔锤钻进降尘系统	202420788806.0	申请受理中
第7章 逆作法钢管柱定位施工新技术	7.1 逆作法钢管柱先插法工具柱定位、泄压、拆卸施工技术	深圳市工勘岩土集团有限公司、深圳市工勘基础工程有限公司	发明专利	逆作法钢管柱先插法工具柱综合施工工法	202410316426.1	申请进入实质审查
			发明专利	灌注桩灌注混凝土过程中拆除工具柱的施工方法	202310710246.7	申请进入实质审查
			实用新型专利	逆作法用于钢管柱定位的带泄压孔的工具柱	ZL 2023 2 1526693.3 证书号第19990862号	国家知识产权局
			科技成果鉴定	国内领先 《逆作法钢管柱先插法工具柱定位、泄压、拆卸综合施工技术》	粤建协评字〔2024〕121号	广东省建筑业协会

续表

章名	节名	完成单位	类别	名称	编号	备注
第7章 逆作法钢管柱定位施工新技术	7.2 逆作万能平台先插法钢管结构柱与孔壁空隙双管料斗回填技术	深圳市工勘岩土集团有限公司、深圳市工勘基础工程有限公司、深圳市金刚钻机械工程有限公司	实用新型专利	用于逆作法的下料回填装置	202420133745.4	申请受理中
	7.3 逆作法全套管全回转定位钢管柱与孔壁间隙双料斗回填技术	深圳市工勘岩土集团有限公司、深圳市工勘基础工程有限公司、深圳市金刚钻机械工程有限公司	发明专利	逆作先插法全套管全回转钢管定位自卸回填料施工方法	202410192157.2	申请受理中
			实用新型专利	自卸填料的支架料斗	202420320682.3	申请受理中
第8章 绿色施工新技术	8.1 灌注桩硬岩旋挖全断面滚刀钻头免噪钻进施工技术	深圳市工勘岩土集团有限公司、深圳市恒诚建设工程有限公司	发明专利	大直径嵌岩桩旋挖全断面滚刀钻头孔底岩面修整施工方法	202310404668.1	申请进入实质审查
			发明专利	适用于大直径嵌岩桩孔底岩面修整的滚刀钻头制作方法	202310415721.8	申请进入实质审查
			实用新型专利	旋挖滚刀钻头	ZL 2023 20844595.3 证书号第19667934号	国家知识产权局
		深圳市工勘岩土集团有限公司	实用新型专利	便于钻筒出渣的施工结构	ZL 2018 2 1006438.0 证书号第9528773号	国家知识产权局
		深圳市工勘岩土集团有限公司、深圳市恒诚建设工程有限公司	科技成果鉴定	国内先进 《大直径嵌岩桩旋挖全断面滚刀钻头孔底岩面修整施工技术》	粤建学鉴字[2023]第0172号	广东省土木建筑学会
			工法	深圳市市级工法 《大直径嵌岩桩旋挖全断面滚刀钻头孔底岩面修整施工工法》	SZSJGF-2023A-023	深圳建筑业协会

续表

章名	节名	完成单位	类别	名称	编号	备注
第8章 绿色施工新技术	8.2 旋挖筒钻出渣柱绿色减噪排渣技术	深圳市工勘岩土集团有限公司	实用新型专利	旋挖钻筒绿色减噪排渣装置	202421060394.5	申请受理中
	8.3 基坑洗车池废水净化与污泥压滤一站式绿色循环利用技术	深圳市工勘岩土集团有限公司	发明专利	基础工程施工污泥废水净化处理循环利用方法及系统	202211008292.4	申请进入实质审查
		深圳市工勘建设集团有限公司、深圳市工勘岩土集团有限公司	发明专利	基坑洗车池废水净化与污泥压滤一站式绿色循环利用方法	202410601722.6	申请受理中
			发明专利	基坑洗车池废水净化与污泥压滤一站式绿色循环处理设备	202410601965.X	申请受理中
			实用新型专利	基坑洗车池废水净化设备	202421055913.9	申请受理中
			实用新型专利	基坑洗车池淤泥压滤结构	202421056412.2	申请受理中